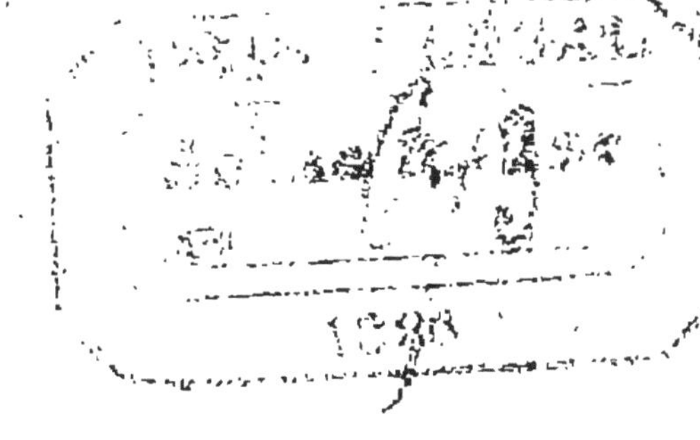

COURS COMPLET D'INSTRUCTION ÉLÉMENTAIRE

NOTIONS D'HISTOIRE NATURELLE

(PHYSIOLOGIE, ZOOLOGIE, BOTANIQUE, GÉOLOGIE)

DE LA MÊME COLLECTION :

COURS COMPLET D'INSTRUCTION ÉLÉMENTAIRE

Publié sous la direction de MM. A. Riquier, proviseur, ancien professeur agrégé d'histoire, et l'abbé Combes, archiprêtre du clergé de Bordeaux, chanoine honoraire de la Guadeloupe.

COURS ÉLÉMENTAIRE

HISTOIRE, MYTHOLOGIE et GÉOGRAPHIE

11 volumes (format in-18, cartes et vignettes).

EN VENTE :

1° *Histoire sainte* (MM. Riquier et Combes)........ 1 25
Autorisée par S. Ex. M. le Ministre de l'Instruction publique.
2° *Histoire ancienne* (M. Riquier). 1 »
3° *Histoire grecque* (M. Riquier).. 1 25
Ouvrages approuvés et recommandés par S. Em. le Cardinal-Archevêque de Bordeaux et beaucoup d'autres prélats.
4° *Histoire romaine* (M. Riquier). 1 60
5° *Mythologie* (MM. Tivier, docteur ès lettres, doyen de la Faculté des lettres de Besançon, et Riquier)....... 1 25
Recommandée par S. Em. le Cardinal-Archevêque de Bordeaux.
6° *Histoire de France* (M. Riquier). 1 50
Recommandée par un grand nombre de prélats:
7° *Hist. du moyen âge* (M. Riquier). 1 50
8° *Hist. des temps modernes* (MM. Riquier et Launay)........... 2 »
9° *Histoire moderne et contemporaine* (MM. Riquier et Launay).
10° *Histoire de l'Eglise* (MM. Riquier et Combes)............ 2 50
11° *Géographie générale* (H. Favre).

EN PRÉPARATION :

12° *Géographie de la France.*

LITTÉRATURE

4 vol. (format in-18)

Par M. DELTOUR

docteur ès lettres,
Inspecteur général de l'instruction publique.

EN VENTE :

1° *Principes de composition et de style.*
2° *Histoire de la littérature française* (M. Tivier).

EN PRÉPARATION :

3° *Histoire des littératures anciennes.*
4° *Histoire des littératures étrangères.*

SCIENCES

8 vol. (format in-18, vignettes)

Par M. J.-Henri FABRE

docteur ès sciences, professeur de sciences au lycée et aux écoles municipales d'Avignon.

EN VENTE :

1° *Physique*.................. 1 50
2° *Astronomie*................. 1 50
3° *Arithmétique*............... 1 50
4° *Chimie*..................... 1 50
5° *Botanique*.................. 1 50
6° *Physiologie, Zoologie, Botanique, Géologie*................ 1 50
7° *Zoologie*................... 1 50
8° *Géologie*................... 1 50

PETIT COURS

11 volumes (format in-18, cartes et vignettes, à 80 cent.).

EN VENTE :

1° *Histoire sainte* (MM. Riquier et Combes).
Autorisée par S. Exc. M. le Ministre de l'Instruction publique.
2° *Histoire ancienne* (M. Riquier).
3° *Histoire grecque* (M. Riquier).
Ouvrages approuvés et recommandés par S. Em. le Cardinal-Archevêque de Bordeaux et beaucoup d'autres prélats.
4° *Histoire romaine* (M. Riquier).
5° *Mythologie* (MM. Tivier, docteur ès lettres, doyen de la Faculté des lettres de Besançon, et Riquier).
Recommandée par S. Em. le Cardinal-Archevêque de Bordeaux.
6° *Histoire de France* (M. Riquier).
Recommandée par beaucoup de prélats.
7° *Histoire du moyen âge* (MM. Riquier et Combes).
8° *Hist. des temps modernes* (MM. Riquier et Launay).
9° *Histoire moderne et contemporaine* (MM. Riquier et Launay).
10° *Histoire de l'Église* (MM. Riquier et Combes).

COURS COMPLET D'ENSEIGNEMENT LITTÉRAIRE ET SCIENTIFIQUE

Publié sous la direction de MM. Deltour, docteur ès lettres, inspecteur général de l'instruction publique, et H. Fabre, professeur de sciences au lycée et aux écoles municipales d'Avignon, docteur ès sciences. 15 vol. format in-12 (cartes et vignettes).

Littérature, par M. Deltour, docteur ès lettres, inspecteur général de l'instruction publique.

EN VENTE :

Principes de composition et de style, par M. Deltour, 1 vol. cart...... 2 75

Sciences, par M. J.-Henri Fabre, docteur ès sciences, profes. de sciences au lycée et aux Ecoles municipales d'Avignon.

EN VENTE :

Éléments de géographie, par M. H. Fabre. 1 vol. illustré, cart.......... 1 50

Plusieurs autres volumes sont en préparation.

COURS COMPLET
D'INSTRUCTION ÉLÉMENTAIRE

A L'USAGE DE LA JEUNESSE
DANS LES COLLÈGES ET LES INSTITUTIONS
DE JEUNES PERSONNES

PAR MM.

A. RIQUIER
Ancien Professeur agrégé d'histoire
et Proviseur.

L'ABBÉ COMBES
Archiprêtre du Clergé de Bordeaux,
Chanoine honoraire de la Guadeloupe.

Couronné par l'Académie française

NOTIONS D'HISTOIRE NATURELLE

PHYSIOLOGIE, ZOOLOGIE, BOTANIQUE, GÉOLOGIE

PAR J.-H. FABRE

DOCTEUR ÈS SCIENCES, LAURÉAT DE L'INSTITUT,
CORRESPONDANT DU MINISTÈRE DE L'INSTRUCTION PUBLIQUE
CHEVALIER DE LA LÉGION D'HONNEUR

TROISIÈME ÉDITION

PARIS
LIBRAIRIE CH. DELAGRAVE
15, RUE SOUFFLOT, 15

1880

Tout exemplaire de cet ouvrage non revêtu de ma griffe sera réputé contrefait.

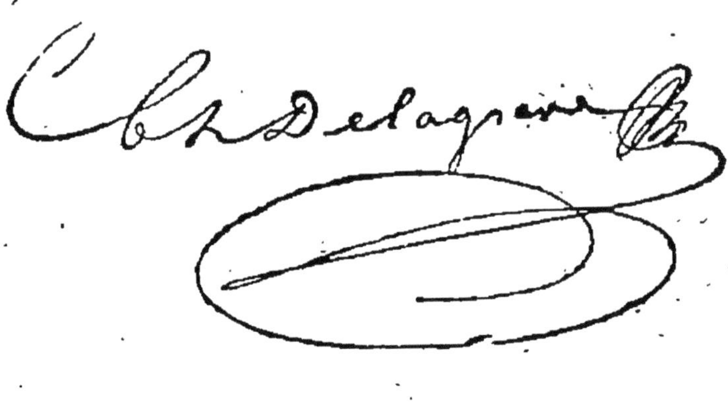

8,665-79 — CORBEIL. Typ. et stér. CRÉTÉ

AVERTISSEMENT.

Nos arrière-grands-pères seraient certes bien étonnés, s'ils voyaient toutes les transformations que notre terre a subies, depuis qu'ils l'ont quittée pour un autre monde : les voyages accomplis sans chevaux sur les routes, sans voiles sur les mers, avec la rapidité du vent ; nos messages franchissant comme l'éclair les pays, les continents, l'Océan lui-même ; la main de l'homme partout remplacée, dans l'industrie, par ces puissantes machines que la vapeur met en mouvement nuit et jour ; nos villes et nos demeures splendidement illuminées, sans que l'œil aperçoive rien de ce qui produit et entretient la lumière ; des portraits d'une ressemblance frappante tracés à peu de frais en quelques secondes ; les montagnes percées, les isthmes creusés, et les relations des hommes et des peuples affranchies de tout obstacle et de toute barrière. L'homme se sent aujourd'hui plus que jamais le roi et le maître de la nature, et c'est à ces conquêtes sur la nature que notre époque doit un de ses caractères les plus originaux, une de ses gloires les plus incontestées. Descartes, Pascal, Leibnitz, Képler, Newton, Galilée, Harvey au XVIIe siècle, Euler, Linné, Lavoisier, Haüy, au XVIIIe, avaient eu l'incomparable grandeur de poser tous les principes de la science. Le nôtre, non content de fonder avec Cuvier une science nouvelle, la géologie, et de reconstituer avec lui le monde primitif et les races perdues, a fait sortir de ces principes des applications sans nombre ; il a montré, par d'éclatants exemples, tout ce que peuvent renfermer d'utile à la vie pratique les spéculations abstraites et les recherches, en apparence oiseuses, des savants. Nous avons cru qu'à une pareille époque, il était nécessaire à tout esprit cultivé de connaître, d'une manière nette et précise, les éléments de ces sciences dont il est question partout et sans cesse, et nous y avons consacré cinq volumes de notre cours (arithmétique, physique, chimie, astronomie, histoire naturelle).

Dans cette force unique qui devient tour à tour mouvement, chaleur, électricité, lumière ; dans ces lois, si grandes et si simples, qui régissent l'univers entier, depuis les astres des cieux jusqu'aux plus infimes atômes de la matière ; dans ces incessantes combinaisons et transformations des corps ; dans cette organisation des êtres vivants, animaux ou plantes, non moins admirable par l'unité du plan que par l'infinie variété des espèces ; dans ces instincts si étonnants qu'il est difficile parfois de les distinguer de l'intelligence ; partout enfin dans la création, nos enfants reconnaîtront à chaque pas la main de Dieu et sa Providence. L'histoire leur montre son action souveraine sur la vie des peuples : « L'homme s'agite, mais Dieu le mène, » a dit Fénelon. La science à son tour, et mieux encore, leur montrera la sagesse et la puissance divines dans l'harmonie et l'immensité de l'univers. Que les savants pénètrent par leurs calculs dans les profondeurs de cet espace peuplé de soleils et de mondes, ou qu'armés de la loupe ils étudient les organes de ces êtres infiniment petits qui échappent à nos regards, toujours leur pensée reste confondue, et la création leur paraît plus merveilleuse encore dans l'infini de la petitesse que dans l'infini de la grandeur : *Magnus in magnis*, a-t-on dit de Dieu, *Maximus in minimis*. Képler, après de longs travaux, trouve enfin le secret de l'équilibre et de la marche des corps célestes, et c'est par une sorte d'hymne qu'il nous apprend comment la vérité s'est révélée par degrés à son génie : « Il y a huit mois, « dit-il, j'entrevoyais un rayon de la lumière ; il y a « trois mois, le jour s'est fait ; aujourd'hui, c'est comme « un soleil resplendissant que je vois cette loi divine. « Grand est le Seigneur ! grande est sa puissance ! « Cieux, chantez ses louanges ! Astres et soleil, glo- « rifiez-le dans votre langue ineffable ! » Le plus grand des naturalistes, Linné, pousse le même cri d'adoration en exposant le système du monde : « J'ai vu Dieu, j'ai vu son passage et ses traces, et je « suis demeuré saisi et muet d'admiration. Gloire, « honneur, louange infinie à Celui dont l'invisible bras « balance l'univers et en perpétue tous les êtres ! à « ce Dieu éternel, immense, infini, sachant tout, pou- « vant tout, gouvernant tout, que tu ne peux ni définir « ni comprendre, mais que le sens intime te révèle et « que l'univers et ses lois te prouvent ! Que tu l'ap- « pelles Destin, tu n'erres point : il est Celui de qui « tout dépend. Que tu l'appelles Nature, tu ne te « trompes point : il est Celui de qui tout est né. Que

« tu l'appelles Providence, tu dis vrai : c'est la sagesse « de ce Dieu qui régit le monde. » Les hommes dont le cœur s'élançait ainsi vers le Ciel en transports de reconnaissance, ne pouvaient que se sentir bien pauvres et bien petits, tout grands qu'ils étaient, en présence de Dieu et de ses œuvres. Ils ne prétendaient point, comme d'autres ont fait parfois, tout pénétrer et comprendre tout, et c'est avec une touchante humilité que ces illustres génies parlent de leurs glorieuses découvertes : « Je suis, disait Newton, comme « un enfant qui s'amuse sur le rivage, et qui se réjouit « de trouver de temps en temps un caillou plus uni ou « une coquille plus jolie que d'ordinaire, tandis que le « grand océan de la vérité reste voilé devant mes yeux. »

C'est dans cet esprit, avec le sentiment de la suprême perfection de l'œuvre de Dieu, et celui des bornes étroites de l'intelligence humaine, reine du monde et faible roseau tout ensemble, que seront rédigés nos petits livres de science. M. Fabre, qui a bien voulu se charger de ce modeste travail, a largement et depuis longtemps fait ses preuves de savant du premier ordre et d'incomparable vulgarisateur. Nous sommes heureux que, pour mettre avec nous son vaste savoir à la portée des plus humbles, il ait consenti à se détourner quelque peu d'une œuvre de plus haute portée, où quinze années de patientes recherches sur l'instinct des animaux lui fourniront une nouvelle démonstration de la Providence divine.

A. Riquier.

NOTIONS

D'HISTOIRE NATURELLE

PREMIÈRE PARTIE

PHYSIOLOGIE

CHAPITRE PREMIER

DIGESTION

1. Divisions de l'histoire naturelle.— L'HISTOIRE NATURELLE a pour objet l'étude des êtres qui peuplent aujourd'hui la surface de la terre ou qui l'ont peuplée à des époques antérieures à la nôtre ; elle s'occupe aussi des changements que le globe terrestre a subis, depuis son origine, pour devenir ce qu'il est maintenant. Par son côté pratique, elle touche à l'agriculture, à l'industrie, à la médecine ; mais elle possède, avant tout, un avantage moral que ne partage au même degré aucune autre branche du savoir humain ; en nous donnant la connaissance raisonnée de la création, elle élève l'âme et nourrit l'esprit de hautes et salutaires pensées.

L'histoire naturelle se divise en trois parties, savoir :

1° La *Zoologie*, ou histoire naturelle des animaux ;
2° La *Botanique*, ou histoire naturelle des végétaux ;
3° La *Géologie*, ou histoire naturelle du globe terrestre. Cette dernière traite aussi des changements que la terre a éprouvés dans le cours des âges, ainsi que des animaux et des végétaux antérieurs aux espèces de nos jours.

L'ensemble des corps qui font partie du globe terrestre ou peuplent sa surface, se partage en trois groupes appelés les trois *règnes de la nature*, à savoir : le règne *minéral*, le règne *végétal* et le règne *animal*.

Les *minéraux* sont des corps bruts, c'est-à-dire inorganisés, privés de vie.

Les *végétaux* sont organisés ; ils vivent.

Les *animaux* sont organisés ; ils vivent, sentent et se meuvent volontairement.

Vivre signifie ici se nourrir, car la vie considérée collectivement dans les animaux et les plantes et réduite à son expression la plus simple, consiste dans la conservation de l'individu par la nutrition.

2. Nutrition en général. — Un état permanent de destruction et de rénovation de leur propre substance, est le caractère fondamental commun à tous les êtres organisés, les animaux et les végétaux. D'une manière insensible mais continue, les vieux matériaux, mis hors d'usage et transformés par l'exercice de la vie, sont éliminés de l'organisation et rendus au monde extérieur, en particulier sous forme de vapeur d'eau et de gaz carbonique. Fournis par les aliments, des matériaux nouveaux les remplacent et se distribuent dans les diverses parties du corps, où ils séjournent quelque temps, concourent à l'activité de l'ensemble, s'usent et se transforment pour être rejetés à leur tour. L'entretien de la vie est ainsi un échange continuel de substance entre le corps organisé et le monde extérieur.

3. **Fonctions de nutrition.** — Pour accroître la substance du corps, la renouveler à mesure qu'elle s'use et maintenir ainsi l'activité animale, il faut un ensemble d'actes qui portent en commun le nom de *fonctions de nutrition*.

Les *aliments*, c'est-à-dire les matériaux qui doivent accroître et renouveler le corps, ont à subir un travail préparatoire qui les divise, les fluidifie et les rend ainsi aptes à pénétrer partout. Ce travail est effectué par la *digestion*.

Les matériaux ainsi préparés sont déversés dans le sang, *liquide nourricier* où tous les organes, jusqu'à la moindre particule du corps, puisent les substances nécessaires à leur accroissement, à leur entretien, et rejettent aussi les produits à éliminer. Le sang doit circuler partout afin d'y apporter les principes nutritifs qu'il charrie ; il doit en revenir afin de ramener des différents organes les matériaux mis hors d'usage et les conduire aux voies qui doivent les rejeter en dehors. Ce va-et-vient continuel du liquide nourricier se nomme *circulation*.

Le sang charrie aussi de l'oxygène, puisé dans l'air atmosphérique, pour faire du corps entier de l'animal un vrai foyer de combustion, aux dépens des organes eux-mêmes servant de combustible. De cette combustion résultent la chaleur et l'activité vitales, de même que de la combustion de la houille dans le foyer d'une machine résulte l'activité du mécanisme. Le sang doit donc se mettre en rapport avec l'air atmosphérique pour y renouveler sa provision d'oxygène et y rejeter les produits gazeux de la combustion. Ces actes sont le domaine de la *respiration*.

Ces fonctions primordiales, digestion, circulation et respiration, étudiées plus particulièrement chez l'homme, seront le sujet de nos premières notions de *physiologie*.

4. **Aliments.** — On nomme *aliments* toutes les substances qui, par le travail de la digestion, deviennent aptes à l'accroissement et à l'entretien du corps. Les aliments de l'animal sont toujours de nature organique, c'est-à-dire proviennent soit des animaux, soit des végétaux; seules les plantes ont la faculté de se nourrir avec des substances minérales, qu'elles élaborent en matériaux organiques, dont l'animal doit se nourrir, directement s'il est *herbivore* ou mangeur de végétaux, indirectement s'il est *carnivore* ou mangeur de chair, puisque cette chair provient, en dernière analyse, d'un herbivore et par conséquent des végétaux. Outre ces aliments proprement dits, quelques substances d'origine minérale concourent à l'alimentation, et sont absorbées sans digestion préalable. On les nomme *aliments accessoires*. Telle est, en particulier, l'eau, de première nécessité pour tout être vivant, car elle imbibe la masse entière du corps.

5. **Actes de la digestion.** — La préparation des aliments en matériaux propres à faire partie du corps, ou bien la digestion, se subdivise en divers actes, qui se succèdent dans l'ordre suivant : *préhension* des aliments, *mastication*, *insalivation*, *déglutition*, *digestion stomacale* ou *chymification*, *digestion intestinale* ou *chylification*, *absorption*, *défécation*.

6. **Préhension des aliments.** — C'est l'acte au moyen duquel les aliments sont amenés à l'entrée des voies digestives. L'homme se sert de ses mains pour porter les aliments à la bouche ou les tenir à la portée des dents. L'animal emploie au même usage tan-

tôt la trompe, qui est le nez allongé en canal flexible (éléphant), tantôt les lèvres (le cheval), tantôt le bec (les oiseaux), tantôt la langue (la grenouille), tantôt les pattes antérieures (l'écureuil).

7. **Mastication. Dents.** — Avant d'être introduits dans les cavités digestives, les aliments solides doivent éprouver une division, une trituration qui les rend plus aptes à être digérés. Cet acte constitue la *mastication*, effectuée par les dents chez l'homme et les animaux supérieurs.

Les premières dents apparues, appelées *dents de lait*, ou *dents de première dentition*, sont tôt ou tard remplacées par d'autres, nommées *dents de remplacement* ou de *seconde dentition*. A ces dernières, il n'en

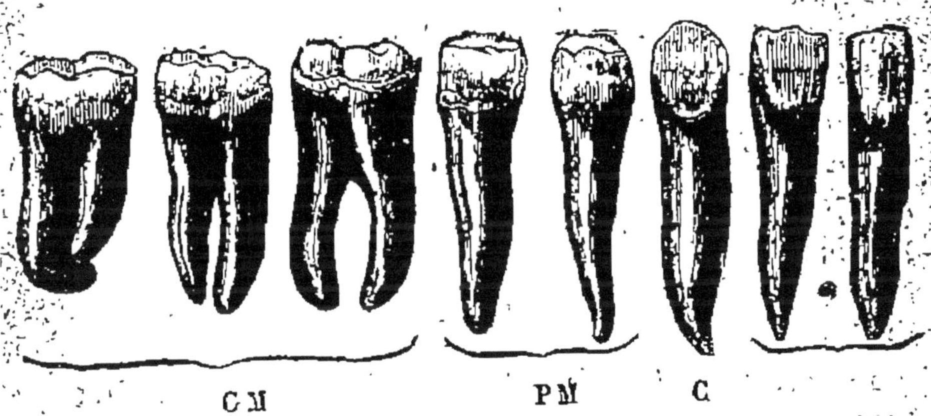

Fig. 1. — Dents de l'homme.
I, incisives ; C, canine ; PM, petites molaires ; GM, grosses molaires.

succède pas d'autres. Les dents de lait sont moins nombreuses et tombent pendant la jeunesse ; on en compte vingt chez l'homme. Les dents de remplacement sont au nombre de trente-deux, seize à chaque mâchoire.

Dans une dent, deux parties sont à distinguer : la *couronne* et la *racine*. La racine est la partie enchâssée dans l'*alvéole*, c'est-à-dire enfoncée dans une cavité de la mâchoire à la manière d'un clou implanté dans le bois. Elle se compose d'une substance nommée *ivoire*. La couronne est la partie qui fait saillie au dehors ; on peut la comparer à la tête du clou. Elle se compose au dedans d'ivoire, et à la surface d'une couche de matière très-dure appelée *émail*.

Les deux dents de devant de chaque demi-mâchoire ont la couronne obliquement amincie de la base au sommet. Leur bord est droit et tranchant, propre à couper la nourriture, à la diviser par petites bouchées. Aussi les nomme-t-on *incisives*, d'un mot latin signifiant couper. Leur racine est un pivot simple. Le nombre total des incisives est de huit, quatre pour chaque mâchoire. La première dentition a le même nombre d'incisives.

La dent suivante se nomme *canine*. Sa racine est un peu plus longue que celle des précédentes et sa couronne est légèrement pointue. Le chien et le chat ont les canines façonnées en crocs puissants qui leur servent à retenir et déchirer la proie. Le total des canines est de quatre. La première dentition en a tout autant.

Les cinq dents suivantes sont les plus utiles de toutes. On les nomme *molaires*, du latin *mola*, meule de moulin, parce qu'elles font office de meule pour broyer les aliments. Leur couronne est large et légèrement tuberculeuse. Les deux premières se nomment *petites molaires*. Elles sont les plus faibles des cinq et n'ont qu'une racine. Les deux petites molaires, la canine et les deux incisives sont les seules qui se renouvellent. Répétées quatre fois pour l'ensemble des deux mâchoires, elles constituent les vingt dents de la première dentition, dents qui commencent à tomber vers l'âge de sept ans et peu à peu sont remplacées par d'autres. Les trois molaires suivantes ne poussent qu'une fois, elles appartiennent exclusivement à la seconde dentition. On les nomme *grosses molaires*. La dernière, tout au fond de la mâchoire, est vulgairement appelée *dent de sagesse*, parce qu'elle vient à un âge où la raison est formée. Comme les grosses molaires ont à supporter, lorsqu'on mange, une pression très-forte, leur racine se compose de plusieurs pivots, qui plongent chacun dans une cavité spéciale.

8. **Insalivation.** — En même temps qu'elles sont broyées par les dents, les matières alimentaires sont imprégnées d'un liquide, nommé *salive*, qui les convertit en pâte et en rend ainsi la déglutition plus aisée. La salive suinte des parois de la bouche et provient d'organes spéciaux nommés *glandes salivaires*, placés, les uns sous la langue, les autres logés dans l'angle des mâchoires, les autres situés en avant des oreilles. La salive remplit en outre un rôle des plus importants : elle rend solubles les matières féculentes, si fréquentes dans notre alimentation, et les transforme en une sorte de sucre nommé *glucose*. Elle prend part ainsi au travail chimique de la digestion.

9. **Déglutition.** — Triturée par les dents, imprégnée de salive et réunie sur le dos de la langue en une seule masse qui prend le nom de *bol alimentaire*, la bouchée est finalement soumise à la déglutition, c'est-à-dire avalée. Cet acte est assez compliqué à cause des voies multiples où les aliments pourraient s'engager.

A la bouche fait suite le *pharynx* ou *arrière-bouche*, espèce de carrefour où convergent quatre voies différentes. En haut, ce sont les *fosses nasales*; en bas, l'orifice de l'*œsophage*, où doivent s'engager les aliments pour être conduits dans l'estomac, et la *glotte*, orifice de la *trachée-artère* par laquelle va et revient l'air nécessaire aux poumons; en avant enfin, c'est la *bouche*.

La bouche est séparée du pharynx par un rideau nommé *voile du palais*, qui, pendant la mastication,

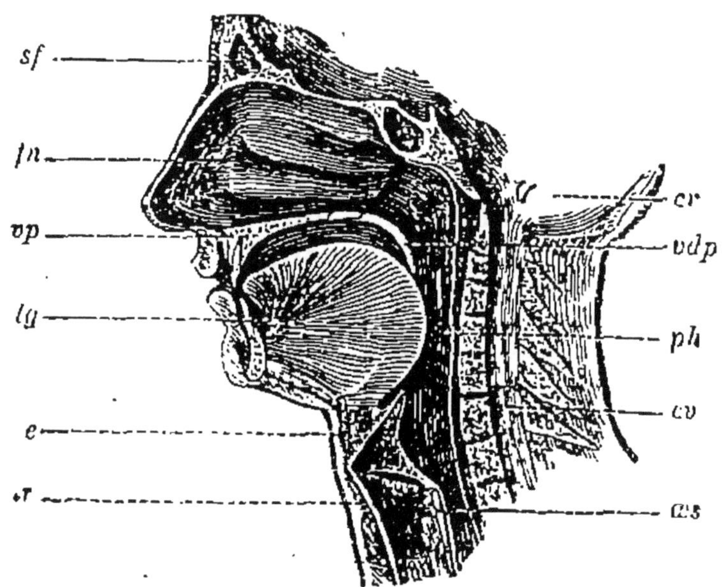

Fig. 2. — Coupe de la bouche.

sf, sinus frontaux ; *fn*, fosses nasales ; *vp*, voûte du palais ; *lg*, langue ; *e*, épiglotte ; *lr*, larynx ; *œs*, œsophage ; *cv*, canal vertébral ; *ph*, pharynx ; *vdp*, voile du palais ; *cr*, base du crâne.

descend d'aplomb sur le dos de la langue et empêche les aliments de passer outre tant que dure la mastication. Quand elle est mâchée à point, la bouchée vient presser contre cette cloison, qui se relève et laisse la voie libre. Les aliments pénètrent alors dans le pharynx. La voie supérieure, celle des fosses nasales, leur est fermée par le voile du palais relevé ; mais deux voies restent en bas, celle des poumons ou trachée-artère en avant, celle de l'estomac ou œsophage en arrière. Il est de haute importance que la moindre parcelle solide ou liquide ne pénètre dans la voie des poumons ; la mort par suffocation pourrait en être la conséquence. Il y a donc là, pour les aliments, un pas délicat à franchir. Trois précautions sont prises à cet effet. D'abord l'orifice de la trachée-artère, la *glotte*, fendue en étroite boutonnière, se resserre au moment de la déglutition ; de plus le *larynx*, c'est-à-dire le haut de la trachée-artère, disposé en renflement cartilagineux, s'élève tout d'une pièce et abrite la glotte sous la langue. Le larynx se traduit au dehors par une protubérance occupant le devant du cou. Il est aisé de suivre du regard et du doigt le mouvement ascensionnel de cette protubérance pendant l'acte de la déglutition. Ce n'est pas tout encore. En remontant sous la langue, le larynx fait abaisser une languette cartilagineuse, nommée *épiglotte*, qui vient s'appliquer sur la fente de la *glotte* à la façon d'une soupape. Il ne reste ainsi pour les aliments que la voie de l'œsophage, où les pousse la contraction des parois du pharynx.

10. **Estomac. Digestion stomacale.**—L'*œsophage* conduit les aliments du pharynx à l'*estomac*. C'est un canal droit qui longe la colonne vertébrale. La cavité du corps de l'homme et des divers animaux dont l'organisation se rapproche le plus de la nôtre, est divisée par une cloison charnue, appelée diaphragme, en deux compartiments vulgairement nommés poitrine et ventre. Le premier contient les organes de la circulation et de la respiration, c'est-à-dire le cœur et les poumons ; le second contient les organes principaux de la digestion, savoir : l'estomac et l'intestin. L'œsophage traverse cette cloison un

peu à gauche, et dès qu'il l'a franchie s'abouche avec l'estomac. Celui-ci est une vaste poche, concave dans le haut, convexe dans le bas. L'orifice d'entrée, où

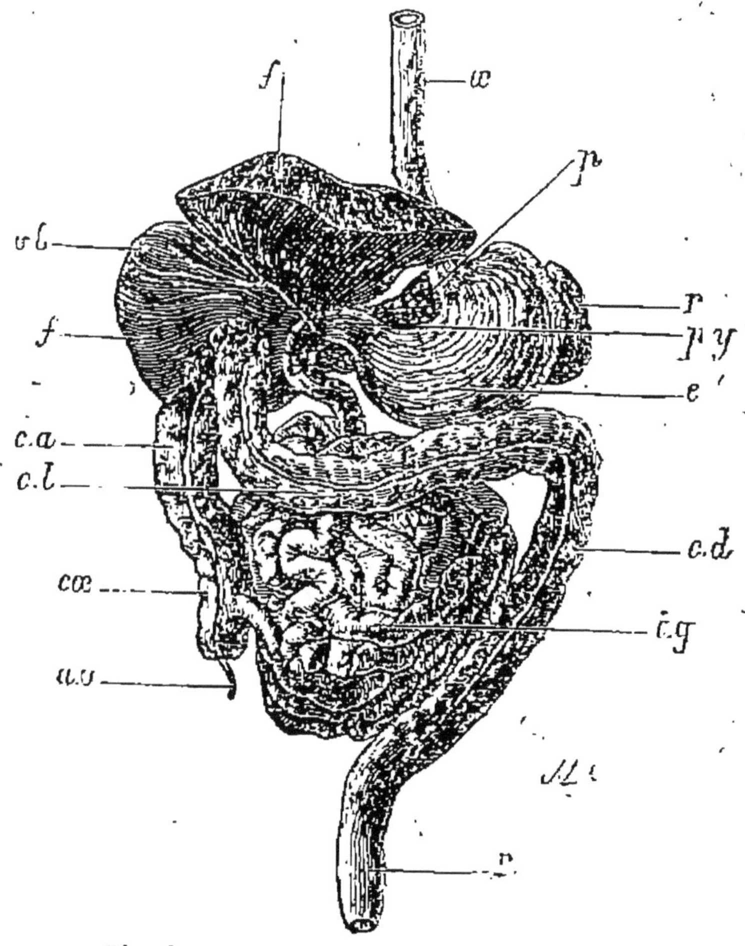

Fig. 3. — Organes digestifs de l'homme.

œ, œsophage; p, pancréas; r, rate; f, foie; vb, vésicule biliaire. e, estomac; py, pylore; ig, intestin grêle; cœ, cœcum; av, appendice du cœcum; ca, colon ascendant; cl, colon transversal; cd, colon descendant; r, rectum.

s'abouche l'œsophage, porte le nom de *cardia*; l'orifice de sortie, par lequel l'estomac se continue avec l'intestin, se nomme *pylore*. Les parois des deux orifices sont douées d'un muscle annulaire, qui, en se contractant, ferme l'issue à la manière des cordons d'une bourse. Pendant que l'on mange, le cardia est ouvert par le relâchement de son muscle annulaire, et le pylore est fermé par la contraction du sien. Le repas fini, les deux muscles se maintiennent contractés, celui du cardia pour empêcher les aliments de refluer vers la bouche, celui du pylore pour les empêcher de passer outre tant que n'est pas accompli le travail digestif de l'estomac. Mais il arrive parfois que, surchargé de nourriture ou rebuté par certaines substances, l'estomac rejette son contenu en forçant l'ouverture du cardia. Cet acte anormal est le *vomissement*. Quant au pylore, il ne livre passage qu'aux aliments digérés.

Le travail de la digestion a pour agent un suc particulier, d'une acidité prononcée, nommé *suc gastrique* et transsudé goutte à goutte par les parois de l'estomac. Le suc gastrique dissout uniquement la chair et les aliments qui s'en rapprochent par leur composition chimique. Si l'on recueille un peu de suc gastrique dans l'estomac d'un animal et que l'on arrose avec ce liquide de la chair crue ou cuite et coupée en menus morceaux, en peu de temps, à une douce température, cette chair est rendue coulante; elle est devenue fluide, soluble. C'est une véritable digestion artificielle.

Le produit de la digestion stomacale se nomme *chyme*. C'est une bouillie demi-fluide, grisâtre, d'odeur fade, de saveur aigre. Le chyme contient actuellement des matériaux nutritifs liquéfiés et par conséquent aptes à se mélanger désormais avec la masse du sang pour être distribués dans tout le corps et servir à l'accroissement, à la rénovation des organes.

Ce sont les substances liquéfiées par le suc gastrique, et les matériaux féculents que la salive a convertis en glucose. A ces produits ajoutons les boissons qui, naturellement liquides, n'ont besoin d'aucune préparation pour passer dans le sang.

Dans l'épaisseur de la paroi de l'estomac rampent de nombreuses veines dans lesquelles s'infiltrent, pour se mélanger avec le sang, les substances liquides du chyme. Cette absorption introduit dans l'organisme de l'eau, les aliments liquéfiés par le suc gastrique, le glucose provenant des matières féculentes digérées par la salive, l'alcool, principe alimentaire du vin.

11. **Digestion intestinale. Chyle.** — A la suite de l'estomac, les voies digestives se continuent par l'intestin, tube membraneux contourné un grand nombre de fois sur lui-même dans la cavité de l'*abdomen* ou ventre. Sa longueur, chez l'homme, est de sept fois celle du corps. Il se divise en deux parties. La première, celle qui fait suite à l'estomac, se nomme *intestin grêle*, à cause de son étroit diamètre ; elle forme près des trois quarts de la longueur totale. La seconde partie est le *gros intestin*. Immédiatement après le pylore, l'intestin grêle débute par une portion qui n'est pas enroulée avec la masse générale et prend le nom de *duodénum*. Là se déversent le suc *pancréatique* et la *bile*.

Le suc pancréatique est fourni par le *pancréas*, volumineuse glande, analogue aux glandes salivaires et placée entre l'estomac et la colonne vertébrale. C'est un liquide clair, incolore, écumeux, semblable à la salive. Comme celle-ci, il transforme en glucose les matières féculentes. Il dissout en outre les substances grasses et en fait un liquide blanc, ayant l'apparence du-lait. La masse pâteuse issue de l'estomac s'imprègne donc de suc pancréatique dans le duodénum; ses matières féculentes, déjà attaquées par la salive,

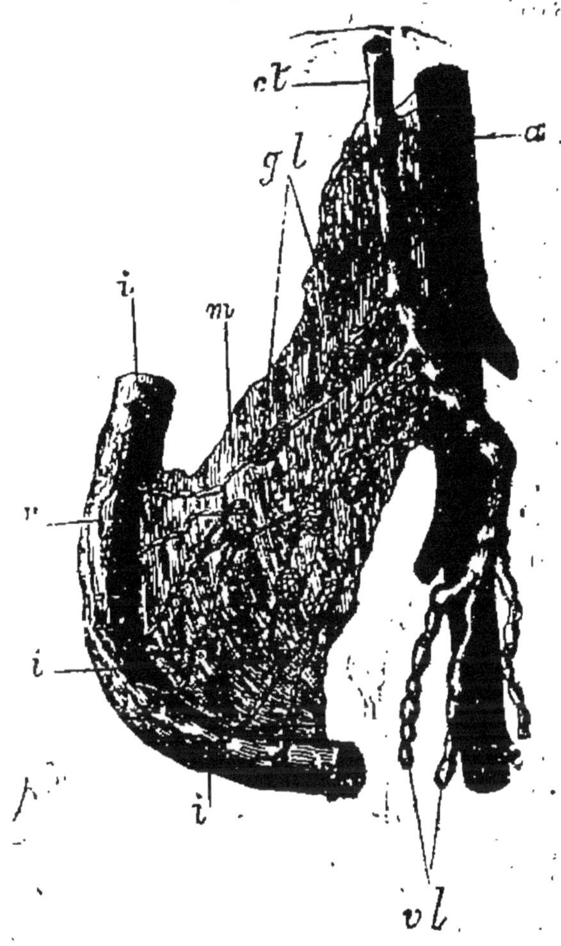

Fig. 4. — Vaisseaux chylifères.

i, i, i, intestin grêle; *r*, racines des vaisseaux chylifères; *vl*, vaisseaux chylifères; *ct*, canal thoracique; *a*, aorte; *m*, mésentère; *gl*, ganglions mésentériques.

se dissolvent en devenant glucose, ses matières grasses se dissolvent aussi et deviennent un liquide laiteux. Ce travail se nomme *digestion intestinale* ou *chylification*. Le résultat absorbable est un liquide blanc, d'aspect laiteux, très-riche en graisse. On le nomme *chyle*. Dans l'intestin, il est mélangé avec les résidus non nutritifs qui doivent être ultérieurement rejetés; la séparation se fait par les vaisseaux *chylifères*, qui absorbent le liquide laiteux, le chyle, et laissent les parties non nutritives poursuivre leur trajet dans le canal digestif. De ces vaisseaux, le chyle est conduit dans le *canal thoracique*, où il remonte pour être finalement mélangé avec le sang dans la veine qui passe sous la clavicule du bras gauche, et porte pour ce motif le nom de *veine sous-clavière gauche*.

Au niveau de l'estomac et à droite est un organe volumineux, d'un rouge brun, traversé de nombreuses veines et appelé le *foie*. Là s'élabore, avec les matériaux du sang, un liquide spécial, nommé *bile* ou vulgairement *fiel*, visqueux, filant, d'un vert sombre, de saveur très-amère et d'odeur nauséabonde. La bile s'amasse dans une ampoule ou réservoir nommé *vésicule*, et se déverse peu à peu dans le duodénum en même temps que le suc pancréatique. On attribue à la bile la fonction de neutraliser par son alcali, la soude, l'acidité de la masse alimentaire imprégnée de suc gastrique; on pense encore qu'elle prend part à la dissolution des matières grasses. Enfin il est hors de doute qu'elle constitue, du moins en grande partie, un résidu d'épuration de la masse du sang. Elle conduit hors de l'organisation des matériaux inutiles que le foie extrait du sang, où les principes de la bile préexistent tout formés. Quant à la suite d'un état maladif, cette épuration ne peut se faire, la bile s'accumule dans l'organisation et communique bientôt aux yeux et à la peau une teinte jaune très-prononcée, qui a valu à cet état le nom de *jaunisse*.

12. Résidu de la digestion. — *L'intestin grêle* est suivi du *gros intestin*, ainsi nommé à cause de l'ampleur de son diamètre. La surface en est boursouflée et froncée. Il débute par un cul-de-sac appelé *cœcum*, où se voit un étroit prolongement nommé *appendice vermiforme*. Au voisinage de la hanche droite, le gros intestin remonte en longeant le flanc droit ; puis il traverse de droite à gauche la cavité abdominale, au niveau inférieur de l'estomac ; enfin il redescend en longeant le flanc gauche. Sur tout ce trajet, il prend le nom de *côlon*. Enfin il se termine par le *rectum*, à surface unie, dépourvue de boursouflures. Par un lent triage, le cœcum et le colon retirent du contenu du canal digestif les derniers sucs alimentaires, et ce n'est plus alors qu'une masse sans valeur, un résidu de toutes les matières que la digestion n'a pu attaquer. Coloré par la bile, qui retarde sa décomposition putride et lui communique une odeur nauséabonde, ce résidu s'accumule dans le rectum, d'où la *défécation* l'expulse par l'égoût final, l'*anus*.

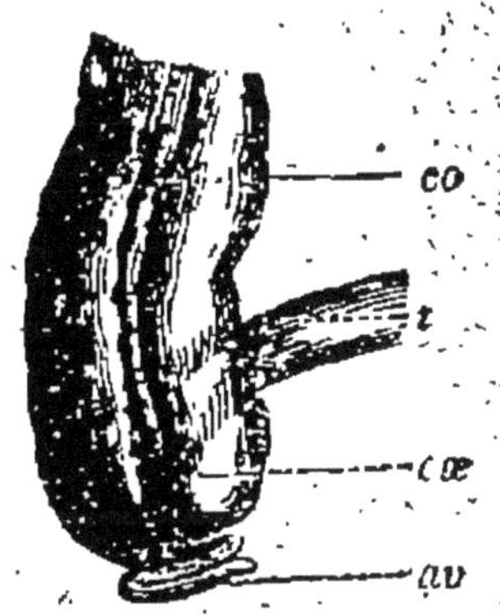

Fig. 5. — Cœcum de l'homme.

co, côlon ; *i*, intestin grêle *cœ*, cœcum ; *av*, appendice vermiforme.

QUESTIONNAIRE.

1. Quel est l'objet de l'histoire naturelle ? — De quoi traitent la zoologie, la botanique, la géologie ? — En combien de règnes se divise l'ensemble des êtres ? — Quelles sont les différences fondamentales des minéraux, des végétaux, des animaux ? — 2. La substance d'un être vivant se maintient-elle toujours la même ? — En quoi consiste la nutrition d'une ma-

nière générale? — 3. En combien de fonctions se subdivise la nutrition? — 4. Qu'appelle-t-on aliments? — En quoi diffèrent les végétaux des animaux sous le rapport de l'alimentation? — Que sont les aliments accessoires? — Dites le principal. — 5. Qu'est-ce que la digestion? — En combien d'actes se subdivise-t-elle? — 6. Qu'est-ce que la préhension? — 7. En quoi consiste la mastication? — Quels sont les organes de la mastication? — Combien l'homme a-t-il de dents de première dentition? — Combien en a-t-il de seconde dentition? — De quelles parties se compose une dent? — Qu'appelle-t-on incisives, canines, molaires? — Que savez-vous sur les grosses molaires et les petites molaires? — Quelle est la dent dite de sagesse? — 8. En quoi consiste l'insalivation? — Par quoi est fournie la salive? — Quel rôle remplit-elle dans la digestion? — 9. Qu'appelle-t-on pharynx, œsophage, glotte, trachée-artère? — Qu'est-ce que le voile du palais? — Comment s'effectue la déglutition? — 10. Où se trouve l'estomac? — Quelle est sa forme? — Qu'appelle-t-on cardia et pylore? — Quels sont les aliments dissous dans l'estomac? — Quel liquide opère cette dissolution? — Comment se nomme le produit de la digestion stomacale? — Que deviennent les substances digérées dans l'estomac? — 11. Quel organe fait suite à l'estomac? — Comment se divise l'intestin? — Où se déverse le suc pancréatique? — Quelle est son action? — Qu'est-ce que le chyle? — Par quels organes est-il absorbé? — Où est-il finalement conduit? — Où se trouve le foie? — Quel liquide cet organe extrait-il du sang? — Où se trouve la bile? — 12. Qu'est-ce que le gros intestin? — Comment se subdivise-t-il?

CHAPITRE II

CIRCULATION

1. Notions générales. — Les substances nutritives préparées par la digestion doivent être distribuées dans toutes les parties du corps, afin que chaque organe y puise pour son accroissement et pour son entretien; il faut aussi que le principe actif de l'air, l'oxygène, pénètre également de partout, afin de produire, en tout point, la combustion qui est la condition première de la vie. Le liquide chargé de cette distribution est le *sang;* son organe moteur est le *cœur;* les canaux ou vaisseaux qui dirigent sa marche sont les *artères* et les *veines*, les artères pour l'aller, les veines pour le retour. Enfin le mouvement du sang, dirigé du cœur vers les extrémités, puis revenant des extrémités au cœur pour recommencer indéfiniment le même trajet, se nomme *circulation.*

2. **Sang veineux et sang artériel.** — Le sang qui, lancé par le cœur, va se distribuant dans l'organisation pour y porter de nouveaux matériaux et entretenir la combustion vitale, n'a ni les mêmes apparences ni les mêmes propriétés que le sang revenant vers le cœur, appauvri en matières nutritives et chargé des résidus du travail qu'il vient d'accomplir. On distingue donc le *sang artériel* et le *sang veineux,* le premier circulant dans des artères et dirigé du cœur vers les autres parties du corps, le second coulant dans les veines et dirigé des diverses parties du corps vers le cœur. Le sang artériel est d'un rouge vif, le sang veineux est d'un rouge noir. Cette différence de coloration est due à la différence des gaz dissous. Le sang artériel renferme en dissolution de l'oxygène, provenant de l'air atmosphérique introduit dans les poumons par l'acte respiratoire; le sang veineux renferme du gaz carbonique, l'un des produits de la combustion vitale.

3. **Globules du sang.** — Observée au microscope, une goutte de sang, soit artériel soit veineux, nous montre un liquide transparent, un peu jaunâtre, dans lequel nagent d'innombrables corpuscules rouges,

circulaires et aplatis. Le liquide s'appelle *sérum*, les corpuscules rouges se nomment *globules*. Ces derniers ont la forme de disques légèrement concaves sur chaque face. Empilés l'un sur l'autre, comme des pièces de monnaie, il en faudrait près de 600 pour faire la hauteur d'un millimètre; disposés à la file l'un de l'autre, il en faut 120 pour représenter la longueur d'un millimètre. D'après ce dernier nombre, on voit qu'un millimètre cube en pourrait contenir 1,728,000. Ce sont les globules qui donnent au sang sa coloration; le liquide lui-même, le sérum, étant incolore. Au contact de l'oxygène, leur teinte rouge s'avive; au contact du gaz carbonique, elle s'assombrit. Les globules sont, par excellence, la partie active du sang; ils s'imprègnent d'oxygène et le cèdent peu à peu aux organes pour l'entretien de la combustion vitale.

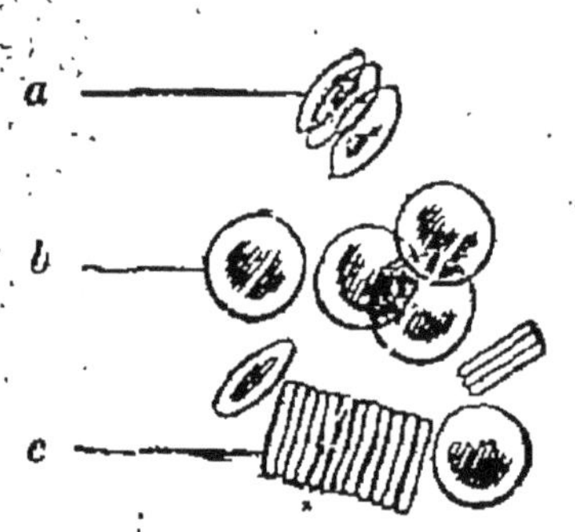

Fig. 6. — Globules du sang de l'homme.

a, vus de profil; *b*, vus de face; *c*, empilés.

4. Composition du sang. — Artériel ou veineux, une fois qu'il est extrait du corps et abandonné à lui-même, le sang ne tarde pas à se séparer spontanément en deux parties, l'une liquide, l'autre solide. La partie liquide est jaunâtre et transparente; elle occupe le fond du vase et prend le nom de *sérum*. La partie solide surnage. C'est une masse gélatineuse, opaque, d'un rouge foncé; on la nomme *cruor* ou vulgairement *caillot*.

Le cruor est formé des globules et d'une substance spéciale, la *fibrine*, à laquelle le sang doit sa coagulation spontanée. Si, au lieu d'abandonner le sang au repos, on l'agite vivement en le battant avec un paquet de verges, dès qu'il sort de la veine, la fibrine, à mesure qu'elle se coagule, s'attache aux verges en filaments élastiques, en grumeaux gélatineux que l'on peut recueillir à part. Le sang, ainsi privé de sa fibrine, ne se coagule plus spontanément; néanmoins il conserve la coloration rouge, au lieu de présenter la teinte jaunâtre du sérum du sang coagulé par le repos. En voici la cause. Le sang, comme il vient d'être dit, doit sa coloration rouge aux globules. Lorsque sa coagulation est spontanée, la fibrine entraîne avec elle, enferme dans sa masse les globules sanguins, et le tout forme un caillot rouge, flottant sur un liquide décoloré par cette soustraction des globules; mais si la fibrine se coagule pendant que le sang est vivement agité, les globules ne sont plus emprisonnés par le caillot et restent dans la partie liquide, qu'ils colorent en rouge.

Le sérum chauffé à une soixantaine de degrés se coagule en une masse blanche, absolument comme le ferait, dans les mêmes circonstances, le blanc de l'œuf ou l'*albumine*. La substance principale du sérum est donc de l'albumine dissoute dans de l'eau. En ne tenant compte que des principes fondamentaux, on voit donc que le sang contient des globules, de l'albumine, de la fibrine et une grande quantité d'eau. L'albumine du sang est de tous points identique avec celle de l'œuf. La fibrine n'est autre chose que la substance même de la chair musculaire. Aussi peut-on appeler avec juste raison *chair coulante*, le sang tel qu'il est dans le corps, puisqu'il renferme en dissolution la substance même de la chair.

5. Rôle du sang. — Le sang distribue aux divers

organes de nouveaux matériaux, pour les maintenir dans une permanente prospérité malgré leurs pertes continuelles, conséquence inévitable de l'exercice de la vie. Un autre rôle lui revient, non moins important que le premier et d'une nécessité de tous les instants. Par son oxygène dissous, il provoque, dans tout son trajet, une combustion lente sans laquelle le maintien de la vie est impossible. Assistons en esprit à une expérience d'un haut intérêt. On ouvre une artère à un animal. A mesure que le sang s'écoule, le patient s'affaiblit. Bientôt il succombe, immobile, insensible, sans respiration, sans aucun signe extérieur de vie. Ce n'est encore qu'un cadavre en apparence, mais dans quelques instants ce serait un cadavre réel. La vie est arrêtée, elle va finir parce que manque dans l'organisme la combustion provoquée par le sang oxygéné. Sans tarder, on injecte dans les vaisseaux de l'animal le sang extrait. Si l'expérience est conduite par des mains habiles, on assiste comme à une résurrection. Le cadavre apparent s'agite; peu à peu il reprend ses forces, il se relève. La vie est revenue parce que la combustion vitale, non totalement éteinte, a repris quand le sang est rentré dans les vaisseaux.

6. **Structure du cœur.** — L'organe qui donne l'impulsion au sang et le fait circuler dans les vaisseaux est le *cœur*, placé dans la poitrine entre les deux poumons. Sa propriété fondamentale est de se contracter et de se relâcher tour à tour par périodes rapprochées et régulières. Le mouvement de contraction se nomme *systole*; celui de relâchement ou de dilatation, *diastole*. De là résultent les battements de cœur, que sent la main appliquée sur le côté gauche de la poitrine.

Le cœur est creux et sa capacité se divise, par une cloison longitudinale, en deux moitiés, dont celle de droite ne reçoit que du sang noir ou veineux, et celle

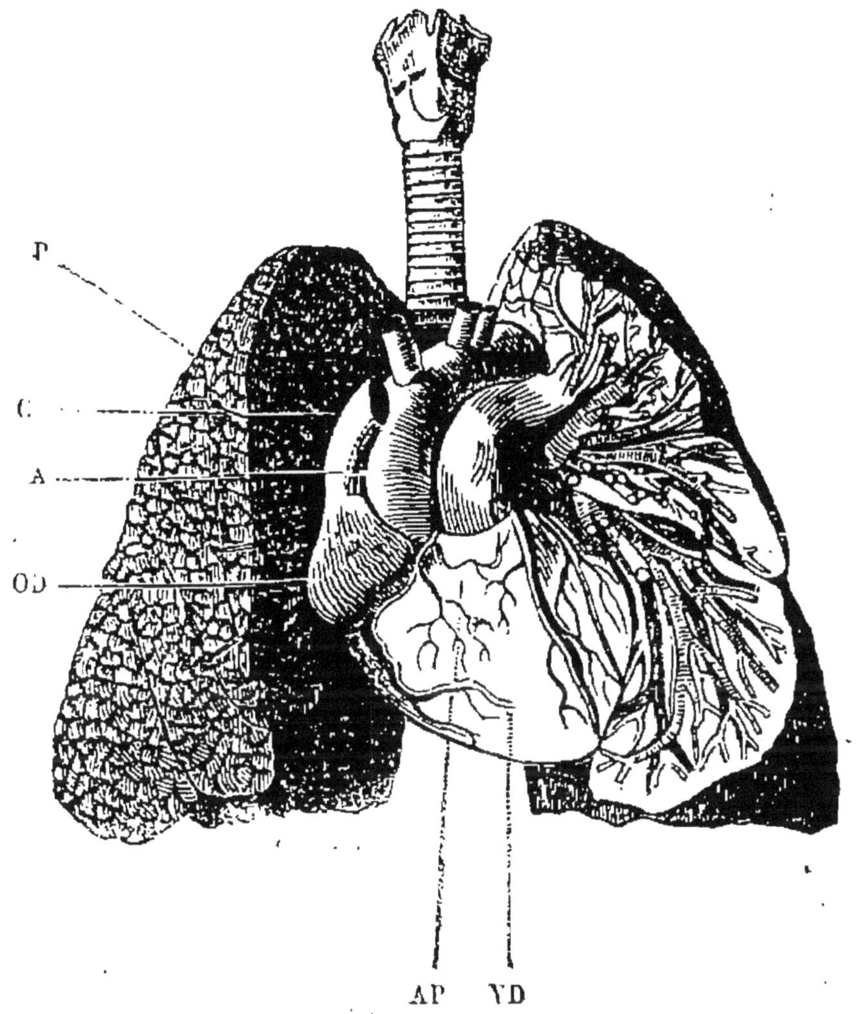

Fig. 7. — Les poumons et le cœur.

Le poumon gauche est ouvert pour montrer ses rameaux bronchiques, ses vaisseaux artériels et veineux. — P, poumon droit ; CS, veine cave supérieure ; A, aorte ; OD, oreillette droite ; AP, artère pulmonaire VD, ventricule droit.

de gauche que du sang rouge ou artériel. A son tour chaque moitié se divise en deux cavités par une cloison transversale, percée d'un orifice de communication. Le cœur comprend donc en tout quatre loges. Les deux supérieures sont les *oreillettes*, les deux inférieures sont les *ventricules*. Suivant qu'elles appartiennent à la moitié droite ou à la moitié gauche du cœur, on les nomme *oreillette droite* et *oreillette gauche*, *ventricule droit*, *ventricule gauche*. Chaque oreillette communique avec le ventricule de même côté, mais il n'existe pas de communication entre les deux cavités de droite et les deux cavités de gauche.

7. **Circulation du sang.** — Dans l'oreillette droite arrive le sang veineux, rouge noir, imprégné de gaz carbonique, et en cet état impropre à l'entretien de la vie. Il charrie en outre les substances nutritives que vient d'élaborer la digestion. Deux gros vaisseaux, dits *veines caves*, où aboutissent toutes les veines des diverses régions du corps, déversent le sang veineux dans l'oreillette droite. Celui d'en haut, *veine cave supérieure* (fig. 8) amène le sang de la tête, des bras et de la poitrine. Par la voie de l'un de ces affluents, la *veine sous-clavière gauche*, dont il a été déjà parlé, la veine (*c*) a reçu en route le chyle, provenant de la digestion des matières grasses dans l'intestin au moyen du suc pancréatique. Le vaisseau d'en bas, *veine cave inférieure* (*d*), amène le sang des jambes, de l'abdomen et des divers organes qu'il contient. Il charrie en outre les matériaux nutritifs dissous dans l'estomac au moyen du suc gastrique.

En se contractant, l'oreillette droite presse le sang veineux qu'elle contient et le chasse dans le ventricule droit. Aussitôt rempli, le ventricule droit se contracte à son tour et refoule le sang dans un vaisseau (*b*) nommé *artère pulmonaire*. Celle-ci se divise bientôt en deux branches, dont l'une va se ramifier à l'infini dans le poumon de droite et l'autre dans le poumon de gauceh. Au sein des poumons arrive en même temps de l'air, que la respiration amène par la voie de la *trachée-artère*. Sans entrer dans des détails réservés pour le chapitre de la respiration,

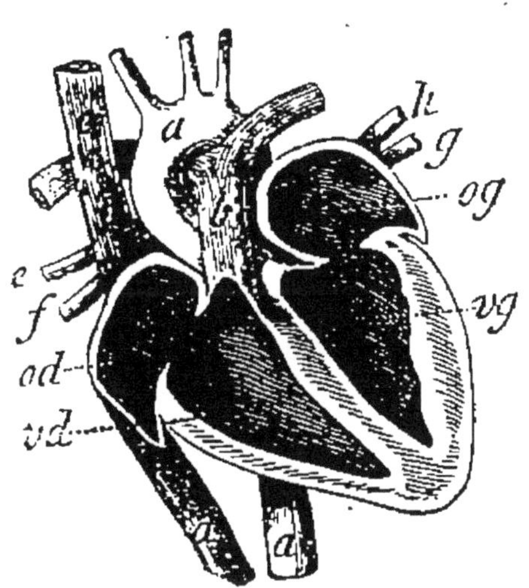

Fig. 8. — Coupe théorique du cœur.

od, oreillette droite ; *vd*, ventricule droit ; *c*, veine cave supérieure ; *d*, veine cave inférieure ; *aa*, aorte ; *og*, oreillette gauche ; *vg*, ventricule gauche ; *b*, artère pulmonaire ; *ef*, veines pulmonaires droites ; *hg*, veines pulmonaires gauches.

nous nous bornerons à dire que, dans les poumons, le sang perd son gaz carbonique, exhalé au dehors par le souffle de l'*expiration*, et dissout à sa place de l'oxygène, provenant de l'air atmosphérique qui pénètre à chaque *inspiration*. Par cet échange gazeux, le sang, d'abord d'un rouge sombre, tournant au noir, devient d'un rouge vif, écumeux, plus fluide. Il était entré sang veineux, impropre à la vie, dans les poumons ; il en sort sang artériel, imprégné d'oxygène et apte désormais à la combustion et à la nutrition vitales. Des milliers de petits vaisseaux le rassemblent des profondeurs de ce merveilleux laboratoire et le conduisent finalement au cœur dans l'oreillette gauche par deux couples de vaisseaux nommés *veines pulmonaires*. Le couple *h* et *g*, *veines pulmonaires gauches*, ramène le sang du poumon gauche ; le couple *e* et *f*, *veines pulmonaires droites*, le ramène du poumon droit.

La contraction de l'oreillette gauche chasse le sang artériel dans le ventricule gauche. Enfin le ventricule gauche donne, par sa contraction, l'élan final, le plus puissant de tous, et chasse le sang dans une grosse artère, l'*aorte* (*a*, *a*), qui le distribue dans tout le corps au moyen de canaux de plus en plus étroits et nombreux. Dans les dernières subdivisions, comparables à des cheveux pour la finesse et nommés pour ce motif *vaisseaux capillaires*, le sang artériel accomplit ses fonctions : il cède aux organes baignés ses principes nutritifs et son oxygène, qu'il remplace par du gaz carbonique et d'autres résidus du travail vital; enfin il redevient sang veineux. D'autres vaisseaux capillaires, continuation des premiers, le reçoivent alors et le rassemblent dans les veines qui, de proche en proche, le ramènent dans l'oreillette droite du cœur par la voie des deux veines caves. Ainsi recommence, dans un ordre invariable, la circulation dont nous venons de donner une idée.

8. **Artères et veines.** — Les artères sont les vaisseaux dans lesquels le sang circule du cœur vers les autres parties du corps. Toutes contiennent du sang rouge, à l'exception des artères pulmonaires, qui portent aux poumons le sang noir du ventricule droit. Leur paroi se compose de trois tuniques superposées : l'intérieure et l'extérieure fixes et membraneuses; la moyenne de couleur jaunâtre, ferme et

très-élastique. Cette élasticité fait qu'une artère se maintient bâillante lorsqu'elle éprouve une rupture et donne lieu à une hémorrhagie qu'on ne peut arrêter que par la ligature du vaisseau endommagé. A de rares exceptions près, les artères sont toutes profondément situées, loin de la surface, sous une épaisseur de muscles et d'autres organes, qui forment rempart et écartent le péril de rupture.

L'élasticité de la tunique moyenne des artères est la cause du *pouls*. A chaque ondée de sang qu'envoie le cœur, les artères éprouvent des pulsations, c'est-à-dire des alternatives régulières de gonflement puis d'affaissement. Les pulsations ont lieu en tous points des vaisseaux artériels ; mais elles ne sont sensibles au toucher que là où les artères sont assez voisines de la superficie. L'*artère radiale*, située au poignet, se prête très-bien à ce genre d'observation. C'est là que s'appliquent les doigts pour *tâter le pouls*, c'est-à-dire pour reconnaître la fréquence et la force des battements artériels, et par conséquent la fréquence et la force des battements du cœur. Autant l'artère donne de pulsations, autant le cœur fait de battements. Dans l'homme adulte ce nombre varie de 60 à 75 par minute.

Les veines ramènent au cœur, dans l'une et l'autre oreillettes, le sang des diverses parties du corps. Toutes contiennent du sang noir, à l'exception des veines pulmonaires, qui conduisent à l'oreillette gauche le sang devenu rouge par son oxygénation dans les poumons. Sous le rapport de la structure, elles diffèrent des artères par l'absence de la tunique moyenne élastique ; aussi leurs parois sont-elles flasques, minces, et leur canal, au lieu de rester béant, s'affaisse dès qu'il cesse d'être plein. De là résulte une cicatrisation facile. Les saignées médicales se font toujours sur une veine. Beaucoup de veines oc-

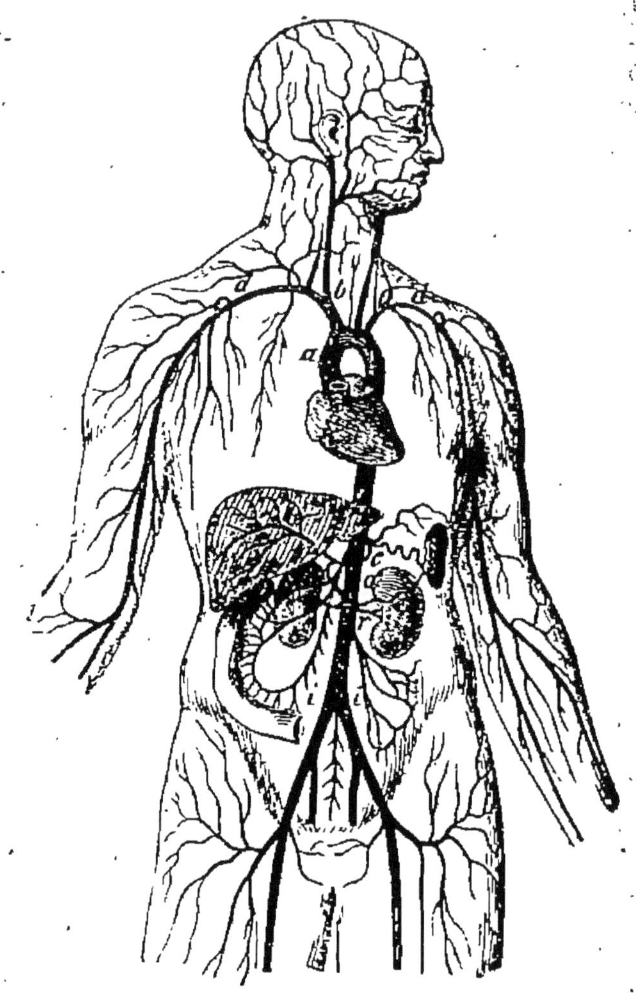

Fig. 9. — Principaux vaisseaux artériels.

a, aorte ; *b*, artère carotide ; *d,d*, artères sous-clavières, *a*, artère abdominale ; *c*, artère splénique ; *r*, artère rénale ; *i, i*, artères iliaques.

cupent la superficie et rampent sous la peau, où elles dessinent par transparence des traits bleuâtres, par exemple sur le dos de la main.

QUESTIONNAIRE.

1. En quoi consiste, d'une manière générale, la circulation? — Quel est le liquide qui distribue aux organes les matériaux nutritifs et l'oxygène de l'air? — Quel est l'organe moteur? — Comment se nomment les vaisseaux de distribution? — 2. Quels sont les caractères du sang veineux et du sang artériel? — Quels gaz renferment-ils l'un et l'autre en dissolution? — 3. Comment apparaît une goutte de sang au microscope? — Quelle est la forme des globules? — Quelles sont leurs dimensions? — Quel est leur rôle? — D'où provient la couleur du sang? — 4. Que devient le sang extrait du corps et abandonné à lui-même? — Quelle est la cause de la coagulation? — Comment peut-on extraire la fibrine? — Pourquoi le sang dépouillé de sa fibrine conserve-t-il la coloration rouge? — De quoi se compose le sérum? — Quels sont les principes fondamentaux du sang? — Pourquoi le sang peut-il être appelé de la chair coulante? — 5. Quel est le rôle du sang? — Quelle expérience fait-on à ce sujet? — 6. Décrivez la structure du cœur! — Que contient la moitié droite? — Que contient la moitié gauche? — 7. Qu'amène la veine cave supérieure. — Qu'amène la veine cave inférieure? — Décrivez la circulation du sang du cœur aux poumons et des poumons au cœur. — Que se passe-t-il dans les poumons? — En sortant du ventricule gauche, que devient le sang artériel? — Où redevient-il sang veineux? — Comment retourne-t-il au cœur? — Qu'appelle-t-on vaisseaux capillaires? — 8. Que sont les artères? — Quelle est leur structure? — D'où provient le pouls? — Où se tâte le pouls? — Une artère ouverte se referme-t-elle d'elle-même? — Que sont les veines? — Quelle est leur structure? — Où se font les saignées médicales?

CHAPITRE III

RESPIRATION

1. Composition de l'air. — L'air atmosphérique est un mélange de deux gaz, l'un, l'*azote*, impropre à la combustion, l'autre, l'*oxygène*, dans lequel la combustion se fait avec une extrême ardeur. En nombres ronds, sur 5 litres d'air, il y en a 1 d'oxygène et 4 d'azote. Il est aisé de reconnaître lequel des deux gaz agit dans la respiration. Plongé dans une atmosphère d'azote pur, un animal succombe après quelques inspirations, de même que s'y éteint une bougie allumée. Plongé dans une atmosphère d'oxygène, il continue à vivre; il est vrai que si le séjour dans ce gaz se prolonge trop, l'animal est en danger parce que la vie est surexcitée hors de toute mesure. Pareillement une bougie continue à brûler dans l'oxygène, mais elle s'y consume avec une dévorante activité. C'est donc l'oxygène qui agit dans la respiration. Quant à l'azote, gaz inerte, il a pour effet de tempérer, par sa forte proportion, les énergies violentes du gaz actif. C'est l'oxygène de l'air dissous dans l'eau que respirent les animaux aquatiques.

2. Produits de la respiration. — Nous connaissons la composition de l'air qui pénètre dans le corps à chaque *inspiration*; examinons maintenant de quoi se compose celui qui en sort à chaque *expiration*. — La fumée qui accompagne le souffle par un temps froid démontre d'abord que l'air expiré renferme de la vapeur d'eau. Cette vapeur est exhalée en tout temps, car si nous soufflons avec la bouche sur un carreau de vitre froid, bientôt l'haleine y dépose une couche d'humidité. — A l'aide d'un tube de verre, soufflons maintenant avec la bouche dans de l'eau de chaux. Aussitôt le liquide blanchit, et par le repos, laisse déposer d'abondants flocons de craie ou carbonate de chaux. A ce signe se reconnaît la présence du gaz carbonique, et en quantité considérable (1). L'air du dehors, celui qui ne vient pas des organes respiratoires, ne se comporte pas de la même manière. Si l'on souffle dans de l'eau de chaux, non plus avec la bouche mais avec un soufflet, l'eau ne blanchit pas, ne donne pas de flocons de craie. Il n'y a donc pas du gaz carbonique dans l'air, ou plus exactement il n'y en a que des quantités si faibles, qu'il faudrait faire passer de grandes masses d'air dans de l'eau de chaux pour y amener un léger trouble. Avec l'air expiré, au contraire, le trouble apparaît aussitôt.

Ainsi, avant de pénétrer en nous, l'air ne contient que très-peu de vapeur d'eau et très-peu de gaz carbonique; quand il revient des organes respiratoires, il en contient beaucoup. L'air exhalé contient en outre presque intégralement l'azote de l'air primitif, mais il contient beaucoup moins d'oxygène, et cet oyxgène se trouve remplacé par un volume à peu près égal de gaz carbonique. En somme, la respiration consomme de l'oxygène et produit de l'eau et du gaz carbonique, c'est-à-dire qu'elle reproduit fidèlement tous les faits de l'habituelle combustion. La bougie qui brûle prend à l'air son oxygène, le combine avec sa propre substance et en fait du gaz carbonique et de la vapeur d'eau; l'animal, en respirant, prend aussi l'oxygène à l'air et laisse l'azote intact, il associe cet oxygène avec les matériaux de son corps et du tout fait de l'eau et du gaz carbonique.

(1) Cette expérience, si frappante et si facile à faire, ne demande qu'un peu d'eau de chaux et un tube quelconque, au besoin une simple paille. L'eau de chaux s'obtient en délayant de la chaux dans de l'eau et filtrant sur du papier filtre. Le liquide qui passe, tenant un peu de chaux en dissolution, est d'une parfaite limpidité.

3. **Chaleur animale.** — La combustion dégage de la chaleur, la respiration en fait tout autant; telle est la cause de la température propre au corps de l'animal. Sous un soleil brûlant comme au milieu des frimas de l'hiver, sous le climat torride de l'équateur comme sous le climat glacial des pôles, le corps de l'homme conserve une température qui lui est propre, 38°; et cette température ne varie jamais, parce que le corps est un calorifère permanent, alimenté d'air par la respiration, de combustible par la digestion.

La chaleur que dégage un fourneau est cause du travail mécanique qu'accomplit la machine mise en jeu par ce fourneau; la chaleur que dégage la combustion vitale est cause aussi des efforts musculaires de l'animal. D'un homme qui met à son travail une ardeur extrême, on dit qu'*il se brûle le sang*. Cette expression populaire est on ne peut mieux d'accord avec ce que la science connaît de plus certain sur l'exercice de la vie. Pas un mouvement ne se fait en nous, pas une fibre ne remue sans amener une dépense proportionnelle de combustible, fourni par le sang, renouvelé lui-même par l'alimentation. Marcher, courir, s'agiter, travailler, prendre de la peine, c'est, à la lettre, se brûler le sang. Tel est le motif pour lequel l'activité, le travail pénible, excitent le besoin de manger; tandis que le repos, l'inoccupation, l'affaiblissent. En un mot, vivre, c'est se consumer; respirer, c'est brûler.

4. **Poumons.** — Les organes de la respiration sont les *poumons*, placés dans la cavité de la poitrine ou *thorax*, l'un à droite, l'autre à gauche du cœur. Ils sont criblés d'une infinité de petites cavités ou cellules pulmonaires, communiquant avec l'air extérieur

par les dernières ramifications de la *trachée-artère*. Celle-ci débute dans l'arrière-bouche, où elle s'ouvre par un orifice nommé *glotte*. Elle se compose d'une série d'anneaux cartilagineux, empilés l'un au-dessus de l'autre et maintenus en un canal continu par la membrane qui les relie. Dans sa partie supérieure,

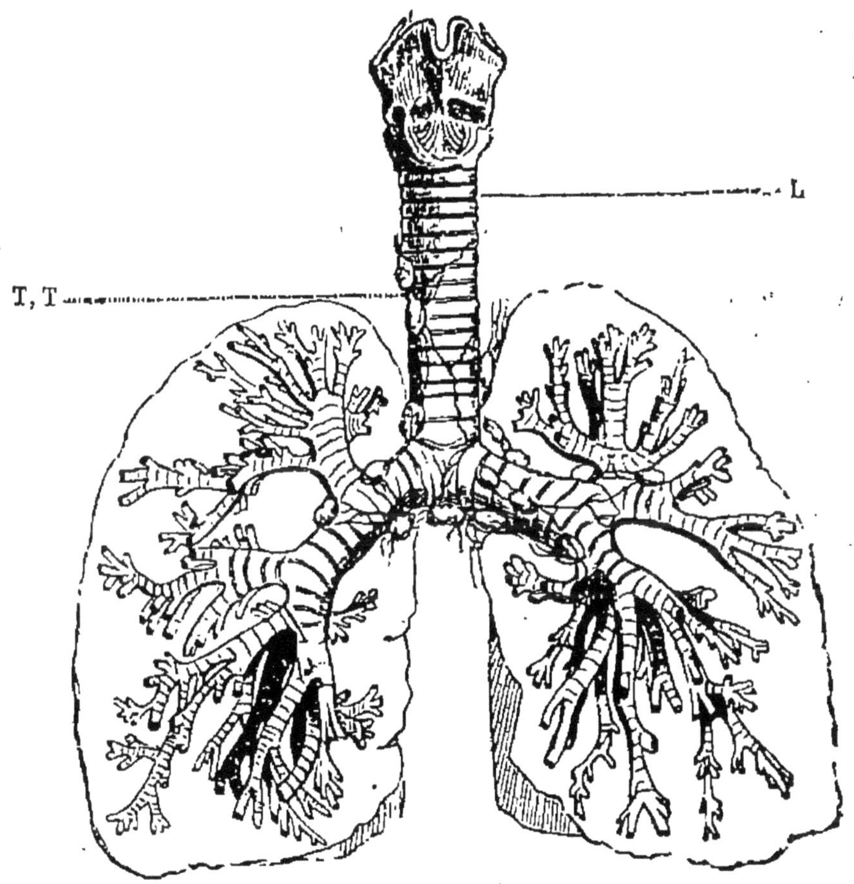

Fig. 10. — Distribution des bronches dans les poumons.
L, larynx; T,T, trachée-artère.

immédiatement après la glotte, la trachée-artère présente une dilatation considérable que l'on nomme *larynx*. Cette dilatation est l'organe de la voix. Parvenue entre les deux poumons, la trachée-artère se divise en deux canaux nommés *bronches*, de moindre calibre mais de même structure. Chacun d'eux se rend dans le poumon voisin, en se subdivisant en une multitude de ramifications, dont les dernières, extrêmement fines, débouchent dans les cellules dont est criblée la substance des poumons. Pour arriver aux cellules pulmonaires, l'air pénètre par les narines, ou moins fréquemment par la bouche; il franchit l'orifice de la glotte, suit la trachée-artère, les bronches et finalement les derniers ramuscules de celles-ci.

5. **Hématose.** — Sur la paroi de chaque cellule pulmonaire rampent de délicats vaisseaux sanguins, les uns dernières subdivisions de l'artère pulmonaire, amenant le sang noir du ventricule droit, les autres premières racines des veines pulmonaires, amenant à l'oreillette gauche le sang devenu rouge. Ces divers vaisseaux, artérioles et veinules, sont reliés entre eux par un réseau capillaire. L'air et le sang se trouvent ainsi en présence, l'air à l'intérieur de la cellule pulmonaire, le sang à l'extérieur, et séparés l'un de l'autre par la paroi de la cellule et des capillaires. Mais par sa faible épaisseur et sa fine structure, cette paroi se prête au passage des gaz dans un sens comme dans l'autre, sans laisser transpirer le sang des vaisseaux. Le sang noir exhale donc son gaz carbonique dans les cellules pulmonaires ainsi que les vapeurs provenant de l'eau en excès; inversement, l'air des cellules pulmonaires cède au sang son oxygène. Les globules s'imprègnent de cet oxygène, l'emmagasinent en quelque sorte en formant avec lui une combinaison facile à détruire, et dès l'instant passent

du rouge noir au rouge vif. Cette oxygénation sanguine, cette transformation du sang veineux en sang artériel s'appelle *hématose*. Cet échange réciproque effectué, l'air est chassé des poumons, appauvri d'oxygène, saturé de vapeur d'eau, qui par un temps froid fait fumer notre haleine, et riche de gaz carbonique, qui trouble et blanchit l'eau de chaux dans laquelle nous faisons passer notre souffle. Une autre inspiration renouvelle cet air et le même échange gazeux se poursuit. Quant au sang redevenu rouge par son passage dans le réseau capillaire des poumons, il se rend au cœur, dont le ventricule gauche le lance dans toutes les parties du corps, pour y porter son élément comburant et ses principes nutritifs. Dans son trajet, il cède aux organes des matériaux d'accroissement et d'entretien; avec ses globules oxygénés, qui peu à peu abandonnent le gaz dont ils sont imprégnés, il consume soit les matériaux qu'il charrie lui-même, soit les matériaux vieillis de l'organisation. De là résultent, en tout point du corps, la combustion vitale et le renouvellement graduel des organes; de là résulte aussi une incessante formation de résidus, en particulier de gaz carbonique et d'eau, dont le sang, devenu alors veineux, va se dépouiller aux poumons, pour y prendre une nouvelle provision d'oxygène et recommencer indéfiniment son circuit.

6. **Thorax.** — Le thorax, c'est-à-dire la cavité où sont logés les poumons et le cœur, a pour charpente osseuse, en arrière, un pilier formé par les douze vertèbres du dos ou *vertèbres dorsales;* en avant, parallèlement à la colonne des vertèbres, un os mince et plat appelé *sternum*, occupant le creux de la poitrine; de chaque côté, douze os courbés en arc et nommés *côtes*. Chaque côte s'articule en arrière

avec l'une des vertèbres dorsales. Les sept premières rejoignent directement le sternum et portent le nom de *vraies côtes*; les cinq dernières, nommée *fausses côtes*, n'atteignent le sternum qu'en s'unissant l'une à l'autre au moyen d'un prolongement cartilagineux.

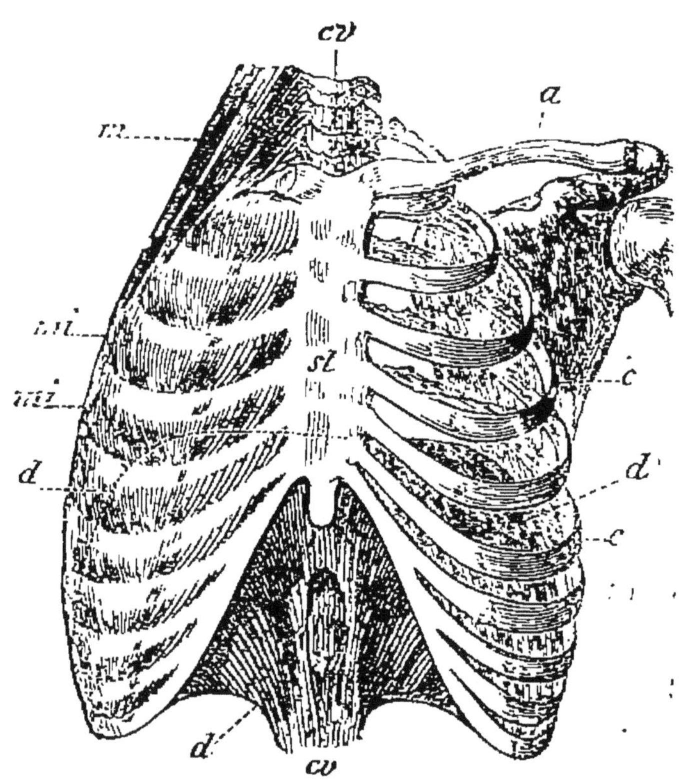

Fig. 11. — Le thorax.

cv, colonne vertébrale ; *a*, clavicule ; *m*, muscles élévateurs des côtes; *mi*, *mi*, muscles intercostaux ; *st*, sternum ; *d*, *d*, diaphragme ; *c*, côtes.

Les côtes sont reliées entre elles par les *muscles intercostaux*, qui, en se contractant, les rapprochent un peu l'une de l'autre et les font légèrement pivoter autour de leur articulation avec les vertèbres dorsales. Enfin un muscle, le *diaphragme*, comparable à un plancher voûté séparant deux étages, ferme en bas la cavité thoracique et la sépare de la cavité abdominale. Cette voûte charnue tourne sa convexité vers le thorax, sa concavité vers l'abdomen. Des prolongements, musculaires, nommés *piliers du diaphragme*, lui donnent attache sur les *vertèbres lombaires*, situés en arrière du ventre. Lorsque ces piliers se contractent, le diaphragme diminue de convexité; il fait ainsi moins saillie à l'intérieur du thorax et celui-ci augmente de capacité. S'ils se relâchent, le diaphragme reprend sa forte courbure; sa voûte remonte dans la poitrine et en diminue d'autant la contenance.

7. **Mécanisme de la respiration.** — Deux mouvements sont à distinguer dans l'acte respiratoire : celui de *l'inspiration*, qui amène aux poumons l'air atmosphérique; celui de *l'expiration*, qui chasse des poumons l'air dont l'action sur le sang est terminée. Dans la respiration habituelle, celle qui s'accomplit d'une manière calme, non précipitée, c'est le diaphragme qui provoque les deux mouvements contraires au moyen de ses alternatives de contraction et de relâchement. Lorsqu'il se contracte, la convexité de sa voûte s'affaisse et la capacité de la poitrine augmente en offrant aux poumons un plus grand espace à occuper. Par la voie toujours libre de la trachée-artère, l'air extérieur arrive donc aux poumons, de la même façon qu'il pénètre dans un soufflet dont la capacité vient de s'amplifier au moyen de l'éloignement des deux planchettes servant de support à sa poche de cuir. Pour l'expiration, le diaphragme se relâche et laisse sa voûte remonter dans le thorax, dont la contenance se trouve ainsi diminuée. Comprimés dans un moindre espace, les

poumons expulsent leur contenu gazeux. Pareillement, un soufflet chasse l'air de sa poche quand celle-ci diminue par le rapprochement des deux planchettes.

Quand la respiration doit être plus active, plus précipitée, enfin quand on respire à pleine poitrine, à l'action du diaphragme s'ajoute celle des muscles intercostaux, qui en relevant un peu les côtes, puis les laissant s'abaisser, augmentent et diminuent tour à tour la capacité du thorax. Respirons à pleine poitrine et appliquons nos mains sur les côtes, nous sentirons celles-ci se relever pendant l'inspiration, s'abaisser pendant l'expiration.

8. **Asphyxie.** — Si la transformation du sang veineux en sang artériel ne se fait pas ou se fait d'une manière incomplète, parce que l'air cesse d'arriver aux poumons ou n'y parvient qu'en volume insuffisant, la combustion vitale se ralentit, s'arrête, ce qui amène un trouble profond, nommé *asphyxie*, dont le résultat inévitable est la mort pour peu que cet état se prolonge. L'immersion dans l'eau, la strangulation, le séjour dans une atmosphère qui ne se renouvelle pas, donnent la mort par manque d'air. Quelquefois l'asphyxie se complique d'un empoisonnement par une substance gazeuse. Ainsi le charbon allumé dégage de l'oxyde de carbone, qui exerce sur l'organisation une influence des plus délétères, quoiqu'il soit mélangé avec une large proportion d'air. Les soins à donner aux asphyxiés consistent, avant tout, à les apporter au plus vite dans une atmosphère pure, s'ils succombent par intoxication; et dans tous les cas, à réveiller la respiration, sans se lasser, sans se décourager, car fréquemment la mort n'est qu'apparente.

QUESTIONNAIRE.

1. De quoi se compose l'air atmosphérique? — Quelles sont les propriétés de l'oxygène? — Quelles sont les propriétés de l'azote? — Quel est le rôle de l'azote? — 2. Que contient l'air expiré? — Comment se constate la vapeur d'eau? — Comment se constate le gaz carbonique? — Quelle analogie y a-t-il entre la respiration et la combustion? — 3. Quelle est la température du corps de l'homme? — D'où provient cette chaleur constante? — Expliquez cette expression populaire : *se brûler le sang.* — Pourquoi le travail augmente-t-il le besoin de nourriture? — 4. Décrivez la structure des poumons. — Dites le trajet suivi par l'air pour arriver aux cellules pulmonaires? — 5. Que se passe-t-il dans les poumons? — Qu'appelle-t-on hématose? — Que devient le sang après s'être oxygéné dans les poumons? — 6. Décrivez la structure du thorax. — Qu'est-ce que le diaphragme? — Comment cet organe augmente-t-il et diminue-t-il tour à tour la capacité du thorax? — 7. Comment se produit l'inspiration? — Comment se produit l'expiration? — Quelle comparaison peut-on établir entre le thorax et un soufflet? — Comment se fait la respiration à pleine poitrine? — 8. Qu'est-ce que l'asphyxie? — Quel gaz mortel dégage le charbon allumé? — Quels soins faut-il donner aux asphyxiés?

CHAPITRE IV

LOCOMOTION

1. Fonctions de relation. — La nutrition est une propriété commune à tous les êtres organisés, aux végétaux comme aux animaux; aussi la nomme-t-on, envisagée dans sa généralité, *fonction de la vie végétale.* Mais les animaux ont de plus la faculté de se mouvoir volontairement pour satisfaire aux exigences de leur genre de vie, et la faculté d'avoir connaissance, à un degré plus ou moins élevé, soit de ce qui se passe en eux-mêmes, soit de ce qui se passe au dehors. La première faculté se nomme *locomotion ;* la seconde, *sensibilité*. L'exercice des deux constitue les *fonctions de relation*, ainsi dénommées parce qu'elles mettent l'animal en relation avec les objets extérieurs. On les appelle aussi *fonctions de la vie animale*, parce qu'elles sont caractéristiques des animaux. La sensibilité s'exerce par les *organes des sens ;* la locomotion a pour organes les *muscles*, masses charnues qui se contractent ou se relâchent au gré de l'animal. L'une et l'autre sont sous la haute dépendance des *erfs*, qui transmettent aux muscles l'influence de la volonté pour amener leur contraction ou leur relâchement, et font parvenir au *cerveau* ou autres *centres sensitifs*, l'impression reçue par les sens, afin que l'animal en ait connaissance. Dans les animaux supérieurs, les organes moteurs, les muscles, sont soute nus et dirigés dans leur action par une charpente solide, à laquelle ils se rattachent. Cette charpente est le *squelette*, et les pièces dont elle se compose sont es *os*.

2. **Composition des os.** — Les os sont formés d'une matière organique, destructible par le feu, et d'une matière minérale, inaltérable par la chaleur. Si l'on calcine un os à l'air libre, la matière organique brûle, et la matière minérale reste. L'os est alors blanc et très-friable ; il contient un mélange de substances minérales, où dominent le phosphate de chaux d'abord, et, au second rang, le carbonate de chaux. L'ensemble de ces matières minérales forme à peu près les deux tiers du poids primitif. L'autre tiers, disparu par l'action du feu, se compose presque en totalité de *gélatine*, substance que l'industrie em-

ploie sous le nom de colle-forte. Pour obtenir la gélatine seule, il suffit de laisser macérer un os frais dans de l'acide chlorhydrique. L'acide dissout peu à peu les matières minérales, et la gélatine reste intacte, conservant la forme et les dimensions de l'os primitif, qui devient ainsi flexible en tout sens, mou, élastique.

3. **Os de la tête.** — Pour la classification des os, le corps se divise en trois parties : la tête, le tronc,

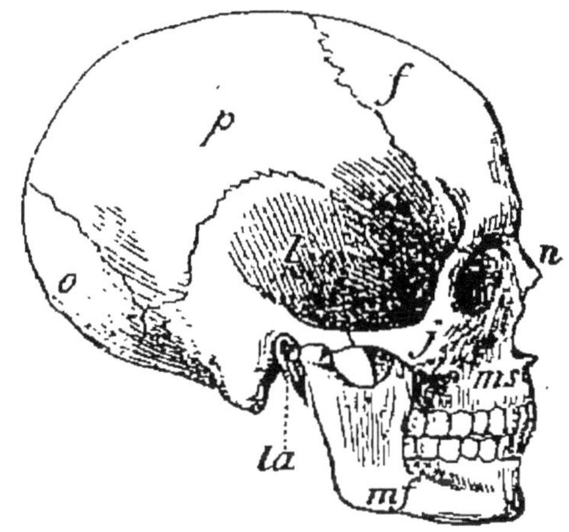

Fig. 12. — Tête osseuse de l'homme.

f, frontal ; *p*, pariétal ; *o*, occipital ; *t*, temporal ; *s*, aile du sphénoïde ; *n*, os nasaux ; *ms*, maxillaire supérieur ; *mf*, maxillaire inférieur ; *j*, os jugal ; *ta*, trou auditif.

et les membres. — La tête comprend le *crâne* et la *face*. Le crâne est la boîte osseuse logeant le cerveau. Il se compose de huit os, dont quatre sont pairs c'est-à dire forment des couples symétriques, et quatre sont impairs. Aux premiers appartiennent les deux *pariétaux*, qui s'articulent par des dentelures engrenées l'une dans l'autre suivant la ligne médiane du crâne, et forment le haut et les côtés de la voûte crânienne dans la région moyenne ; les deux *temporaux*, qui constituent les tempes, c'est-à-dire les régions du crâne dont chaque oreille occupe le bas. A la base des temporaux se remarque une grosse saillie ou apophyse, dite *mastoïde*, servant de point d'attache à des muscles qui descendent obliquement vers la poitrine sur le devant du cou, et font tourner la tête un peu à droite et un peu à gauche sur la colonne vertébrale. En avant de l'apophyse mastoïde est le *trou auditif*, creusé dans une portion du temporal nommée *rocher* à cause de sa grande dureté. Une seconde apophyse s'élève des temporaux et va à la rencontre des os jugaux en formant avec ceux-ci, en travers des joues, une arcade sous laquelle passe le muscle moteur de la mâchoire inférieure.

Aux os impairs appartiennent le *frontal*, constituant le front, et l'*occipital*, situé à l'arrière de la tête. Celui-ci est percé à sa base d'un large orifice, dit *trou occipital*, par lequel la cavité crânienne communique avec le canal de la colonne vertébrale. Sur les bords du trou occipital, s'élèvent, l'une à droite, l'autre à gauche, deux grosses saillies appelées *condyles*, qui sont les points d'articulation du crâne avec la première vertèbre. Les deux autres os impairs sont le *sphénoïde* et l'*ethmoïde*, intercalés à la face inférieure du crâne. Le sphénoïde est en avant du trou occipital ; il se prolonge de chaque côté en une aile qui entre dans la composition de la tempe. Enfin l'ethmoïde, situé en arrière du nez, est criblé de trous pour le passage des nerfs de l'odorat.

Dans la face se comptent quatorze os, douze disposés par couples symétriques et deux impairs. Les os pairs sont les deux *maxillaires supérieurs*, qui forment la mâchoire supérieure ; les deux *palatins*, qui prennent part, en arrière des maxillaires supérieurs, à la formation de la voûte du palais ; les deux *jugaux*, dont une branche rejoint une apophyse du temporal et forme avec elle ce qu'on nomme l'*arcade zygomatique*, se traduisant au dehors par la pommette des joues ; les deux *nasaux*, qui forment la voûte du nez ; les deux *cornets nasaux*, qui occupent le fond des fosses nasales et sont composés d'une mince lame à nombreux replis sur lesquels s'étale la membrane olfactive ; les deux *lacrymaux*, très-petits os situés à l'angle interne des orbites ou cavités des yeux. — Les os impairs sont le *vomer*, lame osseuse ormant cloison entre les deux narines ; enfin le *maxillaire inférieur* ou mâchoire inférieure. Ce dernier os, courbé en forme de fer à cheval, a ses extrémités terminées par une apophyse, nommée *condyle*, qui s'adapte dans une fossette ou *cavité glénoïdale*, creusée dans le temporal. C'est autour de ces deux points d'appui, comparables à de solides gonds, que se meut la mâchoire inférieure. Les muscles qui l'entraînent de bas en haut ont pour point d'insertion une saillie considérable de la mâchoire située en avant du condyle et nommée apophyse *coronoïde*. Ils passent sous l'arcade zygomatique et vont s'insérer d'autre part sur les côtés du crâne.

4. **Os du tronc.** — La partie la plus importante du squelette est la *colonne vertébrale* ou *colonne épinière*, robuste pilier qui sert de soutien au reste de l'édifice osseux. Elle est formée d'une série d'os, nommés *vertèbres*, empilés l'un sur l'autre. Une vertèbre se compose, en avant, d'un disque plein nommé le *corps* ; en arrière, d'un arc qui se prolonge en sept apophyses. Le prolongement postérieur est l'*apophyse épineuse*, les deux prolongements latéraux sont les *apophyses transverses*. Tous les trois servent de point

d'attache à des muscles qui résistent à la flexion du corps en avant sous l'effet de son poids, et le maintiennent dressé. A la base de chaque apophyse transverse se trouve, tant d'un côté que de l'autre, une

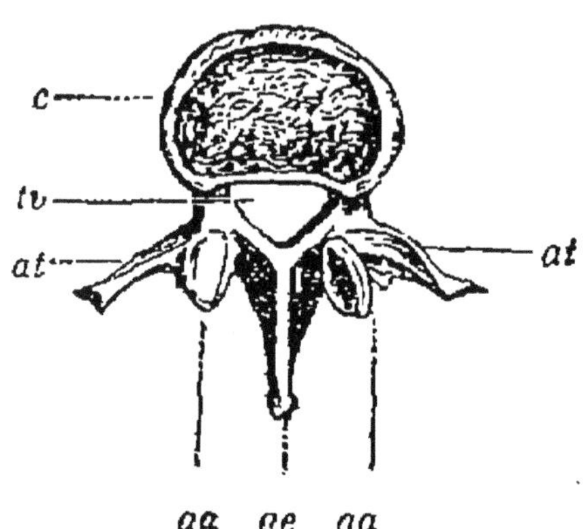

Fig. 13. — Vertèbre humaine.

c, corps de la vertèbre; *tv*, trou vertébral ou médullaire; *at*, *at*, apophyses transverses; *ae*, apophyse épineuse; *aa*, *aa*, apophyses articulaires.

apophyse dite *articulaire*, qui par une large facette s'articule avec l'apophyse pareille de la vertèbre voisine. Superposées par l'ample disque du corps, et prenant en outre appui l'une sur l'autre par leurs apophyses articulaires, les vertèbres forment ainsi un vigoureux pilier, dont les pièces, reliées entre elles par des ligaments, n'ont chacune que des mouvements très-limités, mais laissent néanmoins à l'ensemble une mobilité suffisante. Chaque vertèbre est traversée d'un large orifice, dit *trou médullaire*. Par la superposition, ces orifices forment un canal qui communique avec la cavité du crâne au moyen de l'ouverture de l'os occipital, et contient un organe de premier ordre, la *moelle épinière*, prolongement du cerveau. Dans toute sa longueur, la moelle épinière donne naissance à des nerfs, qui vont se distribuer çà et là dans le corps. Pour leur livrer passage hors du robuste étui qui renferme la moelle, chaque vertèbre s'échancre un peu sur chaque face, à droite et à gauche du trou médullaire. Les vertèbres étant superposées, des deux échancrures correspondantes se forme un orifice, appelé *trou de conjugaison*, par lequel sort le nerf, à droite ainsi qu'à gauche.

Chez l'homme, les vertèbres sont au nombre de trente-trois ; elles se classent en cinq divisions, savoir : 7 vertèbres *cervicales*, qui forment le cou ; 12 vertèbres *dorsales*, sur chacune desquelles prend appui une paire de côtes ; 5 vertèbres *lombaires*, correspondant à la région des reins, vulgairement nommée râble quand on parle d'un animal ; 5 vertèbres *sacrées*, distinctes dans le premier âge, mais soudées plus tard en un seul os qu'on appelle *sacrum ;* 4 vertèbres *coccygiennes,* réduites à des noyaux osseux, sans trou médullaire et dont l'ensemble s'appelle *coccyx*.

Les *côtes* sont des os minces, plats, recourbés en arc, circonscrivant la capacité du thorax. Leur extrémité postérieure s'articule avec les apophyses transverses de la vertèbre dorsale correspondante ; leur extrémité antérieure vient, par un prolongement cartilagineux, se rattacher au *sternum*, os impair, large et plat qui occupe la ligne médiane de la poitrine. Les sept premières atteignent directement le sternum et portent le nom de *vraies côtes*. Les cinq dernières paires diminuent progressivement de longueur, et n'atteignent le sternum qu'en se joignant aux cartilages des précédentes ; on les nomme *fausses côtes*.

5. **Os des membres.** — Les membres, au nombre de deux paires, se divisent en membres supérieurs et membres inférieurs. Dans les uns et les autres,

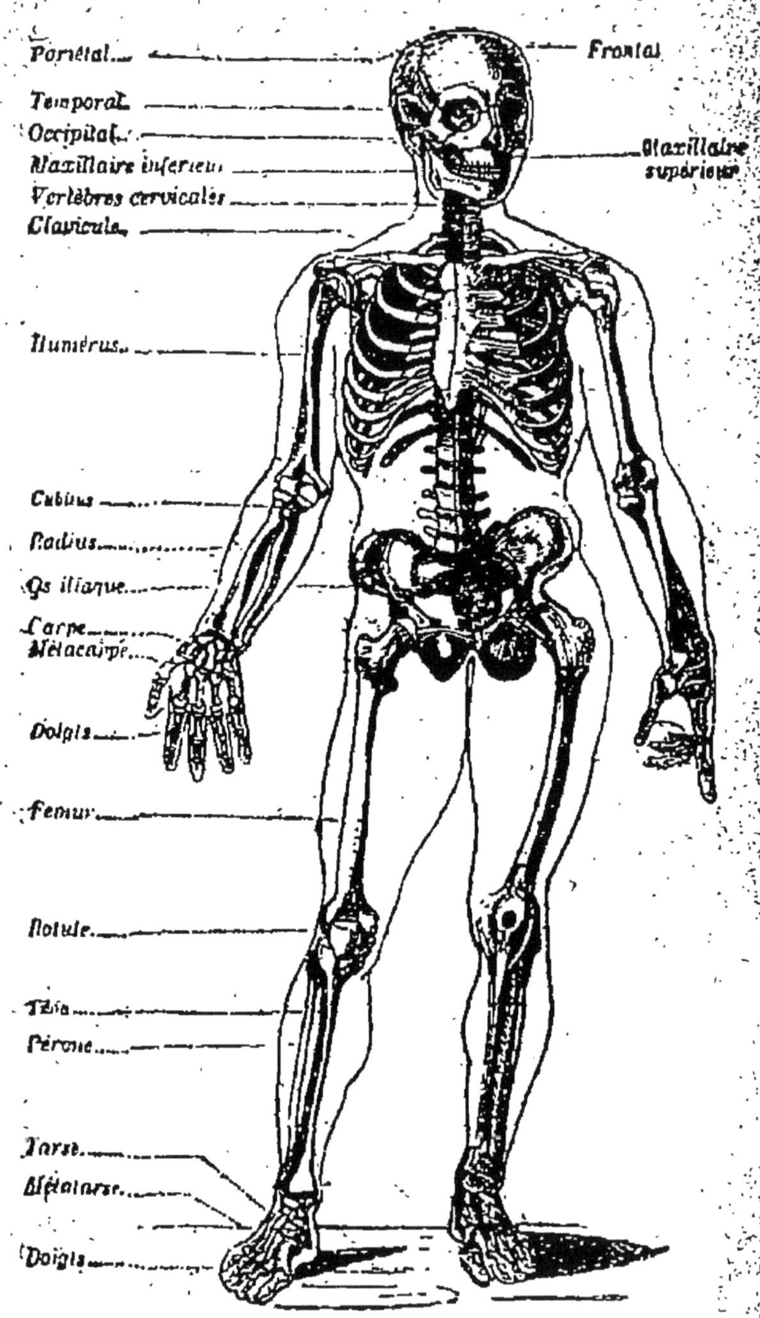

Fig. 14. — Squelette de l'homme.

il y a à distinguer les os du membre proprement dit, et les os qui servent à ces derniers de base pour les rattacher au tronc.

La portion basilaire des membres supérieurs se nomme *épaule* et se compose de deux os, l'*omoplate* et la *clavicule*. L'omoplate occupe l'arrière de l'épaule. C'est un grand os plat, de forme triangulaire, creusé dans sa portion rétrécie, à l'angle de l'épaule, d'une fossette, la *cavité glénoïde*, dans laquelle se loge l'extrémité supérieure de l'os du bras. La clavicule est un os assez mince, cylindrique, légèrement courbé, qui occupe le devant de l'épaule et s'articule d'une part avec l'omoplate et de l'autre avec le sternum. C'est elle que le toucher sent à droite et à gauche de la base du cou. — Le *bras* s'étend de l'épaule au coude. Il est formé d'un seul os, l'*humérus*. Du coude au poignet est l'*avant-bras*, formé de deux os disposés parallèlement l'un à l'autre, le *cubitus* occupant la partie extérieure et correspondant au petit doigt de la main, le *radius* occupant la partie intérieure et correspondant au pouce. Le poignet se nomme *carpe*. Il se compose de huit osselets disposés en deux séries. Au carpe fait suite le *métacarpe*, vulgairement paume de la main. Il se compose de cinq os, servant chacun de base à un doigt. Enfin les doigts sont formés chacun d'une série de trois osselets appelés *phalanges*, excepté le pouce qui n'en a que deux. Le plus mobile des doigts est le *pouce*, qui peut s'opposer à chacun des quatre autres doigts et remplit ainsi un rôle majeur dans les actes de la main. Le second est l'*indicateur*, ainsi nommé parce qu'il sert à indiquer, à montrer. Le troisième est le *médian* ou doigt du milieu ; le quatrième doit sa dénomination d'*annulaire* à l'usage où nous sommes d'y porter l'anneau nuptial ; le cinquième ou le petit doigt est dit *auriculaire* parce qu'il fait fonction de cure-oreille.

Les membres inférieurs ont la plus étroite analogie avec les membres supérieurs. Leur partie basilaire, analogue de l'épaule, se nomme *hanche*. Elle se compose d'un os volumineux, plat, irrégulièrement contourné en un demi-cercle et appelé os *iliaque*. En arrière, les deux os iliaques prennent appui sur la portion de la colonne vertébrale appelée *sacrum*; en avant, ils se rejoignent en formant une arcade nommée *pubis*. De leur ensemble résulte une large ceinture osseuse à laquelle on donne le nom de *bassin*. Par côté et en dehors, chacun d'eux présente une fossette profonde, *cavité cotyloïde*, dans laquelle plonge l'extrémité arrondie de l'os de la cuisse, de même que l'extrémité de l'humérus s'engage dans la cavité glénoïde de l'omoplate.

La *cuisse*, analogue du bras, se compose, comme lui, d'un seul os, le *fémur*, la plus longue et la plus forte des pièces osseuses. Son extrémité supérieure porte obliquement une *tête* arrondie qui s'adapte dans la cavité cotyloïde de l'iliaque. La jambe se compose de deux os parallèles, ainsi que son analogue l'avant-bras : le *tibia*, plus gros, et le *péroné*, plus faible. L'articulation du genou est occupée en avant par la *rotule*, petit os isolé et arrondi, qui n'a pas de représentant dans les membres supérieurs. A l'imitation de la main, le pied comprend trois parties : le *tarse*, vulgairement cou-de-pied, le *métatarse* et les *doigts*. Le tarse est formé de sept osselets tandis que son analogue, le carpe, en a huit. Parmi ces osselets, on distingue le *calcanéum*, qui se prolonge en arrière et forme le talon ; l'*astragale*, qui s'articule avec le tibia par une face creusée en gorge de poulie. Le métatarse est formé de cinq os disposés parallèlement l'un à l'autre et servant de base aux doigts ou orteils. Ceux-ci, de même que les doigts de la main, ont chacun trois *phalanges*, sauf le gros orteil, qui en a deux seulement. Ils sont doués de peu de mobilité et le gros orteil n'est pas opposable aux autres doigts.

6. **Articulations.** — L'union d'un os à un autre s'appelle *articulation*. Tantôt les os unis doivent se maintenir immobiles, et tantôt ils doivent posséder

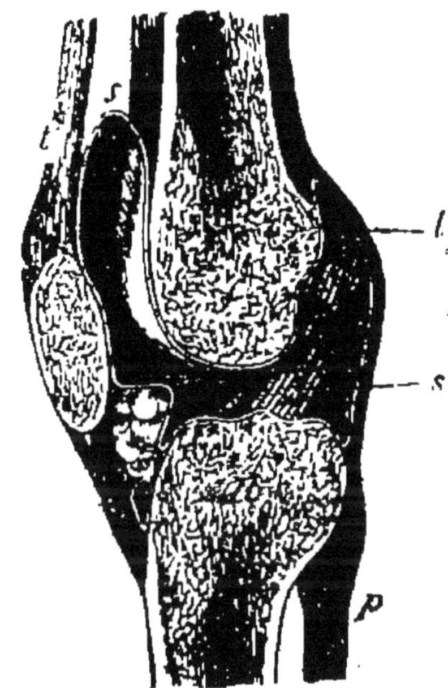

Fig. 15. — Articulation du genou.

th, tibia; *p*, péroné; *r*, rotule; *f*, fémur; *l*, ligament; *t*, tendon *s*, bourse synoviale.

une mobilité plus ou moins grande. Dans le premier cas, l'articulation est dite *fixe*; dans le second cas, elle est dite *mobile*. — L'articulation fixe la plus remarquable se fait par engrenage, c'est-à-dire que les bords des deux os, entaillés de sinuosités correspondantes, pénètrent l'un dans l'autre et engrènent à la manière de certaines pièces de menuiserie. On en voit un bel exemple dans l'articulation des deux pariétaux, sur la ligne médiane du crâne.

L'articulation mobile est beaucoup plus compliquée. Considérons en particulier celle du genou. Les deux os assemblés, le fémur et le tibia, se présentent l'un à l'autre par un renflement ou tête, qui accroît la solidité en augmentant les surfaces d'appui. Les deux têtes, au lieu d'être en totalité formées d'une rigide matière minéralisée, sont revêtues d'une couche cartilagineuse, qui, par son élasticité et son poli, se prête mieux au jeu des deux pièces l'une contre l'autre. Un sac membraneux sans ouverture, appelé *bourse synoviale*, enveloppe la tête du fémur, et se réfléchit pour envelopper de la même manière la tête du tibia. Comme cette bourse n'a pas de communication avec l'extérieur, l'air est exclu de sa cavité, et de la sorte la pression atmosphérique s'exerce sur les deux renflements articulaires et concourt à les maintenir en place, de la même façon qu'elle maintient appliquées l'une contre l'autre les deux calottes de l'appareil de physique connu sous le nom d'hémisphères de Magdebourg. Là ne se borne pas le rôle de la bourse synoviale : sa paroi interne produit un liquide très-onctueux, la *synovie*, qui facilite le glissement des deux os, comme le font l'huile et la graisse pour les pièces de nos mécanismes. Enfin des ligaments d'une grande résistance relient les deux têtes l'une à l'autre. Il est rare que deux os assemblés avec de telles précautions se dérangent de leur place naturelle ; lorsque cet accident a lieu, on dit qu'il y a *luxation*.

7. **Muscles.** — Par elle-même la charpente des s n'est qu'un assemblage inerte ; ses moteurs sont les

muscles, qui forment à eux seuls ce que nous appelons communément la chair. Portons notre attention sur un morceau de viande, et de préférence sur un morceau bouilli, ce qui rendra l'observation plus facile : nous le verrons se diviser en filaments d'une extrême finesse, sans ramifications et accolés parallèlement l'un à l'autre. Quand est atteint le dernier degré de division, chacun de ces filaments est ce qu'on nomme une *fibre musculaire*. Un amas de fibres assemblées constitue un *muscle*. Celui-ci se rattache aux deux os qu'il doit faire mouvoir l'un sur l'autre, par ses extrémités terminées en ligaments tendineux.

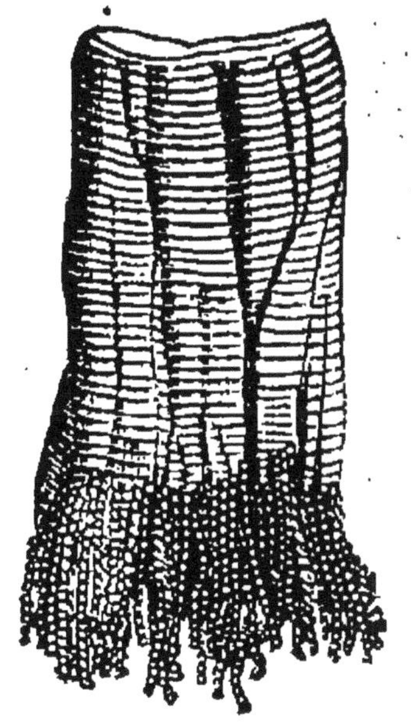

Fig. 16. — Faisceau de fibres musculaires vu au microscope.

8. **Mode d'action des muscles.** — La propriété caractéristique de toute fibre musculaire est de se raccourcir en grossissant un peu, enfin de se contracter; puis de reprendre sa longueur primitive en se relâchant. Sous l'influence de la volonté, qui se transmet au moyen d'organes spéciaux, les *nerfs*, la fibre musculaire se raccourcit en grossissant; si cette influence cesse, la fibre se relâche, c'est-à-dire, reprend sa longueur et son diamètre primitif. Ce qui se passe dans une simple fibre, se passe, multiplié de puissance, dans un muscle, ensemble d'une multitude de fibres, qui ajoutent leurs actions élémentaires en un commun effort. S'il agit, le muscle se contracte : il se raccourcit, se ramasse sur lui-même, se

renfle et devient plus dur. S'il cesse d'agir, il se relâche : il reprend sa longueur et sa grosseur premières. Serrons à pleines mains le milieu du bras et portons en même temps l'avant-bras vers l'épaule : nous sentirons, sous la main, la masse charnue se renfler et durcir. C'est le muscle du bras qui se contracte en entraînant l'avant-bras autour de l'articulation du coude.

Complétons la démonstration par une figure théorique. Imaginons (fig. 17) entre l'os du bras et les

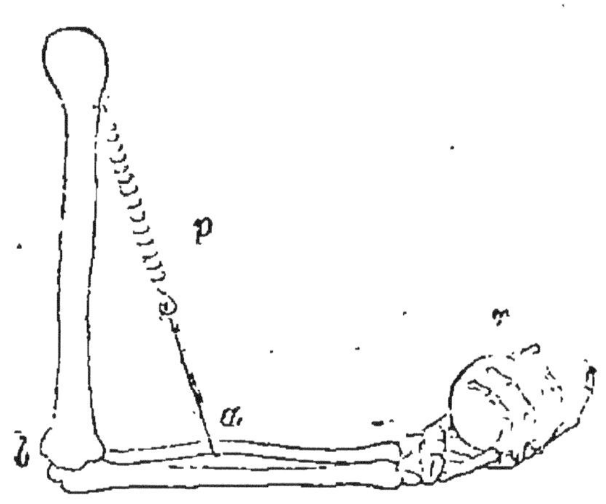

Fig. 17. — Théorie de l'action d'un muscle.

os de l'avant-bras, un ressort spiral (*p*), qui représente le muscle, et à la suite un fil d'attache (*a*), figurant le ligament qui fixe le muscle à l'os. Si la spirale se resserre, se contracte, elle entraînera vers le bras, les os de l'avant-bras, la main et le poids (*r*) qu'elle porte. Ainsi agit le muscle dans le mouvement de *flexion*. Par un mouvement inverse ou d'*extension*, le membre reprend la ligne droite ; il est alors mû par un second muscle situé à la face opposée de l'humérus, muscle qui se contracte tandis que le précédent se relâche.

C'est par des contractions musculaires analogues que se produisent tous les mouvements du corps.

QUESTIONNAIRE.

1. Qu'appelle-t-on fonctions de relation ? — Qu'est-ce que la locomotion ? — Qu'est-ce que la sensibilité ? — Quels sont les organes de la locomotion ? — Quels sont ceux de la sensibilité ? — 2. De quoi se composent les os ? — Comment isole-t-on les matières minérales ? — Comment isole-t-on la matière organique ou la gélatine ? — 3. Dénommez les os composant le crâne. — Dénommez les os de la face. — 4. Décrivez la structure d'une vertèbre. — De combien de vertèbres se compose la colonne vertébrale ? — Comment classe-t-on les vertèbres ? — Que contient le canal vertébral ? — Décrivez les os du thorax. — 5. Quels sont les os des membres supérieurs ? — Quels sont les os des membres inférieurs ? — Qu'appelle-t-on articulation ? — Quel est le mode le plus remarquable des articulations fixes ? — Décrivez l'articulation du genou. — Quel est le rôle de la bourse synoviale ? — Qu'appelle-t-on luxation ? — 7. Quels sont les moteurs de la charpente osseuse ? — De quoi se compose un muscle ? — Quelle est la propriété caractéristique des fibres musculaires et par conséquent des muscles ? — Que devient un muscle quand il agit, et quand il cesse d'agir ? — Quelle expérience peut-on faire à ce sujet ? — Comment peut-on théoriquement représenter l'action musculaire lorsque l'avant-bras se fléchit vers le bras ? — D'où proviennent les divers mouvements du corps ?

CHAPITRE V

SYSTÈME NERVEUX

1. **Fonctions des nerfs. Paralysie.** — Les contractions musculaires, cause des mouvements locomoteurs, ne s'accomplissent qu'excités par la volonté ;

en l'absence de cette excitation, les muscles restent inertes. Le point de départ de cette mystérieuse influence qui fait contracter et relâcher les muscles, est le *cerveau* continué par la *moelle épinière*; ses voies de propagation sont les *nerfs*, filaments *blancs* qui naissent des précédents organes, sont composés de la même substance et vont se ramifiant çà et là dans le corps. Le centre nerveux, le cerveau, lance l'ordre; le nerf le transmet; le muscle le reçoit et obéit. Si la voie de transmission est interrompue, l'excitation du vouloir ne parvient plus au muscle et celui-ci est impropre à remplir ses fonctions. Une expérience bien remarquable met en pleine évidence ce fait fondamental. Sur un animal vivant, le physiologiste tranche le nerf qui se rend à l'une des pattes. Celle-ci est désormais inerte; elle ne se meut plus, ne se contracte plus. L'animal est dans l'impuissance absolue d'en faire usage pour saisir, marcher, s'appuyer même. C'est un membre inutile, que le corps traîne comme un appendice étranger. Cependant, le sang y circule, la nutrition s'y fait, tout s'y passe comme avant; une seule chose y manque : l'excitation du vouloir, qui n'arrive plus aux muscles à cause du nerf interrompu. Cet arrêt de la contraction musculaire par le fait d'un nerf coupé ou ne fonctionnant plus pour un motif quelconque, se nomme *paralysie*.

2. Nerfs moteurs et nerfs sensitifs. — L'animal ne se meut pas simplement, il est encore en communication avec les choses de l'extérieur par les organes des sens; il voit, il flaire, il sent, il entend. Considérons en particulier la vue. L'œil est bien l'instrument disposé pour recevoir la lumière, mais ce n'est qu'un instrument, un appareil optique inconscient de ce qui se passe en lui; il ne voit pas lui-même, il n'a pas connaissance de l'image lumineuse. Ce qui voit réellement, c'est une faculté intérieure, un sens indéfinissable, qui a le cerveau pour instrument de son exercice. A ce centre sensitif doivent parvenir les impressions faites sur les organes pour que l'animal ait connaissance de la chose vue, de la chose flairée, entendue. Les voies de transmission sont encore ici des nerfs, distincts de ceux qui portent aux muscles l'excitation motrice. Si le nerf de la vue est coupé ou ne fonctionne plus pour tout autre motif, l'animal ne voit plus, bien que l'œil n'ait souffert aucune altération comme instrument optique; si le nerf de l'ouïe est interrompu, l'animal n'entend plus, quoique le son soit recueilli comme avant par l'appareil acoustique de l'oreille. Tout le corps est le siége d'un sens appelé le toucher, par lequel se perçoit, en particulier, la douleur d'une blessure. Et bien, si l'on coupe le nerf qui préside à ce sens dans un membre, l'animal devient complétement insensible pour cette partie du corps. On peut pincer le membre, l'entailler, le piquer, le brûler, sans que le patient manifeste un signe de souffrance. La douleur a disparu du moment que le membre n'est plus en rapport avec le cerveau par l'intermédiaire du nerf. Cependant, si le nerf de l'excitation motrice est respecté, le membre se meut comme d'habitude et prend part comme les autres à la locomotion. Il y a dans ce cas *paralysie* de la sensibilité, mais non de la contraction musculaire.

Ces observations nous amènent à reconnaître deux sortes de nerfs. Les uns, les *nerfs moteurs*, apportent aux fibres musculaires l'excitation qui les fait contracter; les autres, les *nerfs sensitifs*, transmettent au cerveau les impressions produites sur les organes des sens.

3. **Substance nerveuse.** Une erreur vulgairement répandue consiste à considérer comme nerfs les cordons tendineux, si résistants, qui servent d'attache aux muscles. Les nerfs réels sont fort loin de posséder cette grosseur et surtout cette robusticité de structure. La substance nerveuse, en effet, est une pulpe molle, très-délicate, presque sans consistance. Elle forme, non-seulement les nerfs, mais aussi la moelle épinière et le cerveau.

4. **Enveloppes du système nerveux.** — La portion centrale du système nerveux comprend le *cerveau*, le *cervelet*, la *moelle allongée* et la *moelle épinière*. Les trois premiers organes sont contenus dans la cavité du crâne et sont désignés dans leur ensemble par le nom d'*encéphale*. La moelle épinière continue l'encéphale et plonge, par le trou occipital, dans le canal de la colonne des vertèbres.

Les enveloppes qui protégent ces organes, si essentiels à la vie et si délicats, sont multiples et formées d'abord de la boîte osseuse du crâne et de l'étui des vertèbres. Immédiatement sous le crâne est la *duremère*, membrane fibreuse, épaisse, ferme et très-résistante. Sa face interne émet divers replis, qui plongent plus ou moins dans les sinuosités de la masse cérébrale, maintiennent immobiles les diverses portions du cerveau et les empêchent de peser les unes sur les autres, quelle que soit la position du corps. Le plus important de ces replis, appelé *faux cérébrale* à cause de sa forme, occupe la ligne médiane et divise, d'avant en arrière, le cerveau en deux moitiés égales, dites hémisphères. Un autre repli, nommé *tente du cervelet*, est dirigé en travers et sépare le cervelet du cerveau. Après avoir enveloppé l'encéphale, la dure-mère pénètre dans le canal vertébral et y forme une gaîne protectrice pour la moelle. — Au-dessous de la dure-mère est l'*arachnoïde*, comparable pour la finesse à une toile d'a-

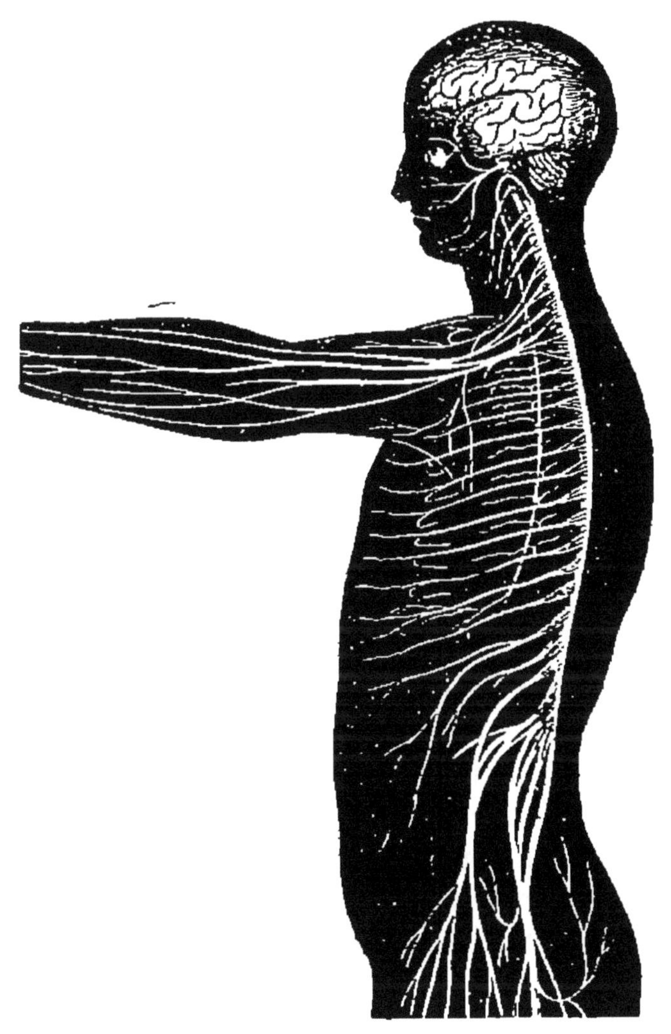

Fig. 18. — Système nerveux cérébro-spinal.

raignée. Cette enveloppe ne se continue pas dans le canal des vertèbres; elle y est remplacée par un liquide au sein duquel plonge la moelle épinière. —

Au contact de l'encéphale est la *pie-mère*, mem sans consistance où se ramifient et s'entrelacen nombreux vaisseaux sanguins, qui se renden la masse cérébrale ou qui en reviennent.

5. **Encéphale.** — Le cerveau, la plus volumin des trois parties de l'encéphale, occupe le haut cavité crânienne, du front à l'occiput. Une profo scissure, où plonge le repli de la dure-mère nom faux cérébrale, le divise, d'avant en arrière, en moitiés symétriques dites *hémisphères;* néanmoins séparation n'est pas complète : à la base et dan région moyenne, les deux hémisphères sont unis une bande transversale de substance nerveuse. Ce bande est le *mésolobe* ou *corps calleux*. La surface cerveau présente un grand nombre de replis tortue nommés *circonvolutions*, que séparent des sillons ou moins profonds appelés *anfractuosités*.

Le cervelet, d'un volume environ trois fois mo dre, occupe la partie postérieure du crâne, au-desso du cerveau, dont il est séparé par la *tente du cerve* repli de la dure-mère. On y distingue deux lob latéraux ou hémisphères, et un lobe moyen.

De la base inférieure du cerveau naissent de volumineuses colonnes de matière nerveuse : ce so les *pédoncules cérébraux*. Deux autres pédoncules, *cérébelleux*, naissent également de la base du cervel De la réunion des quatre pédoncules en un faisce commun résulte la *moelle* allongée, qui est comm la racine de la moelle épinière.

6. **Moelle épinière.** — Par l'orifice de l'os occipi tal, la moelle allongée sort de la cavité crânienne et continue par la moelle épinière, qui sous forme d'u cordon cylindrique, occupe le canal de la colonne vertébrale. De distance en distance, elle émet de

ramifications ou nerfs, qui sortent deux à deux hors de l'étui des vertèbres, l'un à droite, l'autre à gauche, par les trous de conjugaison.

7. **Nerfs.** — Les nerfs sont au nombre de quarante-trois paires. Les douze premières paires naissent de l'encéphale et se nomment *nerfs crâniens*; les trente et une paires suivantes naissent de la moelle épinière et s'appellent *nerfs spinaux*. Parmi les nerfs crâniens nous citerons : la première paire ou *nerfs olfactifs*, qui se distribuent dans les fosses nasales et sont les nerfs de l'odorat ; la seconde paire ou *nerfs optiques*, qui se rendent aux yeux et président à la vue; la huitième paire ou *nerfs auditifs*, qui se rendent aux organes de l'ouïe et recueillent les impressions du son. — A leur point de départ de la moelle, les nerfs spinaux se divisent en deux racines dont l'une préside aux contractions musculaires et l'autre à la sensibilité. Ces nerfs sont donc mixtes : par une moitié de leur substance nerveuse, ils sont nerfs moteurs; par l'autre moitié, ils sont nerfs sensitifs.

8. **Sensibilité.** — Au point de vue de la physiologie, la *sensibilité* n'est pas cette disposition tendre et délicate de l'âme qui nous porte à être émus, à être touchés; c'est tout simplement l'aptitude que nous avons à recevoir des impressions de la part des objets extérieurs. Ces impressions, nous les recevons par l'intermédiaire des *sens*, au nombre de cinq : la *vue*, l'*ouïe*, l'*odorat*, le *goût* et le *toucher*.

Dans toute sensation, trois actes sont à distinguer. En premier lieu, l'objet qui la provoque produit sur nous une impression, soit par son contact direct, soit par ses émanations odorantes, ses rayons lumineux, ses ondes sonores. Un organe, disposé à cette fin, recueille l'impression, mais n'en a pas lui-même conscience, ainsi que nous l'avons déjà exposé. Secondement un cordon nerveux transmet l'impression au cerveau, centre où convergent tous les fils conducteurs de la sensibilité. Troisièmement, par l'intermédiaire du cerveau, l'impression est perçue; nous en avons connaissance.

Le premier acte est accessible à nos moyens de recherche; la science explique d'une manière suffisante comment, par exemple, la lumière agit sur l'œil et le son sur l'oreille; elle interprète ces deux organes comme elle le ferait de deux appareils de physique. Mais du moment qu'intervient la substance nerveuse, tout n'est plus que mystère. On ne sait rien sur la manière dont l'impression arrive au cerveau par la voie du cordon nerveux; on ignore plus profondément encore le rôle du cerveau dans la perception. Il y a en nous quelque chose qui dit : moi; quelque chose qui dit : mon bras, ma tête, mon cerveau, comme un ouvrier dit : mon marteau, ma lime, mes pinces, sachant bien que ce marteau, cette lime, ces pinces, ne sont pas lui, mais ses instruments. Ce quelque chose échappe au scalpel de l'anatomiste, car c'est un principe immatériel. Son nom est *l'âme*. Le cerveau et ses dépendances sont donc les instruments de l'âme dans ses rapports avec la matière. Ces instruments recueillent l'impression et la transmettent; l'âme la reçoit et la juge. Comment ? A cette question, le savoir humain n'a pas de réponse.

QUESTIONNAIRE.

1. Par quoi sont excités les mouvements locomoteurs ? — Quelle expérience fait la physiologie sur la fonction des nerfs? — En quoi consiste la paralysie? — 2. Qu'appelle-t-on nerfs moteurs et nerfs sensitifs? — Quel résultat amè-

ne la section d'un nerf sensitif? — 3. Comment est la substance nerveuse? — 4. De quelles parties se compose le système nerveux? — Qu'appelle-t-on encéphale? — Décrivez les enveloppes de l'encéphale? — Quelles sont les enveloppes de la moelle épinière? — 5. Décrivez le cerveau? — Que savez-vous sur le cervelet? — D'où provient la moelle allongée? — 6. Dites quelques mots sur la moelle épinière? — 7. Combien y a-t-il de paires de nerfs? — Qu'appelle-t-on nerfs crâniens et nerfs spinaux? — Citez quelques paires de nerfs crâniens. — Quelles fonctions ont les deux racines des nerfs spinaux? — 8 Qu'est-ce que la sensibilité? — Combien avons-nous de sens? — En combien d'actes se divise toute sensation? — Quel est celui de ces actes qui peut scientifiquement s'expliquer? — Sait-on comment agit la substance nerveuse?

CHAPITRE VI

ORGANES DES SENS. — VOIX.

1. **Sens du toucher.** — Le sens du *toucher* a pour siége l'enveloppe générale du corps ou la peau, composée de deux couches, l'*épiderme* à la surface et le *derme* au-dessous. L'épiderme est une mince couche insensible, protégeant le derme, qui serait endolori par un contact direct. C'est lui qui se soulève en ampoule à la suite d'une brûlure. En tout point où le corps est exposé à des pressions prolongées, à des frottements réitérés, l'épiderme augmente d'épaisseur pour mieux remplir son rôle défensif. C'est ainsi qu'il acquiert un développement considérable aux talons, appui du corps dans la station; c'est ainsi encore qu'il durcit en épaisses callosités dans les mains de l'ouvrier, maniant de rudes et pesants outils. Il reste, au contraire, très-mince dans les points

qui n'ont pas de frictions à supporter, aux paupières et aux lèvres, par exemple. Le derme, beaucoup plus épais que la couche épidermique, est une membrane souple, élastique, très-résistante, formée d'un entrelacement serré de fibres. C'est le derme de la peau des animaux qui, par l'opération du tannage, devient imputrescible et se convertit en cuir. Sa surface est couverte d'innombrables petites saillies coniques, disposées en séries régulières que séparent des sillons, principalement au bout des doigts. C'est dans ces saillies, appelées *papilles*, que se distribuent les filaments nerveux de la sensibilité tactile.

Toute la surface du corps est apte à être impressionnée par le contact d'un corps étranger et à nous renseigner ainsi, d'une manière plus ou moins nette, sur certaines propriétés de ce corps, notamment la température, la consistance, le degré de rudesse ou de poli. Envisagée sous cet aspect général, la sensibilité tactile prend le nom de *tact*. Mais il y a une sensibilité plus exquise, qui explore les objets, les palpe et recueille les impressions relatives à la forme, à l'étendue, au poids, à l'état des surfaces et autres propriétés. Cette sensibilité active, que la volonté dirige en ses recherches, s'appelle le *toucher*. Chez l'homme, son organe est la *main*, qui, par l'extrême mobilité des doigts et l'opposition du pouce, peut saisir l'objet, se mouler sur lui et prendre en une fois connaissance de sa configuration au moyen de la multiplicité des points de contact. Ce sont les extrémités des doigts, parties de la main les plus riches en papilles, qui possèdent le plus de délicatesse tactile et le plus de précision.

2. Sens du goût. — Le *goût* perçoit les saveurs et nous guide dans le choix de la nourriture; aussi a-t-il son siége à l'entrée de l'appareil digestif. Son organe est la *langue*, hérissée de nombreuses papilles analogues à celles de la peau, mais plus développées et recevant un nerf spécial, rameau de la cinquième paire. Pour être doué de saveur, pour être sapide, un corps doit pouvoir se dissoudre dans l'eau; s'il est insoluble, il est par cela seul insipide. Cette solubilité dans l'eau entraîne la solubilité dans la salive, en majeure partie formée d'eau. Les particules dissoutes baignent les papilles de la langue, et par leur contact provoquent l'impression de saveur.

3. **Sens de l'odorat.** — L'odorat nous donne la notion des odeurs. Pour affecter l'odorat, une matière doit se trouver dissoute dans l'air que nous respirons. Les particules dégagées de la substance odorante sont amenées dans les fosses nasales par le courant de la respiration, et y produisent l'impression de l'odeur. Le nez est divisé par le vomer et son prolongement cartilagineux en deux cavités ou *fosses nasales*, qui en avant sont en rapport avec l'atmosphère par le double orifice des *narines*, et en arrière communiquent avec le pharynx. Trois lames, nommées *cornets du nez*, font saillie sur la paroi externe de chaque fosse nasale; leur charpente osseuse est formée par les replis des cornets nasaux. Ces trois lames et le reste des parois sont tapissés par la *membrane pituitaire*, où le microscope montre une multitude de fines saillies comparables au duvet d'un velours. La membrane pituitaire est l'organe de l'olfaction; elle reçoit dans les délicates saillies de sa surface veloutée les ramuscules des nerfs de première paire. Quand l'air pénètre dans les défilés étroits et tortueux des cornets du nez, les particules odorantes sont retenues au passage par un liquide visqueux, le

mucus nasal, qui humecte constamment la membrane olfactive; enfin le contact de ces particules avec les papilles de la pituitaire provoque l'impression de l'odeur.

4. **Sens de la vue.** — Le sens de la vue a pour organes les yeux. Dans son ensemble, l'œil forme un

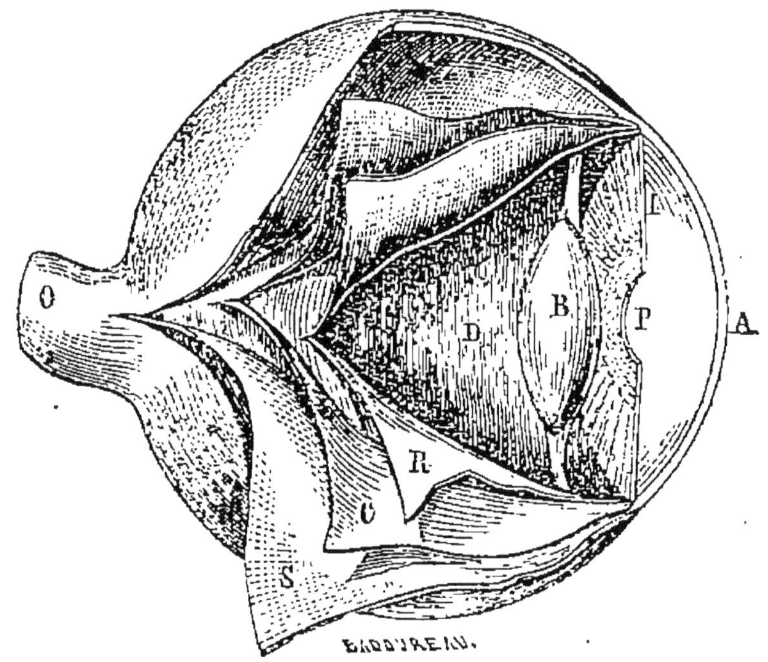

Fig. 19. — Structure de l'œil.

globe creux rempli d'humeurs diaphanes. Son enveloppe extérieure comprend deux parties, l'une blanche et opaque, nommée *sclérotique*, l'autre transparente comme une mince lame de corne, et appelée *cornée*. La première (S) (fig. 19) entoure le globe oculaire de partout, excepté en avant, où elle laisse une large ouverture ronde dans laquelle la seconde (A) est enchâssée comme un verre de montre. Sur la face visible de l'œil, la sclérotique constitue la partie blanche ; la cornée forme le reste. — En arrière de la cornée et dans l'intérieur de l'œil est tendu transversalement un rideau membraneux et circulaire, qui se rattache au bord de la sclérotique, tout autour de la cornée. On lui donne le nom d'*iris* (I). Sa couleur est variable suivant les personnes, tantôt bleue, tantôt noire ou verdâtre. Au centre, l'iris est percé d'un orifice rond (P) qu'on aperçoit au milieu de l'œil comme un gros point noir. Cet orifice s'appelle *pupille*. Un peu en arrière de l'iris, bien en face de la pupille, est placé le *cristallin* (B). C'est un corps diaphane, aussi transparent que le cristal, ayant la forme de ce que la physique appelle une lentille. L'espace compris entre le cristallin et la cornée se trouve divisé, par la cloison de l'iris, en deux parties ou chambres communiquant entre elles par l'ouverture de la pupille. En avant de l'iris, c'est la *chambre antérieure* ; en arrière, c'est la *chambre postérieure*. Un liquide, nommé *humeur aqueuse*, clair et fluide comme de l'eau, remplit l'une et l'autre chambre. La cavité située en arrière du cristallin est occupée par l'*humeur vitrée* (D), c'est-à-dire par une substance à demi fluide, gélatineuse et douée de la transparence du verre. L'albumine de l'œuf rappelle, à peu de chose près, son aspect. De partout, excepté en avant, où se trouve le cristallin, l'humeur vitrée est enveloppée par une membrane molle et blanche, qui constitue la partie de l'œil sensible à la lumière et prend le nom de *rétine* (R). Elle est formée par un nerf crânien, le *nerf optique* ou de seconde paire (O), dont l'extrémité s'épanouit de manière à tapisser toute la paroi intérieure de l'œil en arrière du cristallin. Enfin, entre la sclérotique et la rétine, est appliquée une dernière membrane, la *choroïde* (C), imprégnée d'une matière noire, qui donne à l'intérieur de l'œil la teinte sombre apparaissant à travers la pupille.

Pour nous donner connaissance des objets qui nous entourent, la lumière doit arriver au fond de l'œil et dessiner sur la rétine l'image en petit de ces objets. En premier lieu, la lumière rencontre la cornée, dont la transparence parfaite lui permet une entrée libre. Vient après l'écran de l'iris, destiné à n'admettre que les rayons peu éloignés de la direction centrale et le plus aptes à donner une image nette. Ces rayons franchissent la pupille, qui peut, tour à tour, s'agrandir un peu afin de recevoir le plus possible de lumière dans un milieu peu éclairé et permettre ainsi la vision, ou bien se rétrécir dans une vive lumière afin d'éviter la surabondance fatigante de la clarté. De la pupille, les rayons lumineux arrivent sur le cristallin, dont le rôle est absolument celui des lentilles des appareils de physique. Devant une len-

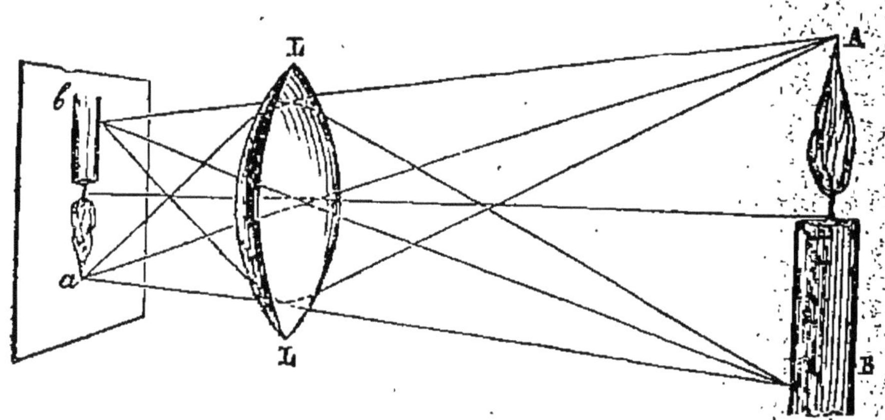

Fig. 20. — Image donnée par une lentille.

tille (L) (fig. 20), plaçons une bougie allumée (A), et en arrière de la lentille une feuille de papier servant d'écran. Nous verrons se peindre sur cette feuille une image lumineuse de la bougie, image plus petite que l'objet et renversée. A cause de sa forme lenticulaire, le cristallin doit également produire une image renversée de l'objet lumineux placé devant lui. Prenons, en effet, un œil de bœuf, aussi frais que possible; râclons avec un canif sa paroi postérieure pour amincir la sclérotique et la rendre translucide, ce qui nous permettra de voir à l'intérieur; enfin, plaçons l'œil ainsi préparé devant une bougie allumée. Le résultat de l'expérience précédente se reproduira exactement; nous apercevrons, peinte sur la paroi postérieure, une image lumineuse de la bougie, plus petite et renversée. L'image donnée par le cristallin vient se peindre sur l'écran sensible de l'œil, sur la rétine, terminaison du nerf optique; l'impression produite par cette image détermine la vision. Enfin la choroïde, avec sa coloration d'un noir foncé, éteint les rayons lumineux étrangers à l'image, et rend impossible, dans le globe oculaire, les reflets qui troubleraient la vision. C'est ainsi qu'on peint en noir l'intérieur des divers instruments optiques pour éviter les réflexions par les parois et obtenir une plus grande netteté de l'image.

Pour une vision nette, il faut que l'image vienne se peindre exactement sur la rétine; mais cela n'a pas toujours lieu par suite d'une convexité trop faible ou trop forte du cristallin et surtout de la cornée. Le *presbytisme* où *vue longue* affecte surtout les personnes âgées; il est dû à un aplatissement de la cornée. Les presbytes voient bien les objets éloignés, mais ils voient mal les objets rapprochés. On remédie au presbytisme au moyen de lunettes dont les verres sont *convexes*, c'est-à-dire plus épais au centre qu'aux bords. Le *myopisme* ou *vue courte* provient d'une convexité trop grande soit de la cornée, soit du cristallin. Les myopes voient bien les objets rapprochés, mais ils voient mal les objets éloignés. Les personnes affectées de myopisme se servent de lunettes à verres *concaves*, c'est-à-dire plus épais sur les bords qu'au centre.

5. **Sens de l'ouïe.** — L'organe de l'audition comprend trois parties : l'*oreille externe*, l'*oreille moyenne* et l'*oreille interne*. — L'oreille externe se compose du *pavillon* (P) (fig. 21) et du *conduit auriculaire* (A). Le pavillon est une lame cartilagineuse, détachée de la tête dans la majeure partie de son étendue, et présentant divers replis et divers enfoncements, dont le plus remarquable est la *conque auditive*, cavité en forme d'entonnoir dans laquelle débouche le conduit auriculaire. Ce dernier est un canal un peu recourbé qui s'enfonce dans l'épaisseur de l'os temporal. Le pavillon de l'oreille a pour fonction de recueillir le son et de le diriger dans le conduit auriculaire. Ce rôle est très-secondaire, car la perte des pavillons n'amène point la surdité; elle rend seulement l'ouïe un peu dure. Le conduit auriculaire se termine par une cloison membraneuse, extrêmement mince, tendue comme la peau d'un tambour et nommée *tympan* (T).

Là commence l'oreille moyenne, qui se compose du *tympan*, de la *caisse* et des parties qui en dépendent. La caisse est une petite cavité pleine d'air, séparée du conduit auriculaire par la cloison du tympan. Elle est percée, du côté opposé au tympan, de deux autres ouvertures, également bouchées par une fine membrane tendue, et nommées, l'une la *fenêtre ovale* et l'autre la *fenêtre ronde*. Un conduit long et étroit, appelé *trompe d'Eustache* (E), débouche à sa partie inférieure et vient aboutir, d'autre part, en arrière des fosses nasales, mettant ainsi en communication l'air renfermé dans la caisse avec l'air extérieur. Enfin, quatre tout petits osselets, placés

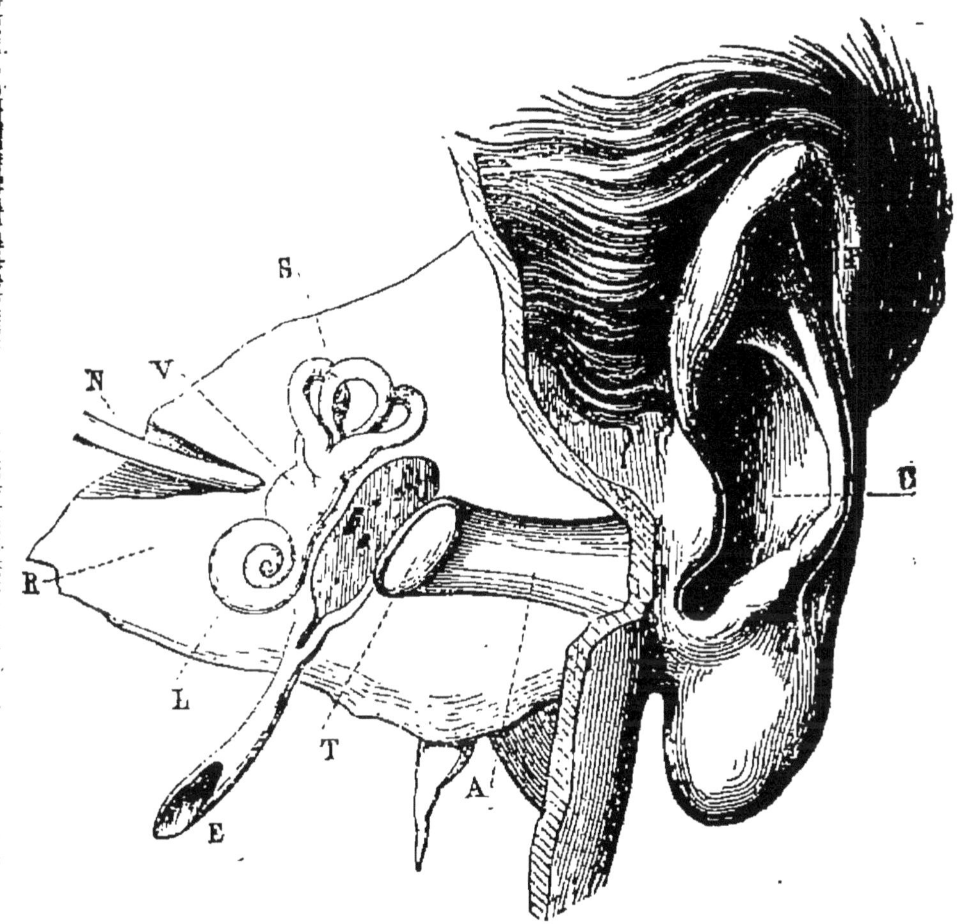

Fig. 21. — Organes de l'ouïe. — P, pavillon; C, conque auditive; A, conduit auriculaire; T, tympan; E, trompe d'Eustache; V, vestibule; S, canaux semi-circulaires; L, limaçon; N, nerf acoustique; R, rocher.

à la file l'un de l'autre, sont suspendus dans la caisse par leur mutuel appui, et forment une sorte de chaîne irrégulière, qui aboutit, d'un côté, à la membrane du tympan, et du côté opposé, à la membrane de la fenêtre ovale. Ces quatre osselets sont : le *marteau* (*m*) (fig. 22), l'*enclume* (*e*), l'*os lenticulaire* (*l*), l'*étrier* (*é*). Leurs dénominations sont tirées de la forme qu'ils présentent grossièrement. Le marteau s'appuie sur le tympan par son manche, l'étrier s'applique par sa base sur la membrane de la fenêtre ovale, l'os lenticulaire et l'enclume sont intercalés entre l'étrier et le marteau.

Fig. 22. — Osselets de l'oreille. — *m*, marteau; *e*, enclume; *l*, os lenticulaire; *é*, étrier.

Les diverses parties que nous venons de décrire ne servent qu'à recueillir le son, à le concentrer, à le diriger; c'est dans les parties qu'il nous reste à connaître, ou dans l'oreille interne, que s'effectue enfin l'audition. L'oreille interne, logée dans une partie de l'os temporal que sa dureté a fait nommer le *rocher*, se compose : premièrement, d'une ampoule ovalaire appelée *vestibule* (V) (fig. 21); secondement, de trois canaux courbés en demi-cercle et nommés pour ce motif *canaux semi-circulaires* (S); troisièmement, d'un canal roulé sur lui-même en spirale, comme la coquille d'un escargot, et qu'on nomme pour cette raison *limaçon* (L). De ces trois parties, le vestibule est la plus importante. La caisse est en rapport avec le vestibule par la fenêtre ovale, et avec le limaçon par la fenêtre ronde. Enfin les trois parties de l'oreille interne sont remplies d'un liquide au sein duquel s'épanouissent des houppes de fines ramifications nerveuses, fournies par le nerf crânien de huitième paire ou *nerf acoustique*.

Suivons maintenant les ondes sonores dans leur trajet. Le pavillon les recueille et les dirige dans le conduit auriculaire, au fond duquel elles rencontrent le tympan, qu'elles mettent en vibration. La membrane du tympan transmet son ébranlement sonore partie à l'air de la caisse, partie à la chaîne des osselets. L'air propage le son à la fenêtre ronde, la chaîne des osselets le propage à la fenêtre ovale. De ces deux voies, c'est la dernière qui est la plus efficace, parce que le son se propage mieux dans les corps solides que dans les corps gazeux. Enfin les vibrations sonores des membranes des deux fenêtres se transmettent au liquide de l'oreille interne; ce liquide les conduit aux filaments nerveux qu'il baigne, et de l'ébranlement de ceux-ci résulte l'audition.

LA VOIX

6. **Organe de la voix.** — Nous avons vu que la trachée-artère (T) (fig. 23), composée d'une série d'anneaux cartilagineux empilés l'un sur l'autre, commence dans l'arrière-bouche, parcourt la longueur du cou, descend dans la poitrine et se termine dans les poumons (P, P) en s'y ramifiant. Dans la partie supérieure du cou, elle se renfle et produit ce qu'on nomme le *larynx* (L.) C'est là l'organe de la voix. La protubérance que sent la main en avant du cou n'est autre chose que la face antérieure du larynx lui-même.

En débouchant dans le larynx, le canal de la trachée-artère se rétrécit brusquement en forme de fente étroite, comprise entre deux lamelles très-élastiques (I) (fig. 24) appelées *ligaments inférieurs* ou *cor-*

des vocales. On peut comparer cette fente à une boutonnière, dont les deux bords représenteraient les cordes vocales. Au-dessus de cette fente, la cavité du larynx s'élargit en formant, l'un à droite, l'autre à gauche, deux enfoncements (V), appelés *ventricules*.

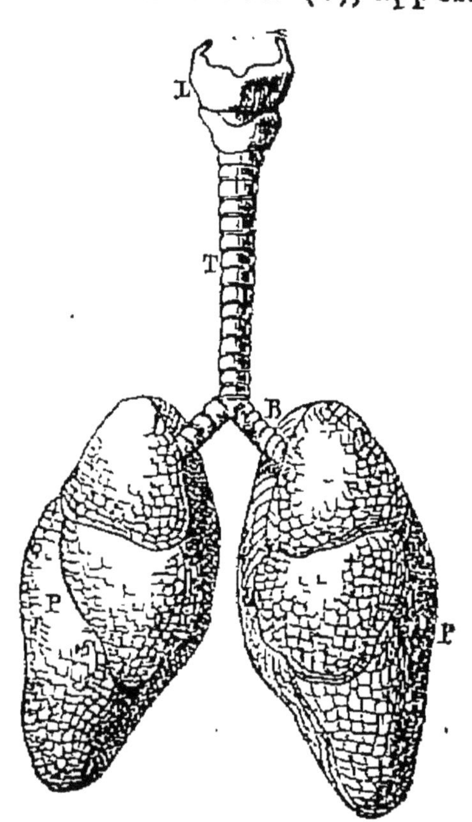

Fig. 23. — Organes de la voix. — L, larynx; T, trachée-artère; B, bronches; P, poumons.

Enfin, un peu plus haut, à l'endroit où elle se termine dans l'arrière-bouche, la cavité du larynx se rétrécit une seconde fois sous forme d'une fente en boutonnière pareille à la précédente. Les deux replis (S) se nomment *ligaments supérieurs*.

Les cordes vocales, comme leur nom l'indique, donnent naissance à la voix par leurs vibrations. Ces deux petites lamelles élastiques peuvent se rapprocher ou s'éloigner l'une de l'autre, de manière à laisser un passage plus ou moins libre à l'air venant des poumons; elles peuvent se tendre pour vibrer plus vite ou se relâcher pour vibrer plus lentement; enfin elles remplissent les conditions pour produire, à volonté, des sons forts ou faibles, graves ou aigus.

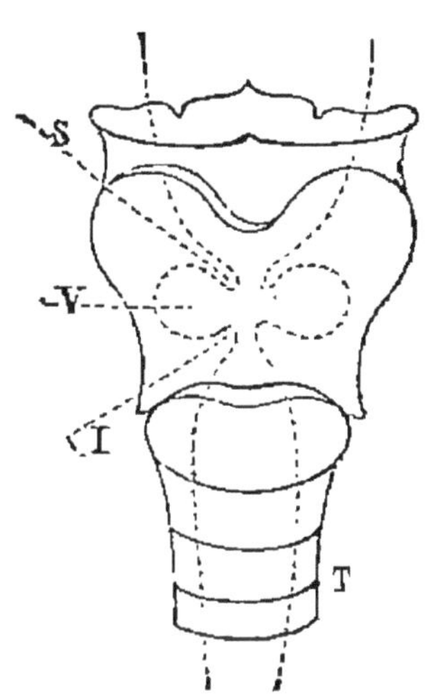

Fig. 24.— Larynx. — T, trachée-artère ; I, ligaments inférieurs ; V, ventricules ; S, ligaments supérieurs.

Mais d'elles-mêmes les cordes vocales n'entrent pas en vibration ; il faut qu'elles soient mises en mouvement par l'air chassé des poumons comme d'un soufflet. Qui ne connaît ces instruments sonores que chacun a confectionnés dans son jeune âge, et consistant en un cylindre d'écorce enlevé, tout d'une pièce, sur un rameau en séve. En pinçant entre les lèvres ces tuyaux flexibles, de manière à ne laisser entre les bords rapprochés qu'une étroite fente, on obtient, quand on souffle, de fort beaux sons, produits par le même mécanisme qui fait résonner les cordes vocales. Les deux enfoncements nommés ventricules servent à renforcer le son. Quant aux ligaments supérieurs, ils modifient l'étendue des cavités renforçantes en se rapprochant plus ou moins, et jouent ainsi un rôle dans la formation de la voix. Mais le rôle essentiel revient aux ligaments inférieurs; c'est là que réellement le son prend naissance; le reste ne sert qu'à le modifier, à le renforcer.

7. **Parole.** — La voix n'est pas la parole, elle en est, pourrait-on dire, la matière première. La plupart des animaux qui respirent à l'aide de poumons ont une voix, mais aucun d'eux n'a la parole. L'homme seul possède le sublime privilége de penser et de traduire sa pensée par la voix articulée ou découpée en syllabes; en un mot par la parole. Le son engendré par les cordes vocales n'est, au sortir du larynx, que la voix sans signification intellectuelle, le cri informe sans correspondance avec une idée; mais, en pénétrant dans la bouche, il devient la parole, c'est-à-dire que, par le jeu des lèvres, des joues, de la langue, des dents, des cavités nasales, il se divise en syllabes, dans lesquelles le son vocal presque pur, la *voyelle*, est modifié par l'articulation ou *consonne*, que détermine le mécanisme spécial de l'une ou de l'autre des parties de la bouche.

8. **Sourds-muets.** — La parole est, avant tout, un acte intellectuel; pour parler, la première condition est de rattacher une idée à un son déterminé. Si les sourds-muets ne peuvent parler, ce n'est pas à cause d'un vice de conformation dans l'organe de la voix. Ils ont, comme nous, souffle, cordes vocales. larynx; ils ont tout l'organisme nécessaire pour la parole. Cependant de leur larynx ne s'élancent que des sons, aussi distincts que les nôtres, il est vrai, mais qui demeurent à l'état de cris inarticulés au lieu de

se transformer en paroles. Que leur manque-t-il donc pour parler ? Il leur manque la faculté principale, la faculté d'associer une idée déterminée à tel ou tel autre son. Étants sourds de naissance, ils n'ont jamais entendu proférer une parole ; ils ignorent la valeur intellectuelle d'un arrangement déterminé de syllabes, et de cette ignorance absolue résulte pour eux la privation de la parole. Ils sont muets uniquement parce qu'ils sont sourds. Si l'ouïe leur était jamais rendue, ils apprendraient, comme les autres, l'usage de la parole ; ils cesseraient d'être muets en cessant d'être sourds.

QUESTIONNAIRE.

1. Qu'est-ce que l'épiderme ? — Quelle est sa fonction ? — Qu'est-ce que le derme ? — En quoi consistent les papilles ? — Qu'appelle-t-on tact ? — Quel est le siége principal du toucher ? — Que présente de remarquable la structure de la main au point de vue du toucher ? — 2. Quel est l'organe du goût ? — Que faut-il pour qu'un corps soit sapide ? — Quel nerf préside à la perception des saveurs ? — 3. Quelle condition doit remplir une substance pour être odorante ? — Décrivez la structure des fosses nasales ? — Qu'est-ce que la membrane pituitaire ? — Quel est le rôle du mucus nasal ? — 4. Décrivez la structure de l'œil ? — Quel rôle remplit la pupille ? — Quel rôle remplit le cristallin ? — Dites l'expérience que l'on peut faire avec une lentille ? — Comment peut-on observer l'image peinte sur la rétine dans un œil de bœuf ? — En quoi consistent le presbytisme et le myopisme, et comment y remédie-t-on ? — 5. Décrivez l'oreille externe, l'oreille moyenne, l'oreille interne. — Quels sont les osselets de la caisse ? — Comment se propage le son dans l'organe de l'ouïe ? — Quel nerf reçoit l'organe de l'ouïe ? — 6. Comment se nomme l'organe de la voix ? — Décrivez la structure du larynx. — Comment agissent les ligaments ou cordes vocales ? — Quel est le rôle des ligaments supérieurs ? — 7. En quoi la parole diffère-t-elle de la voix ? — 8. Pourquoi les sourds de naissance sont-ils muets ?

SECONDE PARTIE

ZOOLOGIE

CHAPITRE PREMIER.

MAMMIFÈRES.

1. Embranchements du règne animal. — Le règne animal se divise en quatre groupes principaux ou embranchements, savoir : les *Vertébrés*, les *Annelés*, les *Mollusques* et les *Rayonnés*.

1° VERTÉBRÉS. — Leur corps, formé de deux moitiés pareilles, est symétrique par rapport à un plan médian. Ils ont tous une charpente osseuse servant d'attache aux muscles. Les centres nerveux, encéphale et moelle épinière, sont logés dans un étui osseux, crâne et canal des vertèbres. Le sang est toujours rouge; les membres ne dépassent jamais le nombre de quatre; les mâchoires se meuvent dans le sens vertical. Exemples : le chien, la poule, le lézard, la couleuvre, la carpe.

2° ANNELÉS. — Le corps est encore symétrique par rapport à un plan médian, mais il est transversalement divisé en une série d'anneaux ou d'articles, plus ou moins semblables entre eux. Le squelette osseux manque et les muscles se rattachent à la peau, tantôt molle, tantôt dure et faisant alors office de squelette extérieur. Le système nerveux consiste en une série de petites masses nerveuses ou ganglions, reliés entre eux par un double cordon et situés à la face ventrale sans aucune enveloppe protectrice. Exemples : insectes, écrevisse, sangsue, vers.

3° Mollusques. — Les uns ont le corps symétrique par rapport à un plan médian, les autres l'ont roulé en spirale. Tout squelette manque. La peau est molle, contractile et fréquemment produit une enveloppe pierreuse nommée coquille. Le système nerveux consiste en ganglions épars sans symétrie et reliés entre eux par des cordons. Evemples ; limace. escargot, huître, poulpe.

4° Rayonnés, — Les divisions du corps rayonnent en général autour d'un point central, où d'habitude se trouve la bouche. Le système nerveux. peu développé. forme autour l'œsophage un collier de ganglions répondant aux parties rayonnantes du corps. Exempes ; étoile de mer, oursin, méduse, polype.

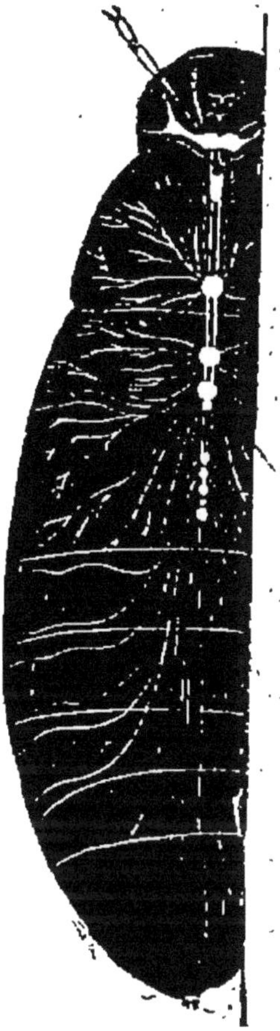

Fig. 25. — Système nerveux d'un insecte.

2. Division des vertébrés en classes. — L'embranchement des vertébrés comprend cinq classes : les *mammifères*, les *oiseaux*, les *reptiles*, les *batraciens*, les *poissons*.

1° Mammifères. — Les mamelles, organes producteurs du lait, première nourriture des jeunes, sont spéciales à cette classe, comme l'indique le nom de mammifères, signifiant porte-mamelles. Le sang est chaud ; la circulation et la respiration s'effectuent comme chez l'homme. Le corps est ordinairement vêtu de poils. Les mammifères sont vivipares, c'est-à-dire mettent au monde leurs petits vivants; tandis que, à très-peu d'exceptions près, tous les autres animaux sont ovipares, c'est-à-dire produisent des œufs, d'où doivent éclore plus tard les jeunes. Exemples : chien, chat, cheval, souris.

2° Oiseaux. — Les oiseaux ont le cœur, le sang et la circulation des mammifères; mais leur respiration est double, c'est-à-dire s'effectue non-seulement dans les poumons, mais encore dans des cavités ou poches aériennes en communication avec les poumons. Le corps est vêtu de plumes et les membres antérieurs sont disposés en ailes. Exemples : aigle, poule, moineau.

3° Reptiles. — Leur sang est froid, c'est-à-dire n'a que la température variable de l'air extérieur, au lieu d'avoir une température propre et fixe. Le cœur n'a que trois cavités, deux oreillettes et un ventricule. Dans ce ventricule unique se mélangent le sang veineux et le sang artériel, de manière que le corps reçoit à la fois du sang oxygéné et du sang non oxygéné. La respiration se fait par des poumons. Le corps est couvert d'écailles. Exemples : lézards, couleuvres, tortues.

4° Batraciens. — Ont le sang et le cœur des reptiles, dont ils diffèrent par leur peau nue et surtout par les transformations ou métamorphoses qu'ils subissent dans le jeune âge. Leur respiration est d'abord aquatique et s'effectue au moyen de branchies, puis aérienne et a pour organes des poumons. Exemples : grenouille, crapaud, salamandre.

5° Poissons. — Leur sang est froid; le cœur n'a que deux loges, une oreillette et un ventricule, ne recevant que du sang veineux. La respiration est aquatique et a pour organes des branchies. Le corps est généralement vêtu d'écailles, et les membres sont transformés en nageoires. Exemples : la carpe, la sardine, la morue.

3. **Division des mammifères en ordres.** — La classe des mammifères comprend douze ordres : Les *Quadrumanes*, les *Chéiroptères*, les *Insectivores*, les *Carnivores*, les *Rongeurs*, les *Ruminants*, les *Pachydermes*, les *Édentés*, les *Amphibies*, les *Cétacés*, les *Marsupiaux*, les *Monotrêmes*.

4. **Quadrumanes.** — L'opposition du pouce aux autres doigts dans les quatre membres, d'où résultent quatre organes propres à saisir ou quatre mains, a fait donner aux singes le nom de quadrumanes. Les espèces les plus remarquables sont l'orang-outang, le chimpanzé et le gorille.

C'est dans les forêts touffues de Sumatra et de Bornéo que se trouve le grand singe auquel les Malais ont donné le nom d'orang-outang, signifiant homme des bois. Sa hauteur est de trois à quatre pieds, et son corps est couvert d'un grossier pelage roux. Sa conformation lui permet d'imiter un grand nombre de nos actions, mais son intelligence ne paraît guère dépasser celle du chien.

Le chimpanzé habite les régions brûlantes de l'Afrique, les côtes de la Guinée et du Congo. Sa taille est celle de l'homme, son corps est couvert d'un poil épais et noir. La face approche de la couleur de chair; les oreilles sont grandes et arrondies. Dans leur bas âge, les chimpanzés joignent aux formes arrondies des enfants, la même pétulance et la même gaieté. Ils ont de la douceur, de la docilité pour apprendre et un rare esprit d'imitation. Mais ces qualités sont le partage de la jeunesse; le chimpanzé, comme l'orang, devient morose, triste et bestial dans un âge plus mûr.

Fig. 26. — Jeune Chimpanzé.

Le gorille habite l'intérieur de la Guinée. Sa hauteur dépasse cinq pieds. Il est démesurément large au niveau des épaules, et couvert d'un pelage noir, épais et grossier. Les traits les plus saillants de sa tête consistent dans la grande largeur et l'allongement de la face, la petitesse relative du crâne, la lèvre inférieure très-mobile et pendante sur le menton, le nez large et plat, le museau proéminant, la face nue et approchant du noir. Les gorilles sont excessivement féroces et ne fuient jamais devant l'homme. S'il est surpris dans les forêts, il pousse un hurlement horrible, qui résonne au loin, prolongé et aigu. Ses énormes mâchoires s'ouvrent largement, sa lèvre inférieure pend sur le menton, une crête de poils s'abaisse vers les sourcils et la physionomie prend un caractère d'effrayante férocité. Le chasseur attend son approche en tenant le fusil en joue. S'il n'est pas sûr de son coup, il laisse l'animal empoigner le canon, et, au moment où le gorille le porte à la bouche, comme c'est son habitude, il fait feu. Si le coup ne part pas, le canon du fusil est broyé entre les mâchoires de l'animal, et la rencontre devient fatale au chasseur, étouffé dans la formidable étreinte du géant des quadrumanes.

5. **Chéiroptères.** — Par l'expression de chéiro-

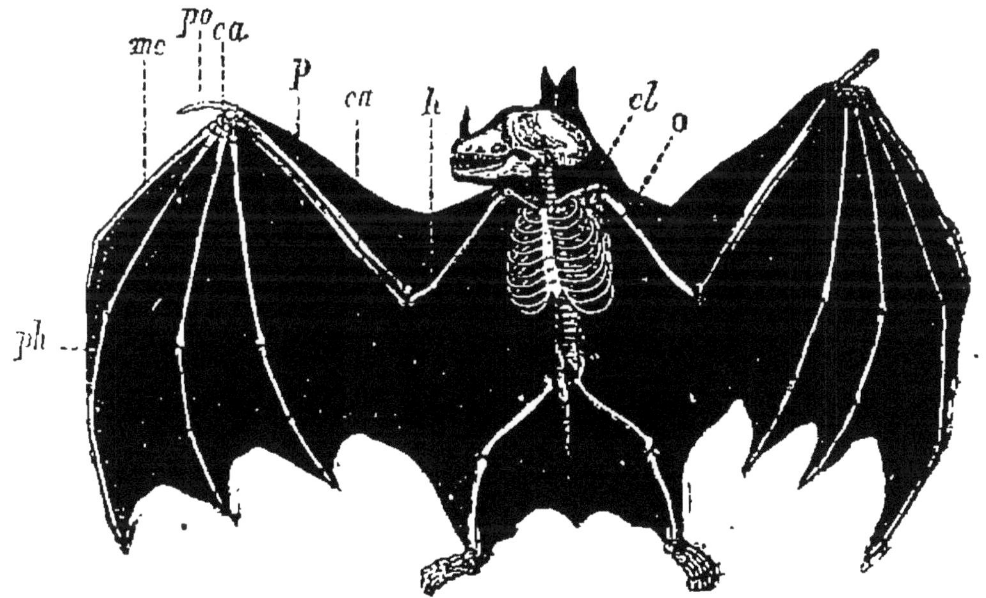

Fig. 27. — Squelette de Chauve-souris.

o, omoplate; *cl*, clavicule; *h*, humérus; *cu*, cubitus; *r*, radius; *ca*, carpe; *po*, pouce; *mc*, métacarpe; *ph*, phalanges.

ptères, empruntée au grec et signifiant main-aile, on désigne les mammifères dont les membres antérieurs sont conformés pour le vol. De ce nombre sont nos vulgaires chauves-souris. Quatre des cinq os du carpe s'allongent beaucoup, ainsi que les doigts correspondants, et forment quatre rayons entre lesquels est tendue la membrane de l'aile. Cette membrane est un repli de la peau; elle s'étale entre les quatre longs doigts de la main et va rejoindre les pattes postérieures, dont les cinq doigts, tous armés d'ongles recourbés en crochet, ne s'écartent pas de la conformation ordinaire.

Nos chéiroptères vivent tous d'insectes, dont ils détruisent des quantités énormes, au grand avantage de l'agriculture. Leur râtelier est en rapport avec ces goûts carnassiers. Il se compose de faibles incisives, de canines longues et pointues, et de molaires dont les dentelures fines et tranchantes s'engrènent dans

Fig. 28. — Râtelier de la Chauve-souris.

les creux à bords aigus de la mâchoire opposée. C'est au crépuscule, qu'ils poursuivent au vol les insectes.

Nous avons en France d'assez nombreuses espèces de chéiroptères, qu'on divise en rhinolophes, vespertilions et oreillards. Les rhinolophes ont le nez garni de membranes, de franges, de crêtes, d'une ampleur et d'une conformation étrange. L'un d'eux est le fer-à-cheval. Les oreillards se reconnaissent aux grandes dimensions de leurs oreilles. Les vesper-

Fig. 29. — Fer-à-cheval.

tilions ont le nez et les oreilles de moyennes dimensions. A cette division appartiennent la *noctule*, hôte de nos maisons, et la *pipistrelle*, la plus commune et la plus petite de nos chauves-souris. C'est la pipistrelle, seule ou associée à la noctule, que nous voyons voleter le soir autour des habitations.

Fig. 30. — Oreillard.

6. Insectivores. — Ce sont des animaux de faible taille, vivant surtout d'insectes et armés de molaires à pointes coniques. Comme les chéiroptères, adonnés à la même nourriture, ils s'engourdissent en hiver alors que les insectes manquent. Les insectivores de nos pays sont la musaraigne, le hérisson, la taupe.

La musaraigne est le plus petit des mammifères; sa longueur n'est guère que de quatre à cinq centimètres. La mignonne créature a quelque ressemblance avec la souris, mais elle est beaucoup plus petite. Son museau est plus effilé, sa queue moins longue et moins nue.

Le hérisson est remarquable par ses moyens de défense, consistant en poils très-gros, raides et pointus comme des aiguilles, qui lui couvrent toute la partie supérieure du corps. Lorsque le hérisson se sent en danger, il recourbe la tête sous le ventre, rapproche les pattes et se roule en une boule qui de partout présente à l'ennemi une armure d'épines

Fig. 31. — Hérisson.

La taupe est un grand destructeur d'insectes, qu'elle recherche sous terre en y creusant de longues galeries. Ses instruments de fouille sont les pattes antérieures, élargies en mains énormes et armées d'ongles d'une rare vigueur.

7. **Carnivores.** — Vivant de proie, les animaux de cet ordre ont les incisives petites et de peu d'usage,

les canines longues et pointues, les molaires robustes, à couronne façonnée en lames tranchantes propres à découper les chairs. Fréquemment les pattes sont armées d'ongles crochus, de griffes, qui retiennent et déchirent la proie. Les uns, loup, renard, tigre, chat, marchent sur l'extrémité des doigts ou sont *digitigrades*; les autres, ours, blaireau, appuient sur le sol la plante des pieds ou sont *plantigrades*.

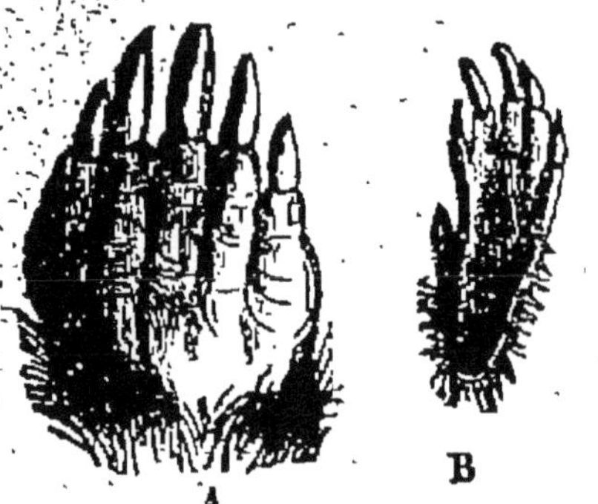

Fig. 32. — A, patte antérieure de la Taupe; B, patte postérieure.

Parmi les premiers, citons d'abord le chien, le plus précieux de nos animaux domestiques, le compagnon et l'ami de l'homme tout autant que son serviteur. On en distingue plusieurs variétés dont les principales sont les suivantes. Le *mâtin*, le vigilant gardien de la ferme, le courageux protecteur du troupeau. C'est un animal robuste, hardi, d'assez grande taille, à pattes fortes, à mâchoire vigoureuse. Le *chien de berger*, est le conducteur du troupeau, et déploie dans ses fonctions, toutes d'intelligence, une étonnante perspicacité. Le *danois* se distingue aisément par le pelage, qui est blanc avec de nombreuses taches noires rondes. C'est un magnifique chien, gardien des grandes maisons, ami des chevaux et dont la fonction favorite est de précéder, en jappant, la voiture de son maître. Le *lévrier* à formes sveltes, élancées, est de tous les chiens le plus rapide. Il force le lièvre à la course, et c'est de là que lui vient son nom. L'*épagneul* a le poil long et souple, surtout aux oreilles, qui sont pendantes et soyeuses. Nul mieux, que lui n'a le regard aimable et doux; l'attachement à son maître, l'intelligence, se lisent dans ses yeux. Le *barbet*, autrement *caniche*, se fait distinguer par son intelligence exceptionnelle, sa douceur de caractère, sa fidélité. Sa fourrure, longue, fine et frisée, semblable à de la laine, lui a fait donner le nom de chien mouton. Le *chien courant* est le chasseur par excellence. Il a le flair d'une finesse extrême, qui lui permet de reconnaître la voie suivie par le gibier rien qu'à l'odeur des émanations laissées par le passage de la bête. Comme son nom l'indique, le *basset* est très-bas sur jambes. Il a de plus les quatre membres comme tordus et estropiés, ceux de devant surtout. C'est un ardent chasseur, principalement du lapin. Le *chien loup* est le favori des voituriers. Le *dogue* est fait pour le combat. A sa rude physionomie, on lui reconnaît le don de la mâchoire, qui happe et ne lâche plus. Le mot diminutif de *doguin* désigne ce petit chien grondeur, étourdi, poltron, gourmand, connu plus habituellement sous le nom de *carlin*.

Parmi les autres carnivores digitigrades, mentionnons le *loup*, le *chacal*, le *renard*, si voisins du chien par l'organisation; puis le genre *chat*, à mâchoires courtes, puissamment armées, à griffes rétractiles au fond de gaînes où elles conservent, pour l'attaque, leur tranchant et leur pointe acérée. Dans le genre chat se classent le *lion*, le plus vigoureux des carnivores, capable de briser les reins à un cheval d'un coup de griffe et de terrasser un homme d'un coup de queue; le *tigre*, plus redoutable encore que le lion par ses appétits sanguinaires; la *panthère* de l'Asie et de l'Afrique; le *jaguar* de l'Amérique du Sud, remarquables l'un et l'autre par la beauté de leur pelage. Les vieilles forêts de l'est de la France ont, en petit nombre, le *chat sauvage*, qu'il est impossible de considérer comme la souche du *chat domestique*.

Fig. 33. — Râtelier du Chat.

Au nombre des carnivores digitigrades indigènes

Fig. 34. — Tigre.

sont encore la *belette*, la *martre*, le *putois*, la *loutre*, la *fouine*, tous à corps allongé, effilé, bas sur pattes, propres à se glisser dans les étroits passages.

Fig. 35. — La Belette.

Les plantigrades appuient à terre toute l'extrémité des membres, depuis le tarse et le carpe jusqu'au bout des doigts. Ils ont des goûts moins carnassiers que les digitigrades et préfèrent à la chair les fruits et les racines charnues. Dans cette série est l'*ours*, comprenant plusieurs espèces, en particulier l'*ours brun* d'Europe, l'*ours noir* de l'Amérique du Nord, et l'*ours blanc* de la mer Glaciale. Ce dernier se nourrit principalement de poissons. Nos régions ont le *blaireau*, de la taille du basset et comme lui à jambes courtes. Ses poils, élastiques et souples, servent à faire des pinceaux.

8. **Rongeurs.** — Cet ordre a les mâchoires armées de deux fortes incisives, qui s'enfoncent profondément dans l'os, se recourbent en dehors et se terminent par une couronne tranchante. Les canines manquent; à leur place, les mâchoires présentent une *barre*, c'est-à-dire un large intervalle vide. Les molaires, peu nombreuses, mais fortes, sont à couronne plate, surmontée de quelques replis d'émail. Les incisives s'allongent continuellement par la base, tandis que leur couronne se détruit peu à peu et se maintient

tranchante au moyen de la friction contre la dent opposée. Cet appareil dentaire est éminemment propre à ronger les matières végétales dures, telles que

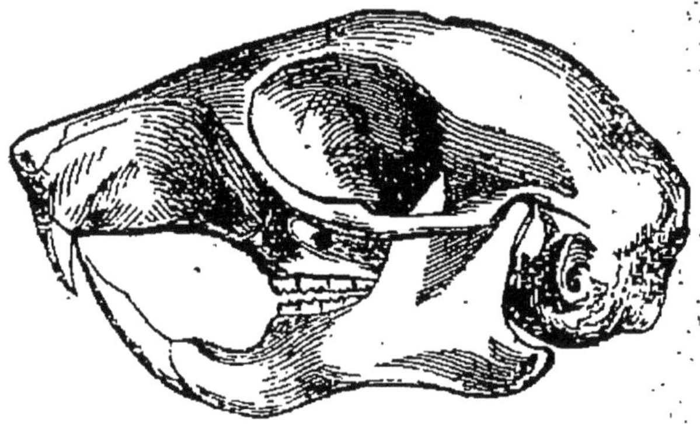

Fig. 36. — Râtelier d'un rongeur, le Lapin.

le bois et l'écorce; d'où le nom de *rongeurs* que possèdent les animaux doués de pareilles incisives. A cet ordre appartiennent le *lièvre*, le *lapin*, l'*écureuil*, le *rat*, la *souris*.

9. **Edentés.** — Ces animaux sont caractérisés par l'absence de dents incisives. Les autres dents, à peu près toutes semblables entre elles, n'ont qu'une seule racine. Dans quelques genres, l'appareil dentaire est

Fig. 37. — Le Tatou.

même nul. Un feuillage mou, des insectes sans consistance, sont la nourriture convenable pour des machoires aussi mal armées. Les édentés sont tous étrangers à l'Europe. A cet ordre appartiennent les *tatous* dont le corps est couvert d'une cuirasse écailleuse, formée d'une multitude de pièces assemblées comme de petits pavés; les *fourmiliers*, qui ont le

Fig. 38. — Le Fourmilier.

museau en forme de tube allongé, terminé par une petite bouche sans aucune espèce de dents. De ce tube sort une langue filiforme, très-allongée, qui pénètre dans les nids de fourmis, et rentre chargée d'insectes englués. Ils sont l'un et l'autre de l'Amérique méridionale.

10. **Ruminants.** — Les animaux qui composent cet ordre, *ruminent*, c'est-à-dire ramènent les aliments dans la bouche après une première déglutition, pour les mâcher une seconde fois. Cette singulière faculté est la conséquence de leurs quatre poches digestives ou quatre cavités stomacales. La première,

nommée *panse* ou *herbier*, est la plus grande de toutes. C'est une vaste poche, intérieurement hérissée de papilles plates. L'animal y accumule le fourrage, précipitamment brouté et mâché d'une manière très-incomplète; puis, quand ce réservoir est suffisamment approvisionné, il se retire dans un endroit paisible, se couche dans une position commode, et reprend à l'aise, des heures entières, le travail de la trituration. Ce second acte de la préparation des aliments sous les molaires se nomme *rumination*. On

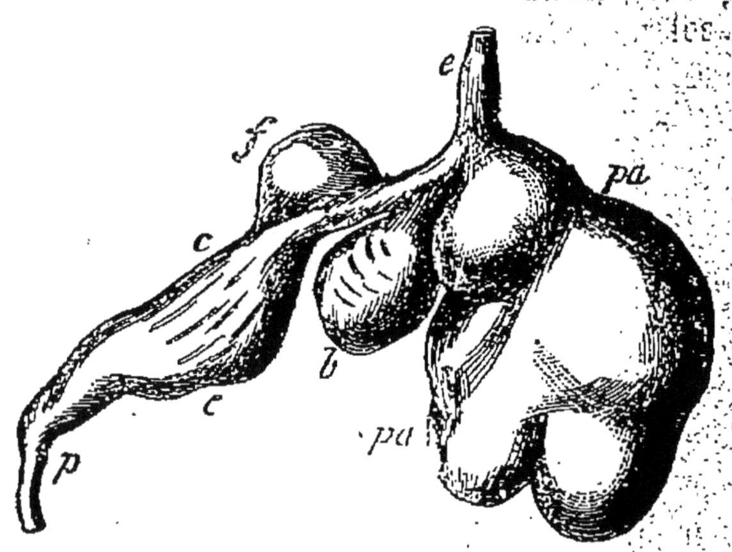

Fig. 39. — Estomac multiple des ruminants.

e, œsophage; — *pa*, panse; — *b*, bonnet; — *f*, feuillet; — *c*, caillette; — *p*, pylore.

voit alors l'animal patiemment mâcher sans rien prendre au dehors. Puis le mouvement des mâchoires cesse, la bouchée est avalée, et aussitôt après quelque chose de saillant, de rond, s'aperçoit remonter sous la peau du cou. C'est une nouvelle boule alimentaire qui remonte à la bouche pour être triturée. La seconde cavité stomacale porte le nom de *bonnet*. Sa face intérieure est garnie de replis lamelleux, dont l'ensemble forme des mailles polygonales. Le bonnet reçoit par petites portions les aliments déjà un peu ramollis dans la panse, et les moule en pelotes qui remontent une à une dans la bouche pour y être de nouveau broyées. Après cette seconde mastication, les aliments sont acheminés par l'œsophage dans le troisième estomac ou *feuillet*, ainsi nommé à cause de ses replis parallèles, semblables aux feuillets d'un livre. Du feuillet, les aliments passent dans le quatrième estomac ou *caillette*, où s'achève la chymification. On emploie, sous le nom de

Fig. 40. — Le Renne.

présure, la caillette des jeunes veaux pour faire cailler le lait dans la fabrication du fromage, et de là provient le nom donné à cette quatrième stomacale des ruminants.

Les animaux de cet ordre ont des pieds ter par deux doigts, qu'enveloppent isolément des assemblés de manière à figurer un doigt fendu par le milieu. Beaucoup d'entre eux front armé de cornes, particularité qu'on ne re plus chez les mammifères, en dehors des rumin

C'est parmi les ruminants que se trouvent le maux domestiques dont nous tirons le plus de le *bœuf*, le *mouton*, la *chèvre*, qui nous donnen

Fig. 41. — Le Cerf.

travail, leur chair, leur lait, leur suif, leur cuir toison. A ces serviteurs de l'homme, il faut ajou le *buffle* et le *chameau* de l'Afrique et de l'Asie *lama* de l'Amérique du Sud, le *renne* des peupl arctiques, notamment des Lapons. Parmi les esp non asservies sont la *girafe*, le *cerf*, le *chamois*, les *gazelles*.

11. **Le lait.** — Le lait est la première nourriture de tous les mammifères dans le jeune âge; il est produit, avec les matériaux du sang, par des organes spéciaux nommés *mamelles*. Comme celui de quelques animaux ruminants, vache, chèvre, brebis, est pour nous d'une haute utilité, nous avons réservé pour ici le peu que nous avons à en dire. Tout lait contient trois substances principales, savoir : la *crème*, ou matière grasse avec laquelle se prépare le beurre; la *caséine* ou *caillé*, qui sert à la fabrication du fromage; enfin une substance à saveur légèrement douce et que l'on nomme *sucre de lait*. Ces trois matières enlevées, le reste n'est guère que de l'eau. Pour les obtenir chacune à part, on s'y prend de la manière suivante.

Abandonné au repos dans un lieu frais et au contact de l'air, le lait se couvre, plus tôt ou plus tard suivant la saison, d'une épaisse couche onctueuse, qui prend le nom de crème. Voilà la matière à beurre. Elle se sépare d'elle-même du liquide et monte à la surface par le seul contact de l'air. On l'enlève avec une écumoire. Ce qui reste est le lait *écrémé*, de même blancheur, de même aspect que le lait primitif, mais privé de sa matière grasse. Dans ce lait écrémé, versons quelques gouttes d'un liquide acide quelconque, par exemple de jus de citron; ou mieux servons-nous de la caillette de veau, en un mot de la présure. Le lait tourne, et d'épais flocons blancs se forment. Ces flocons sont le caillé, la caséine, enfin la matière du fromage. Une fois la caséine recueillie, il ne reste qu'un liquide transparent, que l'on prendrait pour de l'eau un peu teintée de jaune. Ce liquide se nomme *petit-lait*. Il ne contient guère que de l'eau avec une petite quantité de sucre de lait, qui lui donne une légère saveur douce. Malgré son nom, cette matière n'a rien de commun avec le sucre dont nous faisons habituel usage; c'est une substance d'un blanc terne, assez dure, craquant sous la dent, et d'une saveur faiblement sucrée. On n'en fait emploi qu'en pharmacie.

12. **Pachydermes.** — Des mammifères dont les pieds se terminent par des *sabots*, ou larges ongles qui enveloppent le bout des doigts, les uns ont quatre

Fig. 42. — L'Éléphant.

estomacs et ruminent, les autres ont un estomac simple et ne ruminent pas. Les premiers composent l'ordre qui précède; les seconds constituent l'ordre des *pachydermes*, ainsi dénommés à cause de l'épaisseur de leur peau. Ceux-ci se divisent en *proboscidiens*, *pachydermes ordinaires* et *solipèdes*.

Aux proboscidiens, c'est-à-dire animaux à trompe, appartient l'*éléphant*. La trompe est le prolongement du nez. Elle est formée d'un entrelacement de plusieurs milliers de petits muscles qui lui donnent une grande mobilité en tous sens. Son extrémité se termine par un appendice charnu, faisant office d'un doigt d'une merveilleuse dextérité, et capable, par exemple, de dénouer une corde, déboucher une bouteille, tourner une clef dans sa serrure, guider un crayon sur le papier. Avec la trompe, l'éléphant cueille à terre la nourriture que la brièveté du cou ne lui permettrait pas d'atteindre des lèvres, et avec cette espèce de main, il la porte à la bouche. Le même organe fonctionne comme une pompe pour la boisson. En aspirant, l'animal remplit d'eau sa double narine; puis repliant la trompe, il lance le liquide dans le gosier. La mâchoire supérieure porte deux énormes incisives, qui font longuement saillie hors des lèvres et dont le poids, pour la paire, atteint jusqu'à 150 kilogrammes. Ce sont là les *défenses*, objet d'un commerce considérable à cause de la dureté et du poli de leur matière connue sous le nom d'*ivoire*. Les éléphants sont doués d'une force prodigieuse, doux de caractère, dociles en captivité, très-intelligents. Dans l'Inde, on les utilise comme bêtes de somme.

Les pachydermes ordinaires comprennent le *sanglier*, le *cochon domestique*, l'*hippopotame*, le *rhinocéros*, le *tapir*. L'hippopotame habite les lacs et les grands fleuves de l'Afrique centrale, où il vit de racines charnues. C'est une bête corpulente, à courtes jambes, à tête énorme, que termine un large mufle. Le rhinocéros est des régions les plus chaudes de l'ancien continent. C'est un animal farouche, stupide,

Fig. 43. — Le Rhinocéros.

redoutable par sa force et son indomptable brutalité. Celui des Indes porte sur le nez une corne qui paraît résulter d'une agglutination de poils; celui de l'Afrique en porte deux. Les tapirs de l'Amérique méridionale, de Malacca et de Sumatra, rappellent le cochon domestique par leur forme ramassée et leur peau presque nue. Leur nez se prolonge en un groin assez développé pour mériter le nom de petite trompe. Ce sont des espèces pacifiques, hôtes des lieux humides et des bords des rivières.

Les solipèdes, troisième subdivision des pachydermes, comprennent les espèces dont les pieds se terminent par un seul doigt et n'ont ainsi qu'un seul sabot. Dans cette catégorie se rangent le *cheval*, l'*âne*, le *zèbre*.

13. **Amphibies.** — Les *amphibies* sont des carnassiers organisés pour la vie aquatique. Ils ont les pieds très-courts, ceux de derrière enveloppés par la peau, tous élargis en rames, éminemment aptes à la natation, mais propres au plus à ramper quand l'animal vient se reposer au rivage. Le corps est allongé et arrondi comme celui des poissons. A cet ordre appartiennent les *phoques*, vivant par troupes au bord de

Fig. 44. — Le Phoque.

la mer partout où ils ne sont pas troublés par la présence de l'homme. Leur tête rappelle celle du chien, dont ils ont en outre l'intelligence, le caractère doux, le regard expressif. Leur nourriture consiste en poissons, crabes et coquillages. On leur fait la chasse pour la graisse et la peau, deux des principales ressources des populations arctiques, notamment des Esquimaux.

14. **Cétacés.** — La baleine, en latin *ceta*, a donné son nom à l'ordre des cétacés. Ces animaux n'ont point de membres postérieurs. Leur corps se termine par une queue puissante, étalée à l'extrémité en une

nageoire horizontale. La tête est tout d'une venue avec le corps, comme chez les poissons, dont les cétacés reproduisent presque exactement la forme. Dans

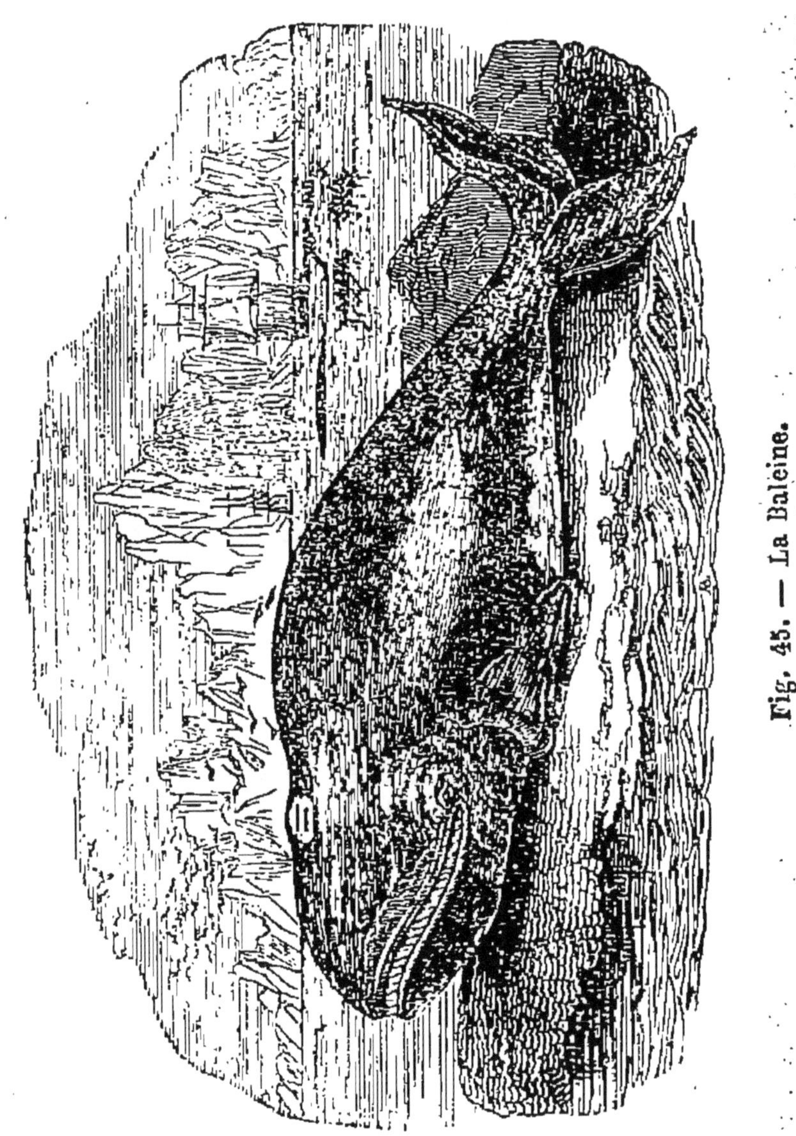

Fig. 45. — La Baleine.

cet ordre sont rangés les géants de la création : la *baleine*, qui atteint 30 mètres en longueur et 150,000 kilogrammes en poids; le *cachalot*, qui rivalise de grosseur avec la baleine et même la dépasse. Bien au-dessous pour la taille sont les *marsouins* et les *dauphins*.

La baleine porte à la mâchoire supérieure une série de lames minces, de nature cornée et nommées *fanons*, qui forment une palissade serrée pour retenir au passage les petits animaux, vers, mollusques

Fig. 45. — Le Dauphin.

et zoophytes, dont l'énorme cétacé se nourrit. En saisissant sa bouchée, la baleine engloutit, dans sa gueule largement fendue, un grand volume d'eau, qui passe à travers la palissade des fanons et se rend dans un sac situé à la base des narines, tandis que les fanons retiennent la masse des animalcules saisis. Pour se débarrasser de l'eau sans abandonner la nourriture, l'animal contracte ce sac, et l'eau, violemment chassée, s'élance en deux jets par les narines ou *évents*, percées au-dessus de la tête. Les autres cétacés, désignés pour ce motif sous le nom de *souffleurs*, rejettent également en deux longues colonnes, la masse d'eau happée avec la nourriture. On pêche la baleine pour son lard, d'où l'on extrait une huile très-employée dans les arts, et pour ses fanons connus sous le nom de baleines.

15. Marsupiaux. — Cet ordre présente une anomalie des plus singulières dans la classe des mammifères.

Fig. 47. — Sarigues.

Les jeunes naissent prématurément, dans un état d'imperfection extrême, incapables de se mouvoir, pourvus à peine de membres en germe. Pour telle espèce de la taille du chat, les petits, à leur naissance, n'ont guère que le volume d'un grain de café. Ces débiles nouveau-nes périraient s'ils n'avaient d'autre sauvegarde que les soins de l'habituel allaitement. La mère les met en présence des mamelles, où chacun s'attache et se greffe pour ainsi dire, ne quittant plus le mamelon jusqu'à ce qu'ils aient atteint le degré de croissance que les mammifères ordinaires ont en naissant. L'allaitement se fait, non par la succion des jeunes, mais par un jet spontané du mamelon qui verse le lait au fond du gosier impuissant. Plus tard, le jeune, devenu assez fort, reprend ou quitte à volonté la mamelle. Pour élever sa famille en cet état d'originelle faiblesse,

Fig. 48. — Le Kanguroo.

la mère a sous le ventre, autour des mamelles, une poche ou bourse, en latin *marsupium*, au fond de la-

6.

quelle les jeunes grossissent. Deux os particuliers, *os marsupiaux*, s'avancent sous le ventre, articulés avec les iliaques, et donnent soutien au repli de la peau qui forme cette poche. Quand les premières forces sont venues, les petits avancent la tête à l'ouverture de la bourse, pendant que la mère broute ; lorsqu'ils commencent à marcher, ils sortent de ce refuge et y reviennent au moindre danger.

Sauf les *sarigues*, qui sont de l'Amérique, tous les marsupiaux appartiennent à l'Australie et aux îles voisines. Les plus remarquables sont les *kanguroos*, progressant par bonds énormes au moyen de leurs robustes membres postérieurs, et de leur queue, non moins vigoureuse, qui se détend à la manière d'un ressort.

16. Monotrèmes. — Au milieu de sa population animale, si différente de celle des autres régions, l'Australie nourrit deux mammifères plus étranges encore que les marsupiaux, et présentant avec les oiseaux certaines conformités organiques qui établissent le passage d'une classe à l'autre. Ce sont l'*échidné* et l'*ornithorhynque*.

L'échidné ressemble à un hérisson muni d'un museau pointu, en forme de bec et sans dents. L'ornithorhynque, dont le nom signifie bec d'oiseau, a un bec corné, aplati, rappelant celui du canard. Ses pieds sont palmés, principalement les antérieurs ; son aspect est celui d'une grosse taupe. L'un et l'autre portent aux jambes postérieures un éperon de corne ou *ergot*, qui ressemble à celui du coq. L'organisation interne a fait croire longtemps que ces deux animaux pondaient des œufs à la manière des oiseaux. Il n'en est rien ; néanmoins cette opinion, tout erronée qu'elle est, montre jusqu'à quel point les monotrèmes s'écartent des mammifères ordinaires pour se rapprocher des oiseaux.

Fig. 49. — L'ornithorhynque.

QUESTIONNAIRE.

1. En combien d'embranchements se divise le règne animal? — Dites les caractères principaux des vertébrés, des annelés, des mollusques, des rayonnés. — 2. En combien de classes se divisent les vertébrés? — Quels sont les caractères distinctifs des mammifères, des oiseaux, des reptiles, des batraciens, des poissons? — 3. En combien d'ordres se divisent les mammifères? — 4. Qu'appelle-t-on quadrumanes? — Dites quelques mots sur l'orang-outang, le Chimpanzé, le Gorille. — 5. Que signifie le mot chéiroptère? — De quoi sont formées les ailes de la chauve-souris? — De quoi se nourrissent les chéiroptères? — Citez les principales espèces de nos pays. — 6. Quels animaux composent

l'ordre des insectivores ? — Que savez-vous sur le hérisson ? — 7. Dites les caractères des carnivores. — Qu'appelle-t-on digitigrades et plantigrades ? — Citez les principales variétés du chien ? — Quels sont les autres carnivores digitigrades remarquables ? — Quels sont les carnivores plantigrades ? — 8. Que présentent de remarquable les dents des rongeurs ? — Citez les principaux rongeurs de nos pays ? — 9. Que savez-vous sur les édentés ? — Comment sont le tatou et le fourmilier ? — 10. Qu'appelle-t-on ruminants ? — Décrivez leurs quatre estomacs ? — Citez les principaux ruminants ? — 11. Quelle est la composition du lait ? — Comment obtient-on à part les diverses substances qui le composent ? — 12. Quels sont les animaux pachydermes ? — Qu'appelle-t-on proboscidiens ? — Décrivez la structure de la trompe de l'éléphant ? — A quels usages sert la trompe ? — En quoi consistent les défenses ? — Quels sont les pachydermes ordinaires ? — Que savez-vous sur le rhinocéros et sur l'hippopotame ? — Qu'appelle-t-on solipèdes ? — 13. Quels animaux contient l'ordre des amphibies ? — Décrivez la structure du phoque. — 14. D'où vient l'expression de Cétacé ? — Décrivez la structure de la baleine ? — Que sont les fanons ? — Que fournit la pêche de la baleine ? — 15. Que présente de singulier l'ordre de marsupiaux ? — Que signifie cette expression de marsupiaux ? — Où se trouvent les animaux de cet ordre ? — 16. Que savez-vous sur l'organisation de l'échidné et de l'ornithorhynque ?

CHAPITRE II.

Oiseaux. — Reptiles.

Oiseaux.

1. **Division des oiseaux en ordres.** — Les caractères tirés principalement du bec et des pattes, organes dont la structure est en rapport intime avec la manière de vivre, servent de base à la classification des oiseaux, qui se divisent ainsi en six ordres : les

rapaces ou oiseaux de proie, les *passereaux*, les *grimpeurs*, les *gallinacés*, les *échassiers* et les *palmipèdes*. Les quatre premiers ordres embrassent tous les oiseaux terrestres, le cinquième comprend les oiseaux de rivage, et le sixième est formé des oiseaux aquatiques.

2. **Rapaces.** — Ils ont la mandibule supérieure crochue, à pointe aiguë et recourbée en bas; leurs pattes, nommées *serres*, ont les doigts armés d'ongles robustes, recourbés, longs et creusés en dessous d'une rigole à bords tranchants. Tous vivent de proie vivante ou morte. On les subdivise en *rapaces diurnes*, chassant de jour, et en *rapaces nocturnes*, chassant de nuit ou mieux au crépuscule.

Parmi les rapaces diurnes sont les *aigles*, les *faucons*, la *buse*, le *milan*, les *vautours*. L'*aigle vulgaire*

Fig. 50. — Tête de l'Aigle.

est un grand oiseau brun, qui mesure un mètre et plus de l'extrémité du bec à l'extrémité de la queue. Les ailes étendues embrassent une longueur de près de trois mètres. Le nid de l'aigle se nomme *aire*. C'est une espèce de solide plancher, formé d'un entrelacement de petites perches et recouvert d'un lit de joncs et de bruyères. Il est habituellement placé sur des escarpements inaccessibles. Les jeunes aiglons sont d'une telle voracité, qu'à l'époque de leur éducation, l'aire devient un véritable charnier, toujours encombré de lambeaux saignants.

Les rapaces nocturnes se reconnaissent à leur grosse tête, à leurs yeux très-grands, dirigés en avant et entourés d'un cercle de plumes effilées. Par un privilége qui leur est propre, le doigt externe antérieur est mobile et peut se porter en arrière, de façon que les quatre doigts de la serre se partagent en deux couples d'égale puissance lorsque l'oiseau veut saisir la branche sur laquelle il perche, ou la victime qui

Fig. 51. — Le Scops ou le Petit-duc

se débat. A cause de l'ampleur des yeux, qu'une trop vive lumière éblouit, il faut aux oiseaux de proie nocturnes une lueur douce comme celle de l'aurore et du crépuscule. Ils quittent donc leurs retraites, pour chercher la proie, au commencement ou à la fin de la nuit. Leur vol est silencieux, leur aile molle fend l'air sans le moindre bruit. Cet essor muet a pour cause la structure des plumes, qui sont soyeuses, finement divisées. Dans cette subdivision se rangent les *hiboux* et les *chouettes*. Les premiers ont la tête surmontée de deux aigrettes de plumes; les secondes n'ont pas cet ornement.

3. **Passereaux.** — Cet ordre, le plus nombreux de toute la classe, renferme une telle multitude d'espèces, qu'il est difficile de le délimiter par des caractères bien nets. Les oiseaux qui le composent sont généralement de petite taille et de caractère doux. Leurs doigts, dont trois dirigés en avant et un en arrière, ont les ongles faibles et peu recourbés ; leur bec est très-variable de forme suivant le régime de l'oiseau.

Les uns, les *dentirostres*, ont une légère dentelure de chaque côté de la pointe du bec. Leur nourriture consiste surtout en insectes. Dans ce groupe se rangent les *pies-grièches*, qui, par leur bec un peu crochu, leurs pattes assez bien armées et leurs mœurs, ont quelque analogie avec les rapaces. Là prennent place encore les *merles*, les *grives*, les *loriots* et les nombreux becs-fins, ainsi dénommés de leur bec délicat, menu et droit comme un poinçon. Tous les becs-fins se nourrissent de vermisseaux, de larves, de petits insectes et rendent ainsi de grands services à l'agriculture. Quelques-uns, tels que le *rossignol* et les *fauvettes*, sont d'admirables chanteurs.

D'autres, les *fissirostres* ont le bec large, aplati dans le sens horizontal et profondément fendu. Tous se nourrissent d'insectes, qu'ils poursuivent et engloutissent au vol. De ce nombre sont les *hirondelles* et les *martinets*.

Les *conirostres* ont le bec fort et conique. Quelques-uns, *corbeaux* et *corneilles*, se nourrissent de tout, notamment de proie morte; mais la plupart vivent de graines, et d'une manière d'autant plus exclusive que leur bec est plus court, plus épais, plus robuste. Parmi ces francs granivores sont le *moineau*, le *pinson*, le *chardonneret*, la *linotte*, les *bruants*, le *serin*.

Les *ténuirostres* ont pour caractère un bec allongé, menu, souvent arqué, propre à saisir les insectes dans les fissures des écorces et au fond des corolles des fleurs. Nos pays ont la *huppe*; les régions tropicales ont les *colibris* et les *oiseaux-mouches*, si riches de plumage et dont quelques-uns n'ont que la taille de l'abeille.

Les *syndactyles* ont le doigt externe et celui du milieu unis entre eux jusqu'à l'avant-dernière articulation. L'un d'eux est le *martin-pêcheur*, qui, solitaire, au bord des cours d'eau, guette le menu poisson. Son plumage, peint sur le dos d'un superbe bleu d'aigue-marine, en fait un de nos plus beaux oiseaux.

Fig. 52. Le Pic moyen Epeiche.

4. **Grimpeurs.** — Ils ont les doigts répartis par couples, deux en avant et deux en arrière, disposition qu'ils utilisent pour se cramponner aux arbres et y grimper. Dans cet ordre sont les *pics*, qui explorent les troncs vermoulus pour en extraire les larves et les insectes. La zone torride a les *perroquets*, à bec robuste et recourbé, à langue molle qui

permet à quelques-uns d'imiter la voix humaine.

5. **Gallinacés.** — Les gallinacés ont pour type la poule domestique (*gallina*). Ce sont des oiseaux granivores, à bec médiocre, voûté supérieurement ; à tarses courts, à doigts faibles. Les uns, les *vrais gallinacés*, ont le port lourd, le vol pénible, l'aile obtuse ; les autres, les *pigeons*, sont au contraire de rapides voiliers. Le premier groupe comprend les plus importants de nos oiseaux domestiques, *coq*, *dindon*, *pin-*

Fig. 53. — Héron commun.

tade, auxquels s'adjoignent le *paon* et le *faisan*. Les espèces non domestiquées sont représentées par la *perdrix*, la *caille*. Au groupe des pigeons appartiennent le *ramier*, le *biset*, souche de nos pigeons domestiques, la *tourterelle*.

6. **Échassiers.** — Ces oiseaux ont les tarses très-longs, et en outre les jambes dénuées de plumes dans

Fig. 54. — Autruche.

leur partie inférieure, disposition qui leur permet de parcourir pas à pas, sans se mouiller, les bas-fonds inondés et les marécages, où ils fouillent la vase de leur long bec porté sur un long cou, pour atteindre les vers, les poissons, les reptiles. Dans cet ordre se rangent les oiseaux de rivage, *héron*, *cigogne*, *grue*, *bécasse*; et d'autres espèces, l'*autruche*, le *casoar*, l'*outarde*, qui ne fréquentent pas le bord des eaux, mais se rapprochent des échassiers de rivage par la longueur de leurs tarses. L'autruche habite les déserts sablonneux de toute l'Afrique. Elle atteint de six à huit pieds de haut et pond des œufs du poids d'environ trois livres. Elle ne peut voler, mais sa course est si rapide, qu'aucun animal ne peut l'atteindre. Les plumes des ailes et de la queue sont lâches, molles, et recherchées comme objet d'ornement.

7. **Palmipèdes.** — Les oiseaux de cet ordre sont conformés pour la nage. Ils ont les pieds *palmés*, c'est-

Fig. 55. — L'Albatros.

à-dire que les doigts sont reliés entre eux par une membrane, de manière que la patte, en s'étalant, constitue une large rame. Les uns, oiseaux à vol puissant, fréquentent la mer, où ils vivent de poisson; tels sont l'*albatros*, les *goëlands*, les *mouettes*, la *frégate*, celui de tous les oiseaux dont le vol est le plus soutenu; d'autres préfèrent les eaux douces, comme le *cygne*, le *canard*, la *sarcelle*, dont le bec très-large, aplati, rond au bout et façonné en manière de cuiller, cherche la nourriture en barbotant. Au dernier rang sont les *pingouins* et les *manchots*, oiseaux des mers polaires, dont les ailes réduites à des moignons presque sans plumes, ne peuvent nullement servir au vol.

Fig. 56. — Le Manchot.

8. Œufs des oiseaux. — L'œuf a pour enveloppe extérieure la *coquille*, formée de carbonate de chaux. On y distingue, principalement au gros bout, une multitude de très-petits enfoncements, à chacun desquels correspond un orifice invisible, un pore, qui perce de part en part la coquille et fait communiquer l'intérieur avec l'extérieur. Ces pores servent au passage soit des vapeurs humides qui s'exhalent hors de la coque, soit de l'air qui pénètre au dedans pour la respiration du petit être qui lentement se forme pendant l'incubation. Sous la coque est le *chorion*, membrane fine et souple, formant un sac sans issue que remplissent le blanc et le jaune. Récemment pondu, un œuf a la capacité de sa coque exactement pleine; mais il ne tarde pas à perdre une partie de son humidité, qui s'exhale à travers les pores de la coquille. Il se fait ainsi un vide vers le gros bout; le chorion se détache de la coque qu'il tapissait d'abord et rentre un peu à l'intérieur, avec le contenu de l'œuf amoindri par l'évaporation. L'air du dehors vient occuper cette cavité, qui prend pour ce motif le nom de *chambre à air*. Là s'amasse la provision d'air nécessaire à la respiration de l'oiseau naissant. Vient après l'*albumen* ou blanc de l'œuf.

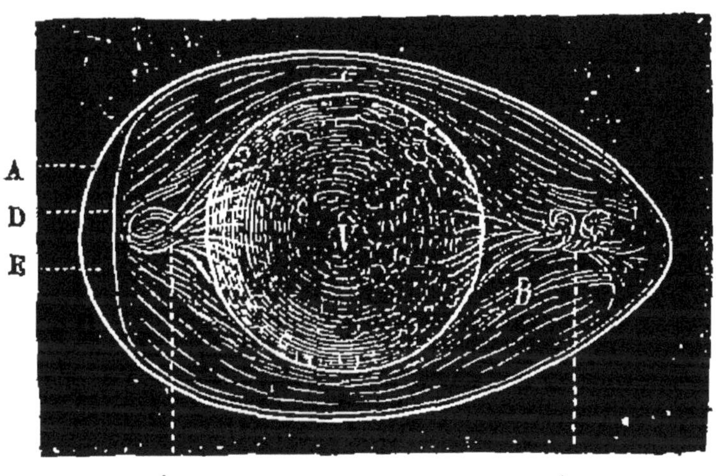

Fig. 57 — Coupe de l'œuf.

A, coquille; E, chambre à air; D, chorion; B, blanc ou albumen; C, C, chalazes; V, jaune ou vitellus; *c*, cicatricule.

Sa substance est distribuée en diverses couches, qui, aux deux bouts de l'œuf, se tordent sur elles-mêmes et forment deux sortes de gros cordons noueux nommés *chalazes*. Au moyen de ces deux cordons, le jaune, partie la plus importante et la plus délicate de l'œuf, est suspendu, comme dans un hamac, au centre de l'albumen, sans être exposé à des déplacements qui seraient dangereux pour le germe, placé en un point de sa surface. Les mêmes cordons se relâchent et se détordent graduellement, pour que le débile oisillon trouve ainsi le large convenable, tout en restant suspendu et finement emmaillotté au centre de l'œuf. Le *jaune* ou *vitellus* est rond et d'une vive couleur jaune qui lui a valu son nom. En un point de sa surface se voit une tache circulaire, d'un blanc pâle, appelée *cicatricule*. C'est là le germe, le point de départ de l'oiseau, le foyer où réside l'étincelle de vie, qui, excitée par la chaleur de l'incubation, animera la matière de l'œuf et la façonnera en un être vivant. L'œuf le plus gros est celui de l'*épyornis*, oiseau de Madagascar, qui n'existe plus aujourd'hui. Sa capacité mesure près de neuf litres. Pour représenter l'œuf d'épyornis, il faudrait 6 œufs d'autruche ; il en faudrait 148 de poule, et 50,000 d'oiseau-mouche.

Reptiles.

1. Division des reptiles en ordres. — Quelques reptiles, les serpents, sont dépourvus de membres ; les autres ont les membres courts, dirigés de côté loin de l'axe du corps. Tous se traînent donc sur le ventre, et ceux qui sont doués de pattes ont encore plutôt l'air de ramper que de marcher. Cette locomotion au niveau de terre leur a valu le nom de reptiles, d'un mot latin signifiant ramper. Ils se divisent en trois ordres : les *chéloniens* ou tortues, les *sauriens*, ou lézards, les *ophidiens* ou serpents.

2. Chéloniens. — Cet ordre comprend les *tortues*, si remarquables par leur boîte osseuse, ouverte seulement d'une large échancrure en avant, et d'une autre en arrière, pour le passage de la tête, des membres et de la queue. Cette boîte résulte d'une partie du squelette refoulée à l'extérieur, immédiatement sous la peau. Le bouclier supérieur ou *carapace* est formé des vertèbres dorsales et des côtes, élargies et assemblées entre elles par engrenage ; le

Fig. 58 — Tortue grecque.

bouclier inférieur ou *plastron* est formé du sternum. Sur cette enveloppe osseuse est tendue la peau, recouverte elle-même par de larges plaques d'écaille.

Fig. 59. — Caret.

Au lieu de dents, les tortues ont aux deux mâchoires une armure de corne semblable au bec des oiseaux.

La plupart des tortues vivent de matières végétales. Quelques-unes sont terrestres et se reconnaissent à leurs pattes comme tronquées, à leur carapace très-bombée et robuste. Telle est la *tortue grecque*, fréquente sur tout le littoral de la Méditerranée. D'au-

Fig. 60. — Le Crocodile.

tres, à carapace plus ou moins aplatie, habitent les eaux douces. D'autres enfin ont pour demeure la mer. Elles sont de forme déprimée et leurs pattes sont aplaties en rames. L'une d'elles, la *tortue franche*, atteint le poids de sept à huit cents livres. On la trouve dans tous les parages de la zone torride. Une autre, le *caret*, fournit la matière dite *écaille de tortue*, si estimée pour les ouvrages de tabletterie.

3. **Sauriens.** — L'ordre des *sauriens* se compose des reptiles qui, pour la forme, ressemblent généralement à nos lézards ; presque tous ont quatre pattes propres à la marche. Les plus remarquables sont : le *crocodile* du Nil, qui peut atteindre une dizaine de mètres en longueur ; l'*alligator*, des fleuves de l'Amérique ; le *gavial*, du Gange, à museau très-allongé. Le *caméléon* est célèbre par la faculté

Fig. 61. — Le Caméléon.

qu'il a de changer de couleur suivant les passions qui l'animent. Parmi les sauriens de nos pays sont le gros *lézard ocellé* du midi de la France ; le *lézard vert* et le *lézard gris*, communs partout ; enfin le *gecko* de la Provence, reptile hideux, mais inoffensif, qui hante les endroits sombres et frais des habitations et se cramponne aux murs et aux plafonds au moyen de ses doigts élargis et armés en dessous de fines aspérités.

4. Ophidiens. — Dépourvus de membres et se mouvant au moyen de replis que leur corps très allongé fait sur le sol, les animaux de cet ordre méritent par excellence l'appellation de reptiles. Tous les serpents se nourrissent de proie vivante. Les uns sont venimeux (*vipère, crotale*) ; les autres sont dépourvus de venin. C'est parmi ces derniers que se trouvent les serpents de plus grande taille, les *boas* des régions chaudes et humides de l'Amérique. Certaines espèces atteignent en longueur une douzaine

Fig. 62. — La Couleuvre à collier.

de mètres et engloutissent des animaux de la taille du chien et du cerf, après les avoir étouffés et pétris dans leurs replis. Parmi les serpents non venimeux sont comprises les diverses *couleuvres* de nos régions, parmi lesquelles est la *couleuvre à collier*, portant sur la nuque un collier blanc.

5. **Serpents venimeux.** — Tous les animaux venimeux agissent de la même manière. Avec une arme spéciale, aiguillon, croc, dard, lancette, placée tantôt en un point du corps, tantôt en un autre, suivant l'espèce, ils font une légère blessure dans laquelle s'infiltre le venin. Celui-ci, en se mélangeant avec le sang, est seul la cause des accidents qui suivent. L'appareil venimeux des serpents se compose d'abord de deux *crochets* ou dents longues et pointues

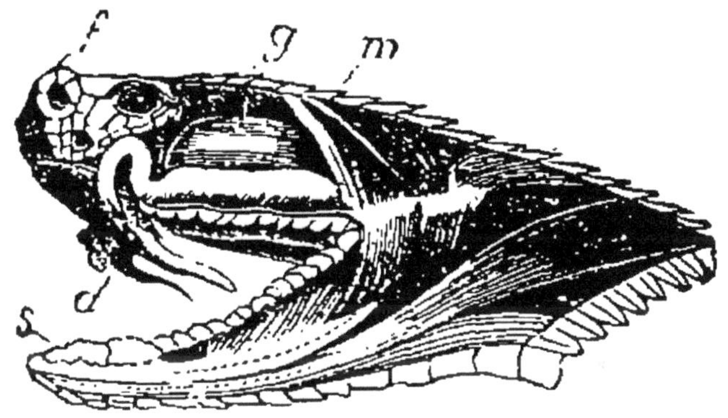

Fig. 63. — Appareil venimeux du serpent a sonnettes.

g, glande à venin — *d*, crochets venimeux — *s*, glandes salivaires — *f*, narine — *m*, muscles qui compriment le réservoir à venin.

placées à la mâchoire supérieure. Ces crochets sont mobiles. A la volonté de l'animal, ils se dressent pour l'attaque ou se couchent dans une rainure de la gencive et s'y tiennent inoffensifs. Pour les remplacer, s'ils viennent à casser, la mâchoire en porte d'autres en arrière, plus petits, à l'état de germe. Ils sont creux et percés à la pointe d'une fine ouverture, par laquelle le venin se déverse dans la plaie. Enfin à la base de chaque crochet se trouve une ampoule ou réservoir dans lequel le liquide venimeux s'amasse. Celui-ci est produit par une glande située dans l'épaisseur de la joue. Quand le serpent frappe de ses crochets, l'ampoule à venin, comprimée par des muscles, injecte une goutte de son contenu dans le canal de la dent, et le liquide venimeux s'infiltre ainsi dans la blessure.

Le seul serpent venimeux de nos pays est la *vipère*, brune ou roussâtre, avec une bande sombre en zigzag sur le dos, et une rangée de taches sur chaque flanc. Son ventre est d'un gris ardoisé. Sa tête est un peu triangulaire, plus large que le cou et comme tronquée en avant. Puisque le venin n'agit qu'en se mélangeant avec le sang, à la suite d'une morsure par un serpent venimeux, les précautions à prendre doivent avoir pour but d'empêcher ce mélange autant que possible. A cet effet, on serre, on lie même, le doigt, la main, le bras, au-dessus de la partie blessée ; on fait saigner la plaie en exerçant des pressions tout autour ; on la suce énergiquement pour en extraire le liquide venimeux ; on l'élargit un peu avec la pointe d'un canif pour rendre cette extraction plus facile. La succion est sans danger aucun si la bouche n'a pas d'écorchure. Tout cela doit être fait à l'instant même ; plus on tarde, plus le mal s'aggrave. Pour plus de sûreté, lorsque c'est possible, on cautérise la plaie avec un corrosif, eau-forte, nitrate d'argent, acide phénique ou même avec un fer rouge. Si ces précautions sont prises assez tôt, il est rare que la piqûre d'une vipère ait des conséquences fâcheuses.

Parmi les serpents venimeux les plus redoutables, nous citerons le *crotale* de l'Amérique du Nord, nommé aussi *serpent à sonnettes* à cause des cornets écailleux qui, emboîtés lâchement les uns dans les autres au bout de la queue, bruissent quand l'animal s'agite. Son venin détermine la mort de l'homme en deux ou trois minutes, et fait périr avec la même rapidité les bœufs et les chevaux. L'Afrique du Nord a le *céraste*, qui porte une petite corne sur chaque paupière. En Égypte se trouve l'*haje*, dont le cou se gonfle dans la colère. Ce dernier est l'*aspic* des anciens, celui dont parle l'histoire au sujet de la mort de Cléopâtre. A l'Inde appartient le *naja*, qui gonfle le cou comme l'aspic, et porte sur sa nuque élargie un trait noir dont la configuration lui a fait donner le nom de *serpent à lunettes*.

QUESTIONNAIRE.

Oiseaux. — 1. En combien d'ordres se divise la classe des oiseaux ? — 2. Que sont les rapaces ? — Comment les divise-t-on ? — Citez les principaux rapaces diurnes et les principaux rapaces nocturnes. — 3. Que comprend l'ordre des passereaux ? — Quels sont les caractères des dentirostres, des fissirostres, des conirostres, des ténuirostres, des syndactyles ? — Citez les principales espèces de ces diverses subdivisions. — Dites les caractères des grimpeurs. — 5. D'où vient le mot de gallinacés ? — Dites les traits les plus saillants des gallinacés. — Quels sont les autres oiseaux de cet ordre ? — 6. Quels sont les caractères des échassiers ? — Citez les principales espèces. — Dites quelques mots sur l'autruche. — 7. Quels sont les caractères des palmipèdes et citez quelques espèces ? — 8. Décrivez la structure de l'œuf : — Quel est le rôle des pores de la coquille, de la chambre à air et des chalazes ? — Où se trouve le germe ? — Quel est l'œuf le plus gros ?

Reptiles. — 1. Comment se subdivisent les reptiles ? — 2. Quels animaux comprend l'ordre des chéloniens ? — De quoi est formée la boîte osseuse de la tortue ? — Quelle espèce fournit l'écaille ? — 3. Quels animaux comprend l'ordre des sauriens ? — Citez les espèces les plus remarquables. — Quels sont les sauriens de nos pays ? — 4. Quels animaux comprend l'ordre des ophidiens ? — Comment se subdivisent les serpents ? — Citez les principaux serpents non venimeux. — 5. Décrivez l'appareil venimeux des serpents. — Comment est la vipère? — Quelles précautions faut-il prendre à la suite d'une piqûre par un serpent venimeux? — Quels sont les principaux serpents venimeux étrangers?

CHAPITRE III

BATRACIENS. — POISSONS.

Batraciens.

1. Caractères. — Métamorphoses. — Les *Batraciens* ont pour type la grenouille, dont le nom grec sert à désigner la classe tout entière. Ils diffèrent des reptiles par les métamorphoses ou changements de forme qu'ils éprouvent dans le premier âge; enfin par leur peau nue.

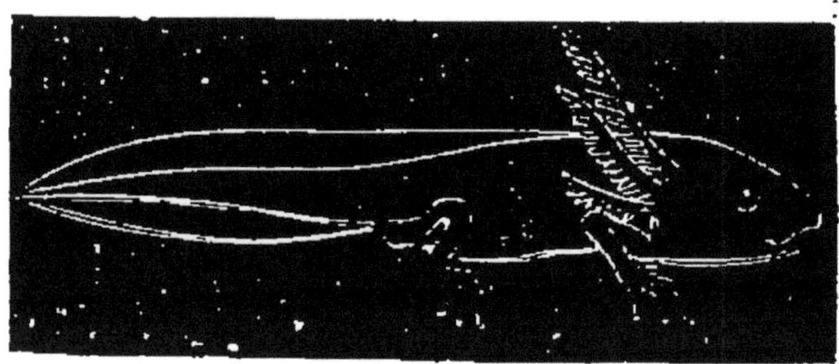

Fig. 64. — Têtard de Salamandre.

Dans leur premier état, les batraciens se nomment *têtards*, par allusion à leur grosse tête confondue avec un ventre volumineux. L'absence de membres, une queue aplatie verticalement et la respiration par des branchies les rapprochent alors des poissons. Les branchies consistent au début en panaches épanouis extérieurement des deux côtés du cou. Bientôt, dans la plupart des batraciens, notamment dans la grenouille, ces panaches se flétrissent et la respiration se fait au moyen de branchies intérieures, situées sous la peau, au-dessous du cou. Pour arriver à ces organes, l'eau pénètre par la bouche; elle en revient tantôt par une ouverture, tantôt par deux percées à la base du cou. Les têtards se nourrissent de matières végétales, tandis que l'animal adulte se nourrit de proie. La bouche consiste en une espèce de bec corné. Un moment vient où apparaissent les membres. Les pattes postérieures se montrent les premières; plus tard, viennent les antérieures. Alors la queue graduellement disparaît ; le bec tombe et fait place à de véritables mâchoires; les branchies se flétrissent et sont remplacées par des poumons; enfin le régime change, à la nourriture végétale est substituée la petite proie, insectes et vers. Ces modifications opérées, le batracien possède sa forme finale ; à l'état de têtard, il a vécu dans l'eau ; maintenant il va vivre dans l'air.

2. **Division des batraciens en ordres.** — Quatre ordres composent la classe des batraciens, savoir :

Les *Anoures*, qui, à l'état adulte, sont dépourvus de queue. Là se rangent les *Grenouilles,* les *Crapauds*, les *Rainettes*, remarquables par les pelotes visqueuses de leurs doigts, pelotes qui leur servent à grimper aux arbres.

Les *Urodèles*, qui conservent toute la vie la queue du premier âge, et ont, sous la forme adulte, quatre membres et pas de branchies. De ce nombre est la *Salamandre* de nos pays, noire, à grandes taches jaunes.

Les *Pérennibranches*, pourvus également d'une queue, mais possédant à la fois, dans l'âge adulte, des poumons et des branchies, qui leur permettent de respirer indifféremment et dans l'air et dans l'eau. L'un d'eux est l'*axolotl*, des lacs du Mexique.

Fig. 65. — Le Crapaud.

Les *Cécilies*, qui n'ont pas de membres, même dans l'âge adulte, et par leur forme allongée ressemblent à des serpents.

3. Humeur venimeuse des crapauds et des salamandres. — Quand on les irrite, les crapauds transpirent par les verrues dont leur peau est couverte, une humeur épaisse, visqueuse, ayant l'apparence du lait. Ce liquide est d'une saveur nauséabonde et brûlante, d'une amertume insupportable, qui rebute tout assaillant. Mais les crapauds ne font pas d'autre usage de cette humeur, qui deviendrait redoutable si elle était inoculée et mélangée avec le sang. Une goutte de ce liquide introduite dans les chairs avec une pointe d'acier, fait rapidement périr un animal. L'humeur des salamandres agit de même,

Fig. 66. — Salamandre.

mais avec moins de violence. Néanmoins on ne peut pas dire que les crapauds et les salamandres soient venimeux, parce que ces animaux sont dépourvus de toute espèce d'arme propre à inoculer le venin. Ils possèdent un liquide redoutable, sans avoir la faculté d'en faire usage autrement que pour s'infecter le corps en le transpirant, et rebuter ainsi leurs ennemis par une odeur et une saveur repoussantes.

Poissons.

1. **Caractères généraux.** — La classe des poissons est exclusivement conformée pour la vie aquatique. La respiration se fait toujours par des branchies. Le cœur n'a que deux cavités et représente la moitié droite du cœur des mammifères et des oi-

seaux. C'est un cœur veineux, qui reçoit le sang des diverses parties du corps et l'envoie aux branchies. Devenu artériel dans ces organes, le liquide nourricier, sans revenir de nouveau au cœur, se distribue immédiatement. Les membres sont représentés par les nageoires paires, savoir : les membres antérieurs par les nageoires *pectorales*, et les postérieurs par les

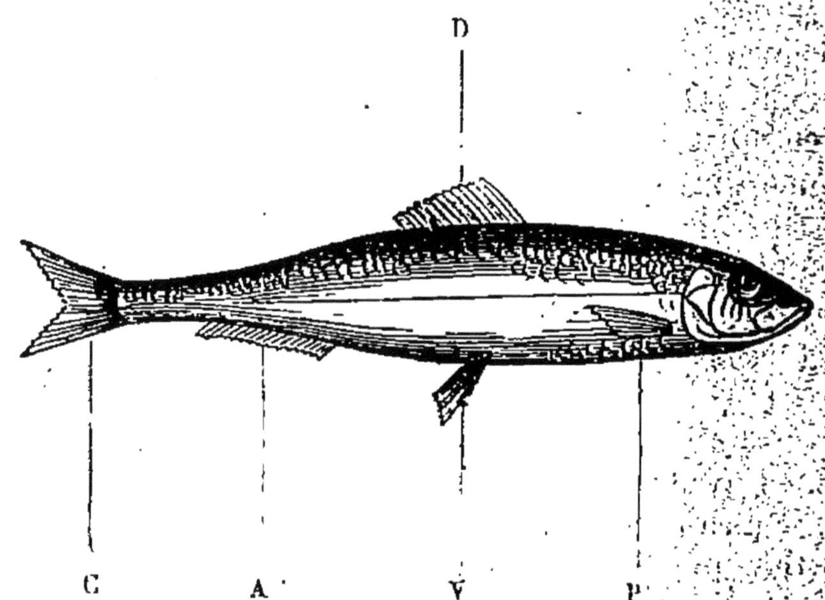

Fig. 67. — Appareil locomoteur du Hareng.

D, nageoire dorsale; P, nageoire pectorale; V, nageoire ventrale, A, nageoire anale; C, nageoire caudale.

nageoires *ventrales*. Des rayons disposés à la suite des apophyses des vertèbres soutiennent les nageoires impaires, la *dorsale*, l'*anale* et la *caudale*. Celle-ci, mue par les muscles vigoureux qui forment la presque totalité de l'arrière du corps, est le principal organe de mouvement; les autres nageoires sont surtout des appareils d'équilibre. Beaucoup de poissons ont, en outre, un organe très-curieux, la *vessie nata-*

toire, sorte de petit sac transparent, divisé en deux par un étranglement et plein d'air. Elle se trouve dans l'abdomen, sous l'épine dorsale. Au gré de l'animal, la vessie natatoire se comprime un peu ou se dilate. Quand elle se dilate, le poisson, sans augmenter de poids, devient plus volumineux, déplace une plus grande quantité d'eau, et par conséquent éprouve une poussée plus grande de la part du liquide. Cet excédant de poussée le fait monter. Quand elle se comprime, le poisson, devenu moindre en volume tout en conservant le même poids, éprouve une poussée moindre, et par suite descend. Pareil organe manque, comme totalement inutile, dans les espèces qui ne quittent jamais le fond. La peau des poissons est presque toujours couverte d'écailles; quelquefois elle est à peu près nue. Le squelette est le plus souvent osseux; mais, chez quelques espèces, il reste toujours à l'état de cartilage.

2. **Branchies.** — L'eau renferme de l'air dissous, proportionnellement plus riche en oxygène que l'air atmosphérique, et apte ainsi, malgré sa faible quantité, à suffire aux espèces aquatiques, dont l'activité respiratoire est d'ailleurs toujours faible. Les organes chargés de mettre le sang en rapport avec cet air dissous, pour produire l'hématose, se nomment *branchies*. Leur forme est très-variable dans les diverses classes des animaux aquatiques. Ce sont en général de fines houppes, des faisceaux de ramuscules, des franges de menues lamelles, qui ont pour objet de diviser le sang et de le mettre en rapport, par la plus grande surface possible, avec l'eau aérée. A travers la délicate membrane de ces ramifications des branchies, le sang cède à l'eau son acide carbonique, qui se dissout dans le liquide, et reçoit en échange de l'oxygène.

Cela exige que l'eau continuellement se renouvelle autour des branchies, apportant du gaz respirable, emportant les produits de la respiration, de même que l'air se renouvelle sans cesse dans les poumons des animaux terrestres. Tantôt les branchies s'étalent et flottent librement dans l'eau, tantôt elles sont contenues dans une cavité du corps. Ce dernier cas est celui des poissons.

3. **Organes respiratoires des poissons.** — De chaque côté du cou est une profonde dépression, que protége un couvercle osseux, appelé *opercule*, libre sur

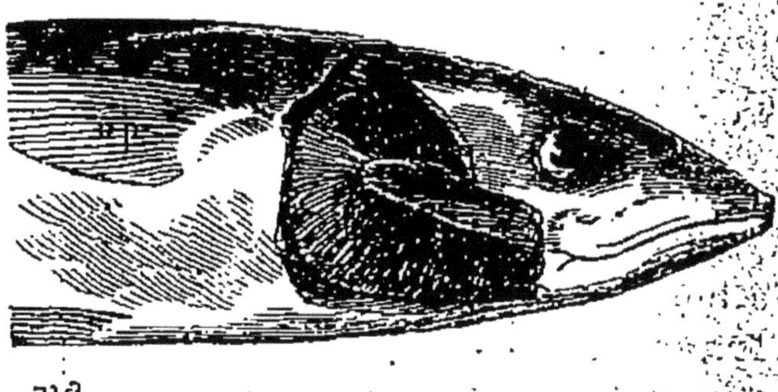

Fig. 68. — Tête de poisson. — L'opercule est enlevé pour montrer les branchies.

son contour postérieur. Ce bord libre se soulève ou s'affaisse au gré de l'animal, ouvrant et fermant tour à tour une ample fente demi-circulaire, improprement nommée *ouïe*, car l'organe de l'audition n'a rien de commun avec elle. Sous l'opercule sont les branchies, habituellement au nombre de quatre de chaque côté. Elles ont pour soutien des arcs osseux et se composent chacune d'une double rangée de lamelles très-fines, disposées à côté les unes des autres comme le sont les dents d'un peigne. Dans chaque lamelle se distribuent en abondance des capillaires veineux, amenant le sang noir en présence de l'eau aérée ; et des capillaires artériels, conduisant le sang après l'hématose. L'eau se renouvelle autour des branchies par les mouvements combinés de la bouche et des opercules. On voit le poisson entr'ouvrir, puis fermer la bouche, sans discontinuer, comme pour avaler des gorgées de liquide, tandis que les opercules en même temps se soulèvent un peu, puis s'abaissent. Mais la déglutition n'est qu'apparente : l'eau, au lieu de s'engager dans l'œsophage, arrive de droite et de gauche dans les cavités branchiales, qui largement communiquent avec l'arrière-bouche ; elle se répand autour des branchies, baigne leurs filaments, cède son oxygène, prend de l'acide carbonique, et s'écoule en cet état par l'orifice des ouïes. Les mouvements respiratoires des poissons consistent ainsi à provoquer un continuel courant d'eau renouvelée, qui entre par la bouche et sort par les ouïes en baignant les branchies sur son passage.

4. **Division des poissons en ordres.** — Parmi les poissons, les uns ont le squelette osseux, les autres l'ont composé presque exclusivement de matière cartilagineuse. La classification fait usage de ce caractère important pour diviser les poissons en deux séries, les poissons *osseux* et les poissons *cartilagineux*. La première série, de beaucoup la plus nombreuse, a la structure générale et l'aspect dont l'idée s'éveille habituellement en nous au mot de poisson. On la divise en plusieurs ordres dont les deux principaux sont celui des *acanthoptérygiens* et celui des *malacoptérygiens*.

Les acanthoptérygiens se reconnaissent à leur nageoire dorsale, soutenue par des rayons osseux et épineux. Là se rangent le *Thon* et le *Maquereau* des eaux de la mer; la *Perche* et l'*Épinoche* des eaux douces.

Les malacoptérygiens ont la nageoire dorsale sou-

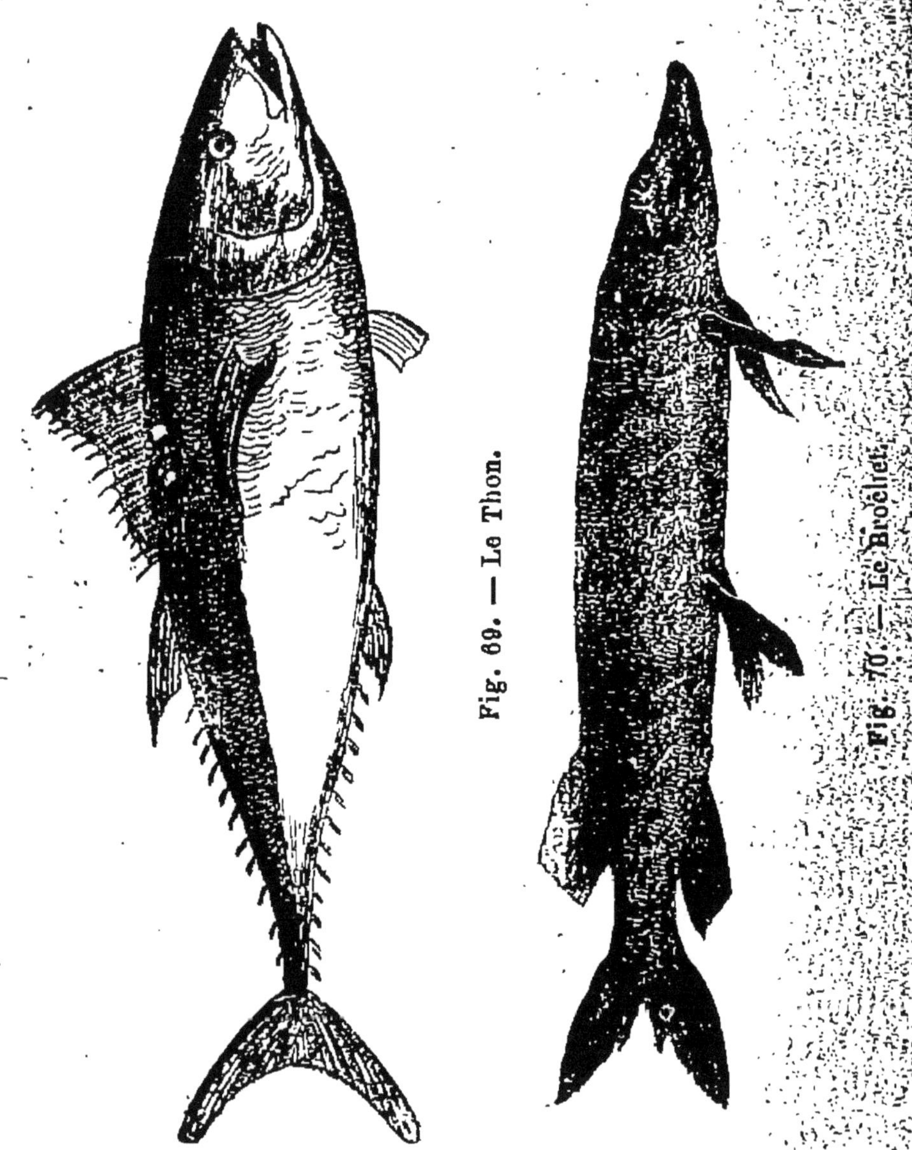

Fig. 69. — Le Thon.

Fig. 70. — Le Brochet.

tenue par des rayons cartilagineux et mous. Les principales espèces sont la *Truite*, la *Carpe*, le *Brochet*, des eaux douces; la *Morue*, le *Hareng*, la *Sardine*, des eaux de la mer.

5. **Poissons cartilagineux.** — Dans cette série, le squelette est toujours à l'état de cartilage, ou n'a

Fig. 71. — Le Requin.

que très-peu de matière calcaire, déposée par petits grains. Trois ordres en font partie, savoir :

Les *Sturoniens*, dont le type est l'*Esturgeon*, grand

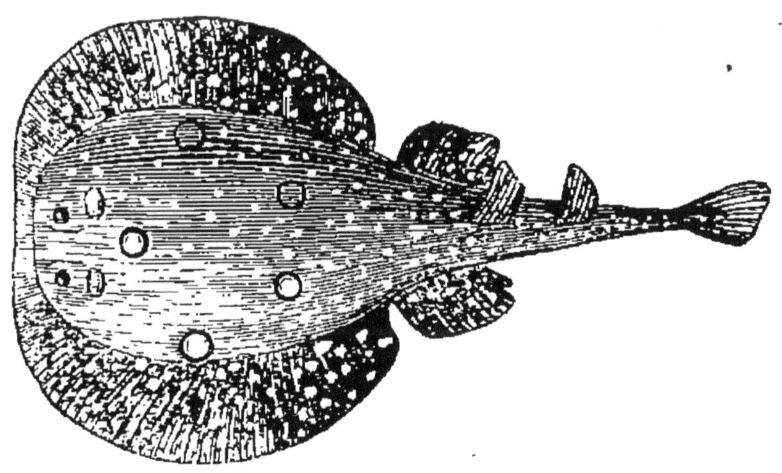

Fig. 72. — La Torpille.

poisson qui, de la mer, remonte dans les fleuves à certaines époques. Sa peau est protégée par des plaques osseuses, sa bouche est dépourvue de dents, ses branchies ont la disposition habituelle.

Les *Sélaciens* et les poissons de l'ordre suivant ont les branchies fixées, non-seulement par le bord interne, mais aussi par le bord externe, de manière à constituer autant de cloisons dans la cavité commune.

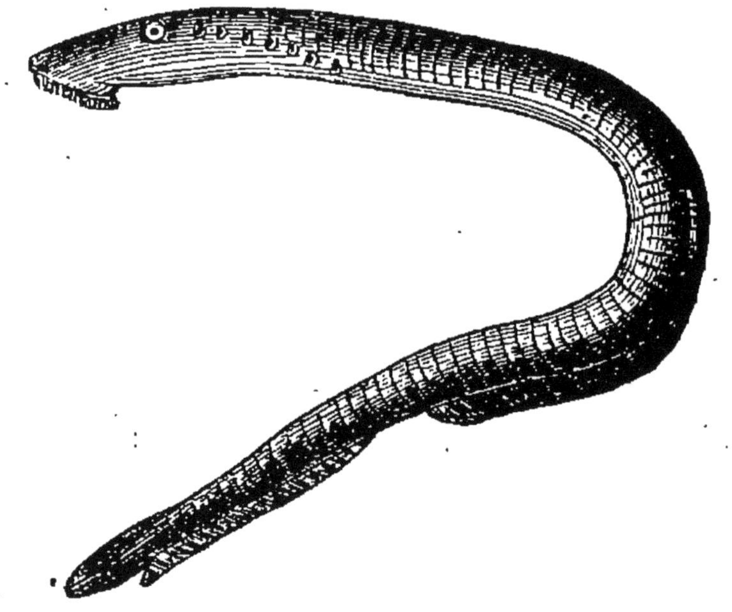

Fig. 73. — La Lamproie.

Pour sortir de cette cavité respiratoire, l'eau doit donc trouver autant d'ouvertures qu'il y a de compartiments entre les branchies. Les sélaciens ont cinq ouvertures branchiales, en forme de fentes, de chaque côté du cou. Leurs dents sont remarquables de puissance et de nombre. Tous sont très-voraces et quelques-uns sont des plus redoutables. Tel est le *Requin*, la terreur des mers. Dans cet ordre prennent rang encore, la *Raie*, la *Torpille* célèbre par les commotions électriques qu'elle donne.

Les *Cyclostomes* ont la bouche conformée en une

ventouse circulaire uniquement propre à la succion. Comme les sélaciens, ils ont une série d'ouvertures correspondant aux diverses chambres que forment les branchies fixées par leurs bords. Par leur forme allongée, leur peau nue, visqueuse et glissante, ils rappellent l'anguille vulgaire. Le type principal est la *Lamproie*, qui, au printemps, remonte de la mer dans les fleuves.

QUESTIONNAIRE.

Batraciens. — 1. En quoi consistent les métamorphoses des batraciens? — 2. En combien d'ordres se divise la classe des batraciens? — Dites les caractères des anoures, des urodèles, des pérennibranches, des cécilies. — 3. Quels effets produit l'humeur laiteuse sécrétée par la peau des salamandres et des crapauds? — Ces animaux sont-ils réellement venimeux?

Poissons. — 1. Dites les caractères généraux des poissons. — Comment est le cœur des poissons? — Dénommez les diverses nageoires. — Dites le rôle de la vessie natatoire. — 2. Décrivez les branchies en général. — 3. Dites la structure des branchies des poissons. — Comment se fait la respiration branchiale. — 4. Qu'appelle-t-on poissons osseux et poissons cartilagineux? — Quels sont les deux ordres principaux des poissons osseux? — Citez les espèces les plus vulgaires. — 5. Comment est le squelette des poissons cartilagineux? — Dites les caractères des sturoniens, des sélaciens, des cyclostomes et citez les principales espèces.

CHAPITRE IV

EMBRANCHEMENT DES ANNELÉS.

Insectes.

1. **Articulés et vers.** — Les animaux de l'embranchement des annelés se reconnaissent à leur

corps divisé transversalement en une série d'anneaux ou d'articles, plus ou moins semblables entre eux. Les uns sont doués de membres, au moins au nombre de trois paires, et formés de diverses pièces articulées bout à bout. Leur peau est en outre durcie en une enveloppe résistante où se fixent les muscles, enveloppe qui peut prendre le nom de squelette externe ou tégumentaire. Les animaux ainsi organisés forment le sous-embranchement des *articulés*. Les autres sont dépourvus de membres ou ne possèdent que des tubercules hérissés de soies; leurs téguments ne sont pas durcis en squelette externe. Ces derniers forment le sous-embranchement des *vers*.

Quatre classes composent le sous-embranchement des articulés, savoir : les *insectes*, les *myriapodes*, les *arachnides*, les *crustacés*.

Insectes.

1. Organisation. — Dans le corps de tout insecte se reconnaissent trois parties, la tête, le thorax et l'abdomen. La tête porte les *antennes*, plus ou moins longues et de forme très-variable, vulgairement les cornes. Sur les côtés sont les *yeux composés* ou *à réseau*; sur le haut du crâne, quelques-uns, mais non tous, ont en outre des *yeux simples* ou *stemmates*. Les pièces de la bouche sont au nombre de six : la *lèvre supérieure* ou *labre*, les deux *mandibules*, les deux *mâchoires* et la *lèvre inférieure*. Les mâchoires ont chacune une ou deux paires d'appendices articulés, dits *palpes maxillaires*; la lèvre inférieure en possède aussi une paire dits *palpes labiaux*. — Le thorax est formé de l'assemblage de trois anneaux, dont le premier est, chez divers insectes, nettement séparé des deux autres et prend le nom de corselet. Les trois anneaux du thorax portent chacun, à leur face inférieure, une paire de pattes. Les deux derniers portent en outre des ailes à leur face dorsale. — Les anneaux de l'abdomen sont ordinairement au nombre de neuf. — La plupart des insectes subissent des métamorphoses ; au sortir de l'œuf, ils ont une forme provisoire, qu'ils quittent tôt ou tard pour prendre la forme adulte et définitive.

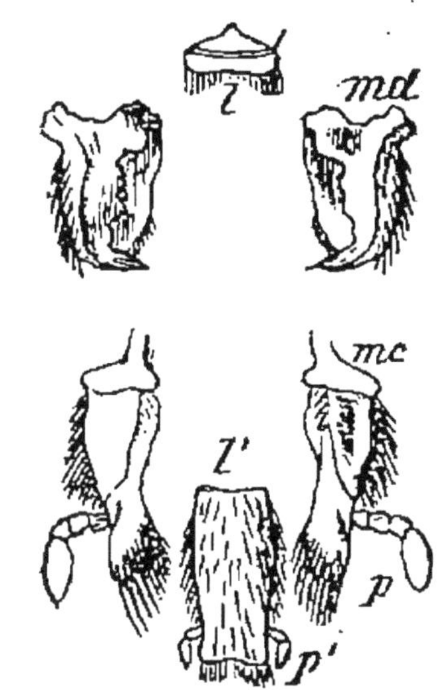

Fig. 74. — Organes buccaux d'un insecte broyeur.

l, labre ; — *md*, mandibules ; — *mc*, mâchoires ; — *p*, palpes maxillaires ; — *l'*, lèvre inférieure ; — *p'*, palpes labiaux.

2. Respiration des insectes. — Portons notre attention sur le ver à soie ou sur toute autre chenille qui, par sa peau nue, se prête aisément à l'observation. Sur les deux flancs de chaque anneau du corps, excepté pour quelques anneaux des deux extrémités, nous constaterons une petite tache brune ovalaire, fendue

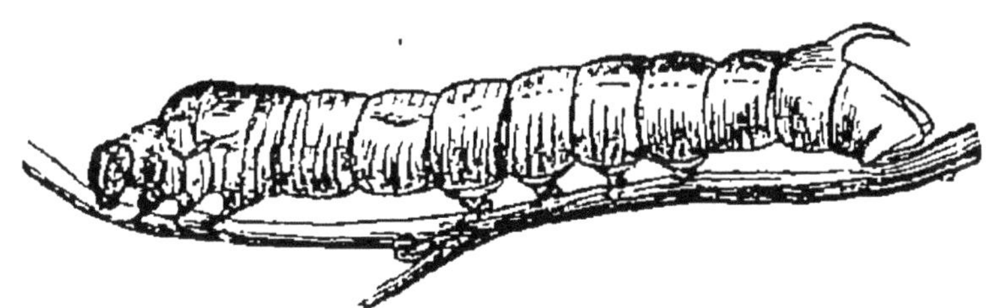

Fig. 75. — Ver à soie

comme une boutonnière. Ce sont là les orifices respiratoires, au nombre de dix-huit au plus, neuf de chaque côté. On les nomme *stigmates*. A ces orifices font suite les vaisseaux aériens, appelés *trachées*. Ce sont des tubes d'une élégante structure, d'un blanc de nacre, formés à l'intérieur et à l'extérieur d'une délicate membrane, et entre les deux

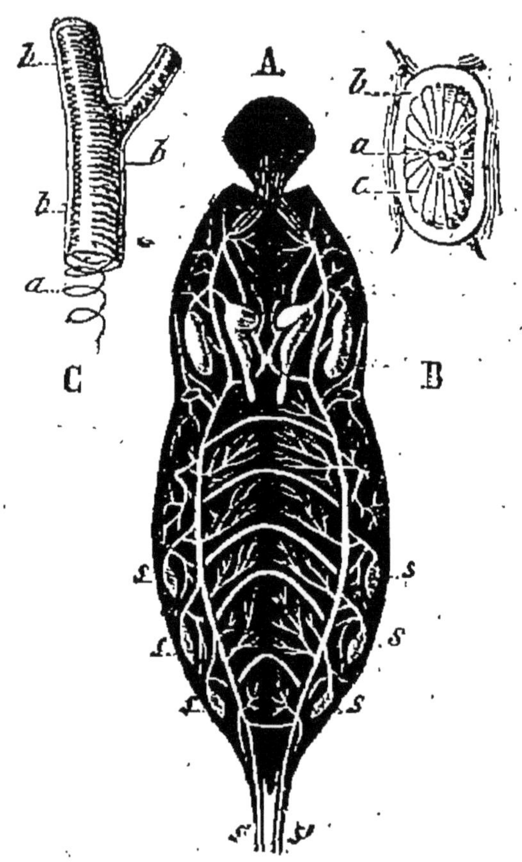

Fig. 76. — A, appareil trachéen d'un insecte, la Nèpe. *s,s,s*, stigmates latéraux, fermés dans cette espèce; *s',s'*, stigmates postérieurs ouverts et situés à l'extrémité de tubes allongés. — B, un stigmate isolé. — C, une trachée.

d'un fil extrêmement fin, roulé en spirale à tours serrés comme les ressorts de bretelles. Le tronc de chaque trachée va se subdivisant en ramifications de plus en plus fines qui se distribuent en tout point du corps. C'est ainsi que l'air est conduit en présence du sang jusque dans les moindres recoins de l'organisation, lui cède son oxygène, prend du gaz carbonique et revient aux stigmates pour être rejeté au dehors. Ce mode de respiration appartient à tous les insectes et se nomme *respiration trachéenne.*

3. **Yeux simples et yeux composés des insectes.** — De chaque côté de la tête, presque tous les insectes présentent une ample calotte bombée où la loupe reconnaît une multitude de facettes hexagonales, régulièrement assemblées comme les pièces d'un carrelage. Chacune de ces facettes est la cornée d'un œil, ayant sa rétine, sa choroïde et son cristallin propres. Assemblés en un faisceau commun, mais indépendants les uns des autres, ces yeux élémentaires constituent l'œil composé ou à facettes. Leur nombre est de neuf mille de l'un et de l'autre côté de la tête pour le hanneton ; il atteint jusqu'à vingt-cinq mille pour quelques espèces.

En outre des yeux composés, beaucoup d'insectes, tels que les cigales, les libellules, les abeilles, les guêpes, les bourdons, possèdent des yeux simples ou *stemmates*. Ceux-ci sont au nombre de trois et disposés en triangle sur le haut de la tête, où ils brillent parfois comme trois petits rubis. On y distingue une cornée, une humeur vitrée, un cristallin, une rétine, une couche de pigment noir servant de choroïde. Les stemmates paraissent servir à la vision des objets rapprochés, et les yeux à facettes à la vision des objets éloignés.

4. **Métamorphoses.** — La plupart des insectes passent par divers états, si différents entre eux, qu'il serait impossible d'y reconnaître le même animal si

l'observation directe n'en fournissait la preuve. Ces états sont au nombre de quatre : l'*œuf*, la *larve*, la *nymphe*, et l'*insecte parfait*.

Le premier état, l'œuf, n'a pas besoin d'autres explications. Disons seulement que les insectes font leur ponte, avec une admirable prévoyance, en des points où les jeunes soient assurés de trouver de la nourriture, fort souvent très-différente de celle dont s'alimente la mère. — A la sortie de l'œuf, l'insecte est

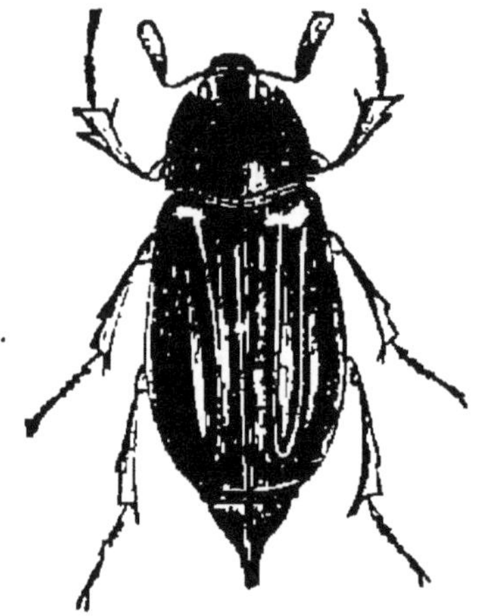

Fig. 77. — Hanneton commun.

Fig. 78. — Larve du Hanneton commmun.

une sorte de ver, mou, allongé, tantôt sans pattes, tantôt pourvu de membres courts qui ne rappellent en rien les pattes futures. Les ailes sont toujours absentes. La bouche est presque toujours armée de mandibules et de mâchoires robustes, quel que soit le régime futur. Les yeux sont simples, ou même parfois manquent. L'insecte porte alors le nom de *larve*, ou bien celui de *chenille*, s'il appartient à l'ordre des papillons. Dans cette période, l'animal mange avec voracité, et éprouve, à mesure qu'il grossit, des changements de peau ou mues. L'état de larve se prolonge, suivant l'espèce, des semaines, des mois, et même plusieurs années. Finalement, la larve se prépare un abri tranquille pour y subir ses métamorphoses.

Mille méthodes sont en œuvre pour la préparation de ce gîte. Certaines larves s'enfouissent simplement sous terre; d'autres, comme celle du hanneton, s'y construisent des niches à parois polies. Il y en a qui se façonnent un abri avec des feuilles sèches; il y en

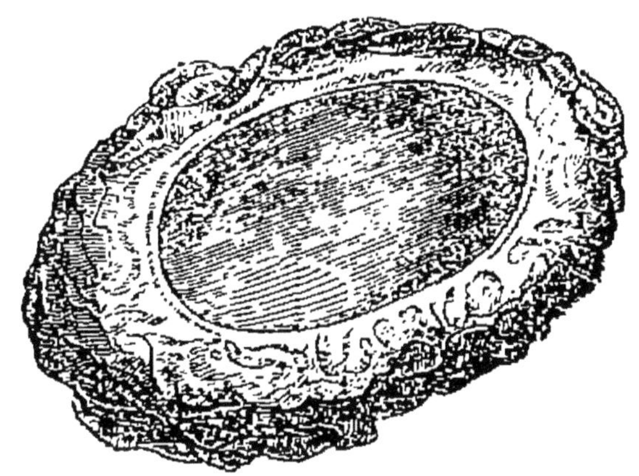

Fig. 79. — Coque de la nymphe du Hanneton.

a qui savent agglutiner en boule creuse des grains de sable, du bois pourri, du terreau. Celles qui vivent dans les troncs d'arbre, bouchent en arrière, avec un tampon de sciure de bois, la galerie qu'elles se sont creusée; celles qui vivent dans le blé rongent toute la partie farineuse des grains et respectent l'enveloppe, le son, qui doit leur servir de berceau. D'autres, moins précautionnées, s'abritent dans quelque ride d'une écorce, dans quelque fente de mur et s'y fixent au moyen d'un cordon qui les ceint par le travers du corps. Mais c'est surtout dans la confection d'une cellule de soie appelée *cocon*, que se montre l'industrie des larves. Le fil de soie sort de la lèvre inférieure par un trou nommé *filière*. Dans le corps de l'insecte, la matière à soie est un liquide épais, visqueux, semblable à une forte dissolution de gomme. En s'écoulant par l'orifice de la filière, ce liquide visqueux s'étire en un fil, qui se colle aux fils précédents et durcit aussitôt. Quelques larves font leur cocon en soie pure, mais il y en a aussi qui associent diverses matières au peu de soie dont elles disposent. C'est ainsi que les chenilles velues mettent à profit leurs poils, qui se détachent alors sans difficulté, et les entremêlent avec des fils soyeux pour fabriquer une sorte de feutre. D'autres font entrer dans le cocon une grossière filasse formée de brins de bois; d'autres gâchent de la terre pour crépir les parois trop minces de leurs cellules.

Une fois enclose dans sa retraite, la larve se flétrit et se ride. D'abord la peau se fend sur le dos; puis,

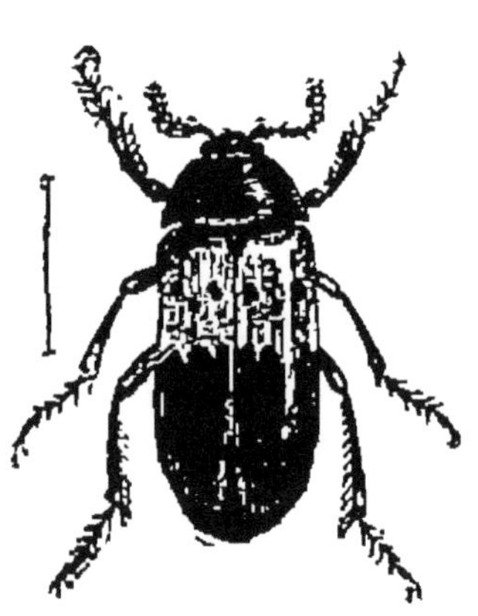

Fig. 80. — Dermeste.

Fig. 81. — Nymphe du Dermeste.

par des trémoussements répétés, le ver rejette sa dépouille. Alors apparaît la *nymphe*, sans ressemblance aucune avec la larve d'où elle provient. C'est un corps inerte, immobile, tendre, blanc ou même transparent par places comme du cristal. Les diverses parties de la tête, les ailes, les pattes, délicatement repliées sur les flancs, sont très-reconnaissables; mais tout cela est d'une délicatesse extrême, en voie de formation. C'est l'insecte comme étroitement emmaillotté dans des langes, sous lesquels s'achève l'incompréhensible

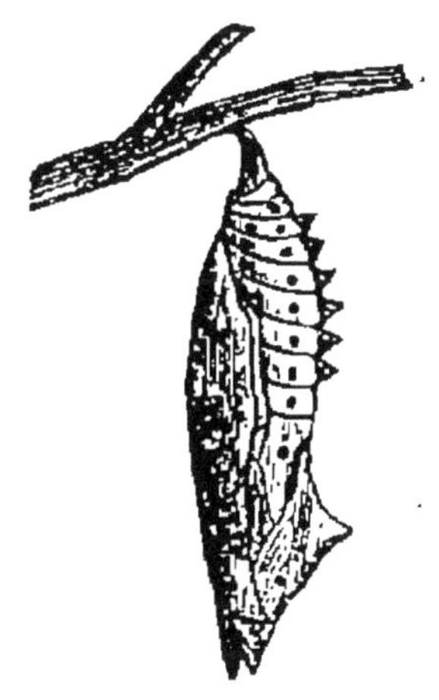

Fig. 82. — Chrysalide d'un papillon diurne.

Fig. 83. — Chrysalide du Ver à soie.

travail qui doit changer de fond en comble la structure première. Les papillons à l'état de nymphe se désignent par le mot de *chrysalide*. Le futur papillon est alors un corps en forme d'amande, arrondi par un bout, pointu à l'autre, de couleur brunâtre, de consistance ferme et de l'aspect du cuir. On y voit certains reliefs qui déjà trahissent la forme de l'insecte futur : au gros bout, on distingue les antennes et les ailes appliquées en écharpe sur la chrysalide.

Enfin, après un laps de temps plus ou moins considérable, variant de quelques jours à des années, la nymphe rompt ses langes, les rejette, et l'insecte est désormais en son état parfait. Après la métamorphose, l'insecte est tel qu'il doit rester jusqu'à la fin. Il ne grossit plus une fois qu'il possède la forme finale; aussi certaines espèces, le papillon du ver à soie par exemple, ne prennent aucune nourriture. Seule la larve grandit. Toute faible et petite au sortir de l'œuf, elle acquiert peu à peu une grosseur en rapport avec l'insecte futur, ce qui nécessite souvent plusieurs années. De là résulte que la larve vit bien plus longtemps que l'insecte parfait. A l'état de larve, le hanneton, pour ne citer qu'un exemple, vit trois ans sous terre, creusant des galeries et rongeant des racines; sous sa forme finale, il ne vit que deux ou trois semaines, juste le temps de pondre ses œufs.

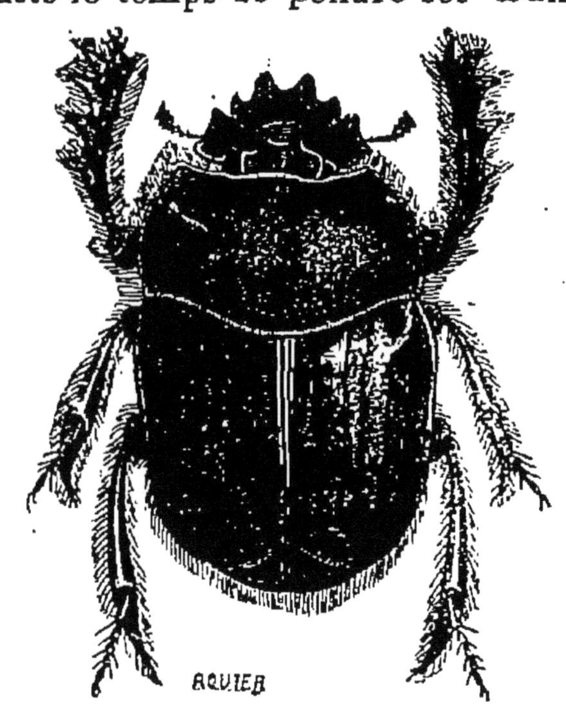

Fig. 84. — Scarabée sacré.

5. Division des insectes en ordres. — Les insectes se divisent en une douzaine d'ordres, dont les principaux sont : les *coléoptères*, les *orthoptères*, les *névroptères*, les *hyménoptères*, les *lépidoptères*, les *hémiptères*, les *diptères*, les *parasites*.

6. **Coléoptères.** — Ils ont les organes buccaux conformés pour broyer des substances solides, et deux paires d'ailes, dont les supérieures ne sont pas propres au vol, mais constituent un bouclier corné ou étui protecteur sous lequel se replient les ailes suivantes, de nature membraneuse. Ces ailes cornées se

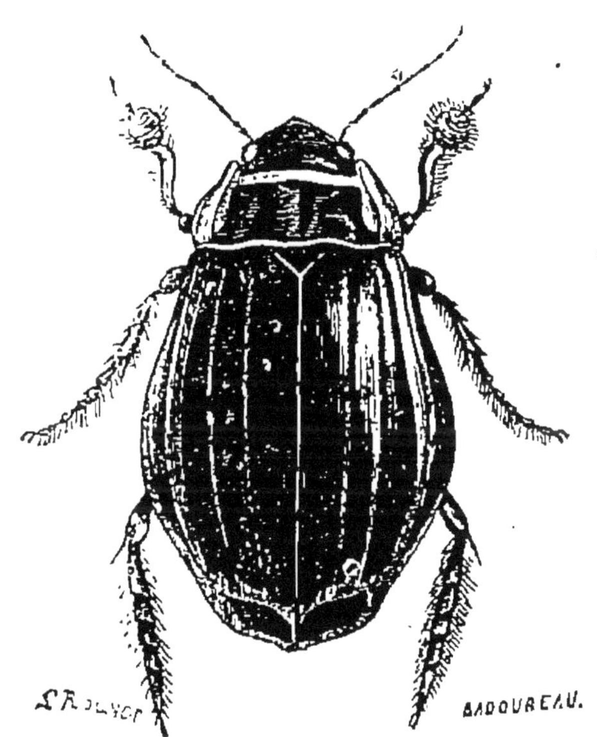

Fig. 85. — Dytique.

nomment *élytres*. Plus rarem nt, les ailes membraneuses manquent, et l'insecte, réduit à ses élytres, ne peut voler. Les métamorphoses des coléoptères sont *complètes*, c'est-à-dire que chez ces insectes la forme initiale et la forme finale ne se ressemblent pas, et que le passage de l'une à l'autre se fait par un état intermédiaire dans lequel l'insecte est immobile, inactif. En un mot, la métamorphose est telle que nous venons de la décrire dans le paragraphe précédent.

A cet ordre appartiennent le *scarabée sacré*, qui roule des pilules de bouse où il enferme son œuf, et était, dans l'antique Égypte, un objet de vénération ; le *dytique*, habile nageur, habitant des mares ; le *lucane*, dont les mandibules, extraordinairement développées,

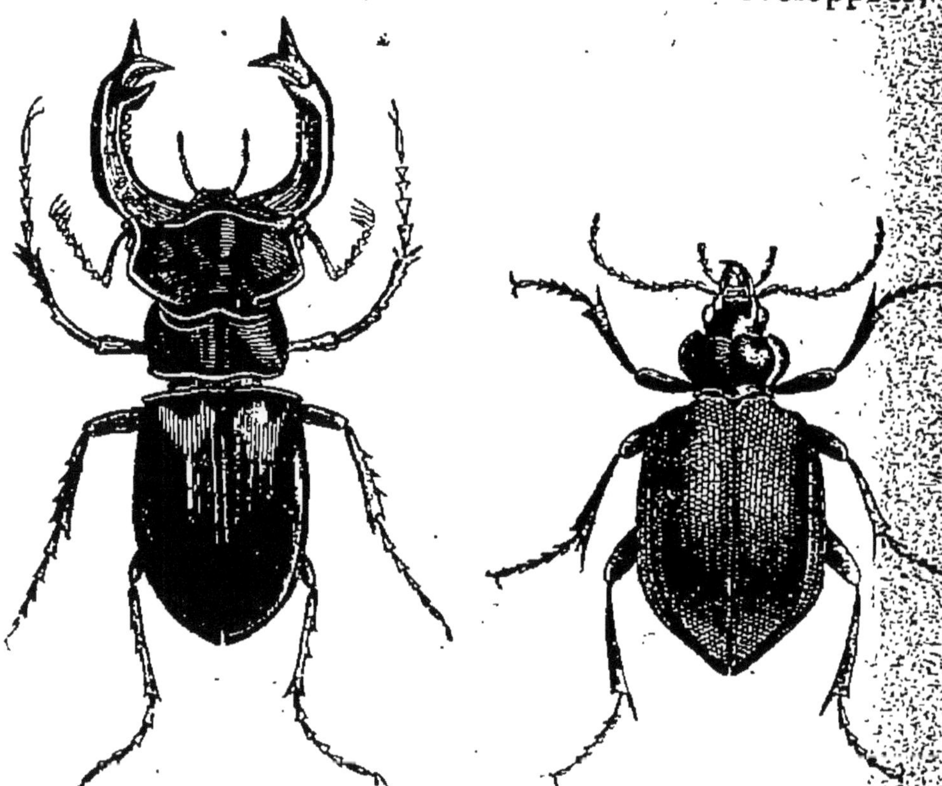

Fig. 86. — Lucane. Fig. 87. — Calosome Sycophante.

ont un peu l'aspect des cornes du cerf, ce qui a fait donner à l'insecte le nom vulgaire de cerf-volant ; le *hanneton*, qui, sous son état initial, ronge les racines des plantes et ravage les cultures ; les *carabes* et les *calosomes*, qui vivent de proie et n'ont pas d'ailes sous les élytres.

7. **Orthoptères.** — Les pièces de la bouche sont conformées pour broyer. Les ailes supérieures forment étui sans avoir néanmoins la consistance des

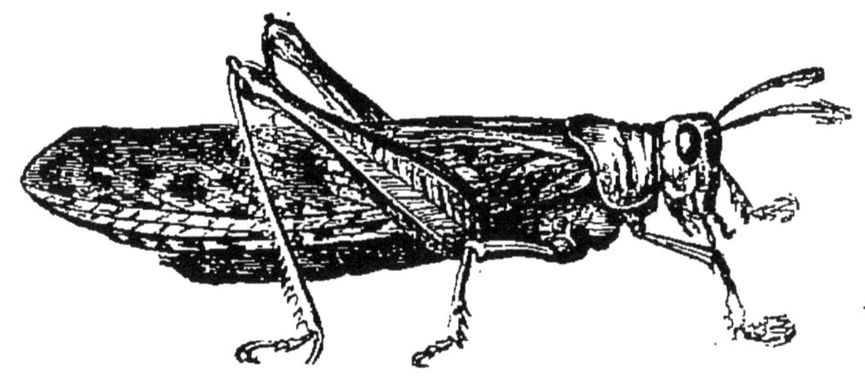

Fig. 88. — Criquet commun.

élytres des coléoptères ; les ailes inférieures, au lieu de se plier en travers pendant le repos, se plissent

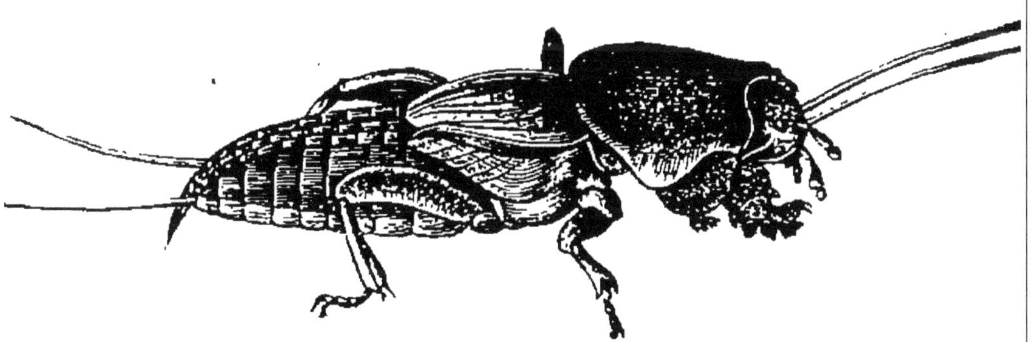

Fig. 89. — Courtilière.

dans le sens de la longueur, à la manière d'un éventail. Les pattes postérieures sont généralement longues et à vigoureuses cuisses, ce qui en fait dès animaux sauteurs. Les métamorphoses sont *incomplètes*.

La forme initiale ne diffère de la forme finale que par l'absence d'ailes, et l'insecte passe de l'une à l'autre sans éprouver d'interruption dans son activité.

Dans cet ordre se rangent les *criquets*, dont l'un, le *criquet voyageur*, fréquent surtout en Afrique, erre par immenses nuages d'une contrée à l'autre, dont il détruit toute végétation ; la *courtilière*, qui creuse des galeries sous terre à la manière de la taupe et est le fléau des jardins ; les *sauterelles*, les *grillons*, dont le chant est produit par la friction des ailes l'une sur l'autre.

8. **Névroptères.** — Les insectes de cet ordre sont, comme les précédents, organisés pour broyer la nourriture ; mais leurs ailes sont toutes les quatre propres

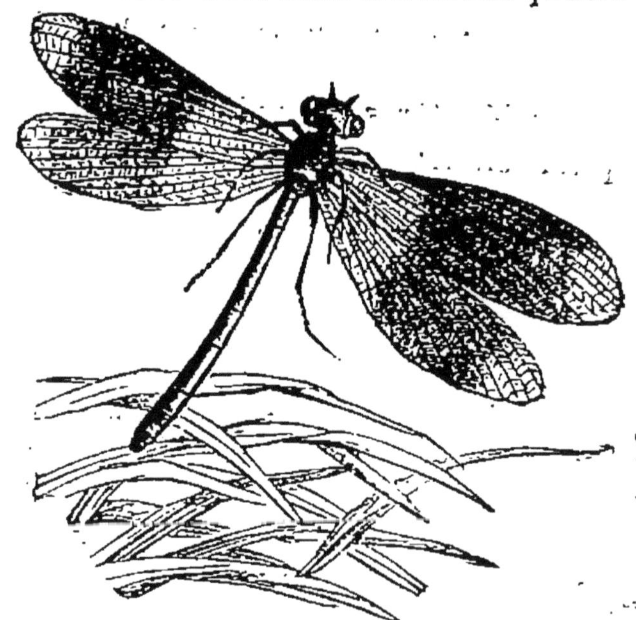

Fig. 90. — Agrion.

au vol, membraneuses, transparentes et très-délicates. Leur corps est généralement mou, fluet, très-allongé. Presque tous ont des métamorphoses complètes.

Les principaux genres sont les *libellules*, les *agrions* vulgairement *demoiselles*, les *fourmilions*. Sous leur

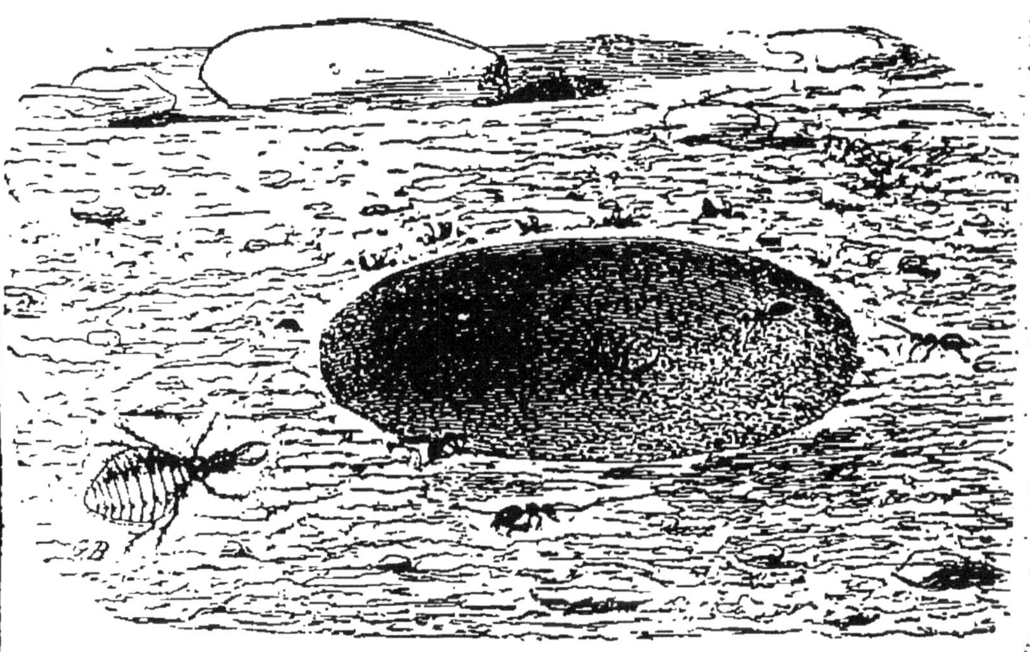

Fig. 91. — Fourmilion dans son entonnoir.

forme adulte, les fourmilions ont l'aspect élancé des agrions ; sous leur forme de larve, ce sont des animaux lourds, trapus, qui prennent par ruse les fourmis dont ils se nourrissent. Un entonnoir est creusé dans du sable très-mobile, et au fond s'embusque la larve, lançant avec sa tête des jets de sable pour faire précipiter dans le gouffre les fourmis qui viennent à passer.

9. **Hyménoptères.** — Pour la conformation des organes de la bouche, cet ordre est intermédiaire entre les insectes broyeurs et les insectes suceurs. Les mandibules restent de vigoureuses pinces, mais sans

faire fonction d'organes masticateurs ; ce sont des outils dont l'insecte fait usage notamment dans la confection du nid. Les autres pièces de la bouche s'allongent beaucoup et forment une trompe flexible propre à lécher, à sucer, une nourriture liquide ou au moins très-molle. Les ailes sont au nombre de

Fig. 92. — Guêpe dévorant un raisin.

quatre, toutes membraneuses et transparentes, croisées sur le corps pendant le repos et divisées par des nervures, en un petit nombre de cellules. Les métamorphoses sont complètes. Dans cet ordre se trouvent les insectes les plus remarquables par leur industrieux

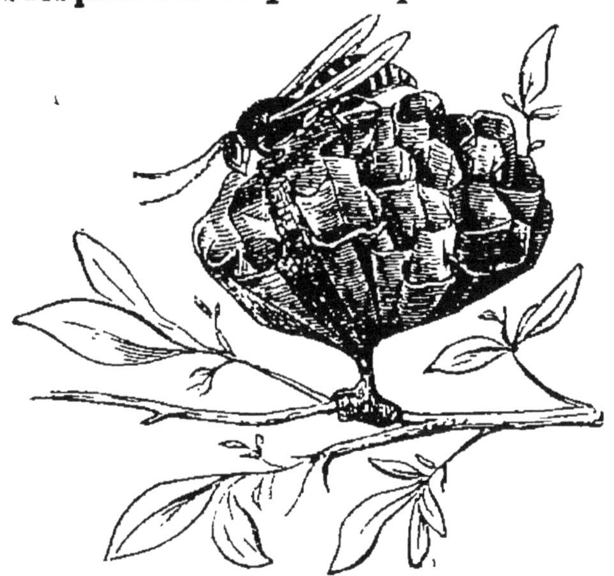

Fig. 93. — Poliste et son nid.

instinct et leurs mœurs. Citons les *abeilles*, les *fourmis*, les *guêpes*, les *bourdons*, les *polistes*.

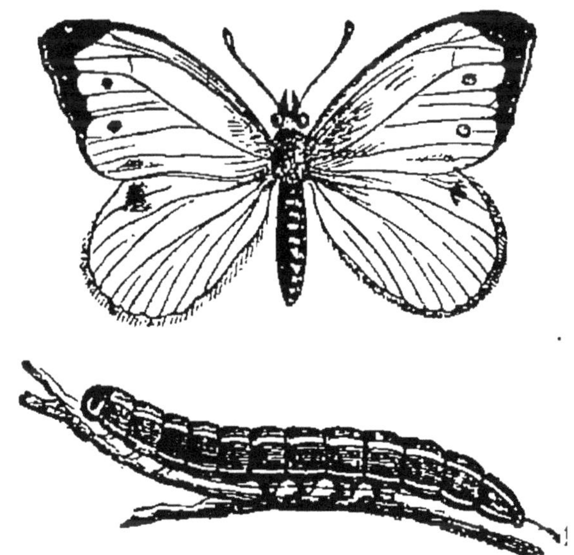

Fig. 94 — Piéride du chou et sa chenille.

10. Lépidoptères. — Les pièces de la bouche sont

disposées en une longue trompe filiforme, roulée en spirale au repos. L'insecte la déroule et la plonge au fond des fleurs pour y puiser le liquide sucré dont il se nourrit. Les ailes, au nombre de quatre, sont amples, opaques et richement colorées par une poussière écailleuse. Les métamorphoses sont complètes. Cet ordre comprend les insectes désignés par le nom général de *papillons*.

11. **Hémiptères.** — Les organes buccaux forment un suçoir filiforme, droit et raide, appliqué sous le corps pendant le repos. Des deux paires d'ailes, la supérieure est tantôt en entier membraneuse, et tantôt cornée à la base seulement et membraneuse à l'autre bout. Ces ailes, étui consistant d'une part, membrane transparente de l'autre, sont en quelque sorte des demi-élytres. Les métamorphoses sont in-

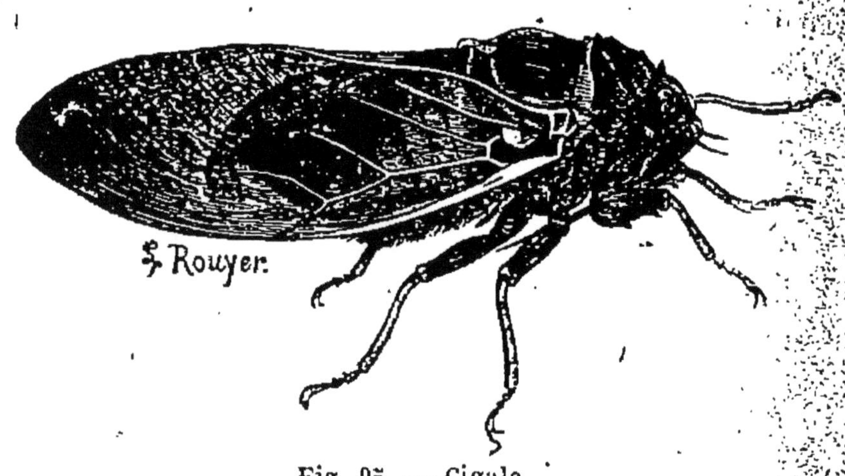

Fig. 95. — Cigale.

complètes; en devenant adulte, l'insecte ne change généralement ni de forme ni de manière de vivre. Dans cet ordre se rangent les *cigales* au chant étourdissant, les *pentatomes*, les *punaises*, les *pucerons*.

12. **Diptères.** — Ils ont les organes buccaux dispo-

sés en un suçoir tantôt mou et rétractile, tantôt ri-

Fig. 96. — Pentatome. Fig. 97. — Oscine du seigle (très-grossie.)

gide et allongé. Ils n'ont qu'une paire d'ailes, mem-

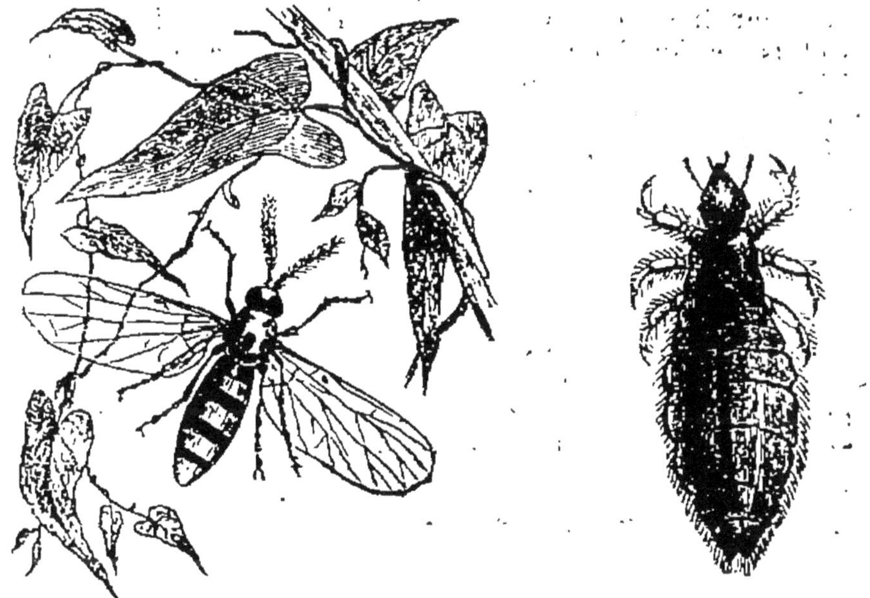

Fig. 98. — Anthomyie du chou (grossie). Fig. 99. — Le Pou.

braneuses et transparentes. Les métamorphoses sont

complètes. Les *mouches*, les *taons*, les *cousins* font partie de cet ordre. La figure 97, reproduit l'*oscine du seigle*, qui à l'état de larve ronge les chaumes des céréales ; et la figure 98, l'*anthomyie* du *chou*, dont la larve attaque le chou, la rave, le radis, le navet.

13. **Parasites.** — Ce sont des insectes suceurs, dépourvus d'ailes et ne subissant pas de métamorphoses. Comme leur nom l'indique, ils vivent sur le le corps d'autres animaux. Le plus connu est le *pou*.

QUESTIONNAIRE.

1. Quels sont les caractères des animaux annelés ? — Comment les subdivise-t-on ? — De quelles classes se composent les articulés ? — Dites la structure de la bouche des insectes. — Quels sont les autres traits fondamentaux de l'organisation des insectes ? — 2. Comment s'opère la respiration chez les insectes ? — 3. Qu'appelle-t-on yeux composés et yeux simples ? — De combien d'yeux élémentaires se compose un œil à facettes ? — 4. En quoi consiste la métamorphose des insectes ? — Faites connaître les divers états de l'œuf, de la larve, de la nymphe, de l'insecte parfait. — Qu'appelle-t-on chrysalide ? — Dites quelques mots sur la structure du cocon et sur l'origine de la soie. — L'insecte parfait grossit-il ? — Sous quelle forme l'insecte vit-il le plus longtemps ? — 5. Citez les principaux ordres de la classe des insectes. — Quels sont les caractères des coléoptères ? — 6. Citez quelques espèces. — 7. Qu'appelle-t-on orthoptères ? — 8. Que savez-vous sur les névroptères ? — Dites quelques mots de la larve du fourmilion. — 9. A quoi se reconnaissent les hyménoptères ? — Quels sont les insectes les plus industrieux ? — 10. Quels insectes comprennent les lépidoptères ? — Comment sont organisés leurs organes buccaux ? — 11. Que savez-vous sur les hémiptères ? — 12. Quels insectes comprennent les diptères ? — 13. Que comprend l'ordre des parasites ?

CHAPITRE V

MYRIAPODES. — ARACHNIDES. — CRUSTACÉS. — ANNÉLIDES. — HELMINTHES.

Myriapodes.

1. **Notions générales.** — Les *myriapodes* ou *mille-pieds* ont le corps composé d'une longue série d'anneaux presque tous pareils entre eux, sans distinction de thorax et d'abdomen. Chacun de ces anneaux, sauf ceux des extrémités, porte une paire de pattes ou même deux paires. De cette multiplicité de pattes vient le nom de la classe. Les myriapodes ne subissent pas de métamorphoses; seulement, avec l'âge, le nombre des anneaux et des pattes s'accroît jusqu'à ce que l'animal soit devenu adulte. La respiration est trachéenne, comme chez les insectes. Parmi les genres principaux, nous citerons les *iules*, dont les anneaux à demi pierreux, ont double paire de pattes; les *géophiles* et les *cryptops*, habitants de nos jardins; enfin les *scolopendres*, qui atteignent une assez grande taille et dont la morsure est venimeuse.

Arachnides.

2. **Structure.** — En général, le corps des *arachnides* se divise en deux parties distinctes: le *céphalothorax*, formé de la réunion de la tête et du thorax, enfin l'*abdomen*. Sur le bord antérieur du céphalothorax sont les yeux, toujours simples et ordinairement au nombre de huit. Les antennes manquent. Les pattes

sont au nombre de quatre paires. La plupart de ces animaux se nourrissent de proie vivante et sont armés d'un appareil venimeux pour se rendre maîtres de leur capture. Les arachnides le mieux organisés respirent au moyen de poches pulmonaires, formées d'organes feuilletés et situées sous le ventre. Chacune de ces poches communique au dehors par un orifice en forme de stigmate. Les arachnides inférieurs ont la respiration trachéenne. Parmi les arachnides à respiration pulmonaire sont les araignées proprement dites et les scorpions.

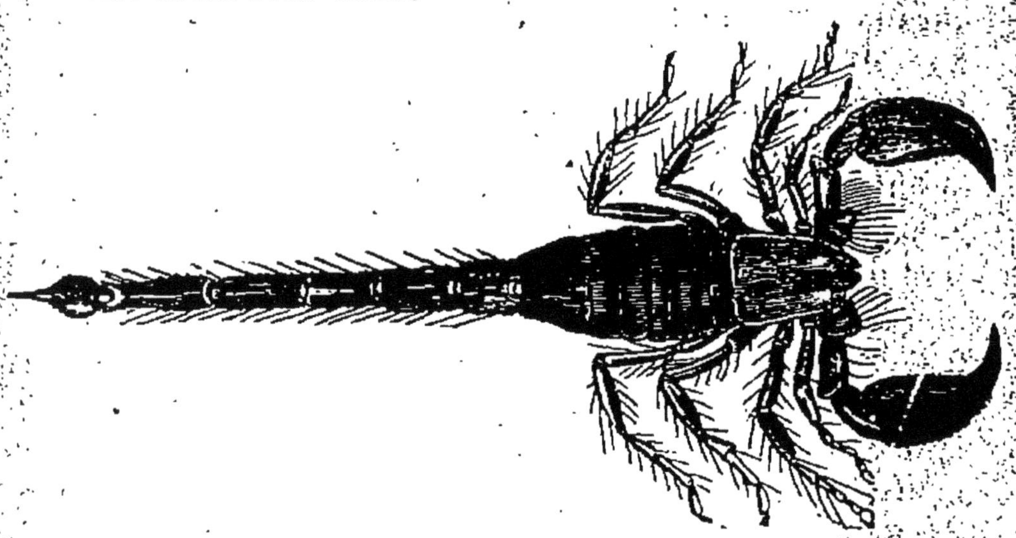

Fig. 100. — Le Scorpion.

3. **Scorpions.** — Les *scorpions* portent en avant deux volumineuses pinces analogues aux pinces de l'écrevisse pour la forme, mais qui, au lieu d'être de véritables pattes, sont des pièces de la bouche, des palpes démesurément développés. Le corps se termine en arrière par une série d'anneaux noueux formant une sorte de queue. Malgré ses apparences, cette partie est en réalité l'abdomen, puisque le canal

digestif la parcourt dans toute sa longueur. Elle porte à l'extrémité l'arme du scorpion, le *dard*, percé à la pointe d'une fine ouverture et renflé à la base en une ampoule contenant la glande à venin. On trouve dans le midi de la France deux espèces de ces arachnides malfaisants : le *scorpion ordinaire*, qui est d'un brun verdâtre, et se tient dans les lieux frais et obscurs des habitations ; le *scorpion roussâtre*, beaucoup plus fort, d'un jaune clair, qui se tient sous les pierres dans les collines chaudes et sablonneuses de la région des oliviers. La piqûre du premier est sans gravité ; la piqûre du second peut avoir de funestes conséquences. Enfin les grosses espèces des pays chauds font des blessures mortelles pour l'homme.

4. **Araignées.** — L'organe venimeux des *araignées* consiste en deux crochets situés à l'entrée de la bouche. Si foudroyante que soit l'action d'une morsure sur une mouche prise dans les filets de l'arachnide, elle est sur l'homme à peu près insignifiante. C'est du moins ce que l'on peut affirmer au sujet de presque toutes nos espèces indigènes. Pour capturer leur proie, envelopper leurs œufs, se faire une demeure, les araignées sécrètent de la soie. Au bout de l'abdomen se voient quatre ou six mamelons, nommés *filières*, percés au sommet d'une multitude d'orifices, évalués à un millier pour l'ensemble des filières. Chacun de ces pores laisse écouler un jet de matière visqueuse, qui, au contact de l'air, durcit et devient fil. Des mille fils agglutinés en un tout commun résulte le fil définitif, employé par l'araignée à la construction de sa toile, où viennent s'empêtrer les insectes, les mouches. Avec de la soie, l'*Argyronète* se construit sous l'eau une élégante cloche qu'elle remplit d'air pour les besoins de la respiration ; c'est

là sa demeure, du fond de laquelle elle guette sa proie.

Fig. 101. — L'Argyronète et sa cloche.

5. Arachnides trachéennes. — Parmi les arachnides qui respirent au moyen de trachées se classent les *acariens*, animalcules microscopiques, dispersés un peu partout. Il y en a qui vivent sous les pierres, sur les feuilles, dans les fissures des écorces, au sein des eaux ; d'autres rongent nos provisions, la farine, les vieux fromages, les salaisons ; d'autres sont parasites sur le corps de divers animaux. L'un d'eux habite la peau de l'homme et donne lieu à une dégoûtante maladie, la gale.

Le *sarcopte de la gale*, ainsi se nomme ce parasite, est un petit point blanc, tout juste perceptible aux yeux. Sa forme est arrondie et rappelle un peu celle de la tortue. Les huit pattes sont hérissées de cils piquants et raides; la bouche est armée de griffes, crocs et fines pinces. Avec ces outils, il se creuse, de çà et de là, dans l'épaisseur de la peau, de longues galeries, comme une taupe le fait sous terre. Le mot sarcopte signifie qui taille les chairs; il dit, à lui seul, les insupportables démangeaisons que doit produire ce laboureur de chair humaine quand, de son bec si bien outillé, il fouille et creuse devant lui.

Fig. 102. — Acarus du fromage (très-grossi).

Crustacés.

6. **Organisation.** — Les *crustacés* ont la respiration branchiale; presque tous habitent donc l'eau; et ceux qui se tiennent à terre, comme les *cloportes*, ont néanmoins besoin d'une certaine fraîcheur pour que leurs organes respiratoires puissent fonctionner. Chez les crustacés supérieurs, tels que l'*écrevisse* et les *crabes*, les branchies consistent en nombreuses houpes de petites lamelles empilées. Elles sont situées sur les deux flancs, à la naissance des pattes, sous la carapace. D'autres ont des branchies flottant librement à l'extérieur. La bouche est très-compliquée et comprend, chez les crustacés masticateurs, jusqu'à

cinq paires de mâchoires superposées. — Les téguments sont remarquables par leur dureté pierreuse, dureté qu'ils doivent à la forte proportion de carbo-

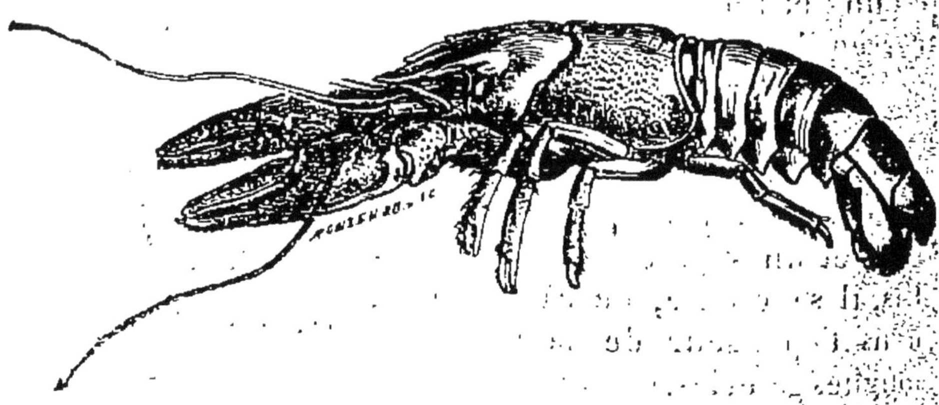

Fig. 103. — Écrevisse.

nate de chaux dont ils sont encroûtés. Le nom de crustacé fait allusion à cet encroûtement calcaire de la peau.

Ces animaux sont de facultés très-bornées et n'ont rien, dans leurs mœurs, qui puissent nous intéresser. Ils se divisent en plusieurs ordres, dont le plus remarquable est celui des *décapodes*.

7. **Décapodes.** — Ils sont ainsi nommés de leurs pattes, au nombre de dix. La paire antérieure forme souvent deux volumineuses pinces terminées par deux doigts dont l'un est mobile. La tête et le thorax sont réunis en une seule pièce, que recouvre en dessus une grande *carapace*. L'abdomen, mal à propos nommé la queue, est très-développé et se termine par des lames étalées transversalement en nageoires, chez les espèces habiles dans la natation, comme l'*écrevisse* de nos ruisseaux, le *homard* et la *langouste* de la mer; il est court et replié sous le thorax chez,

les espèces organisées pour courir, comme les divers *crabes*.

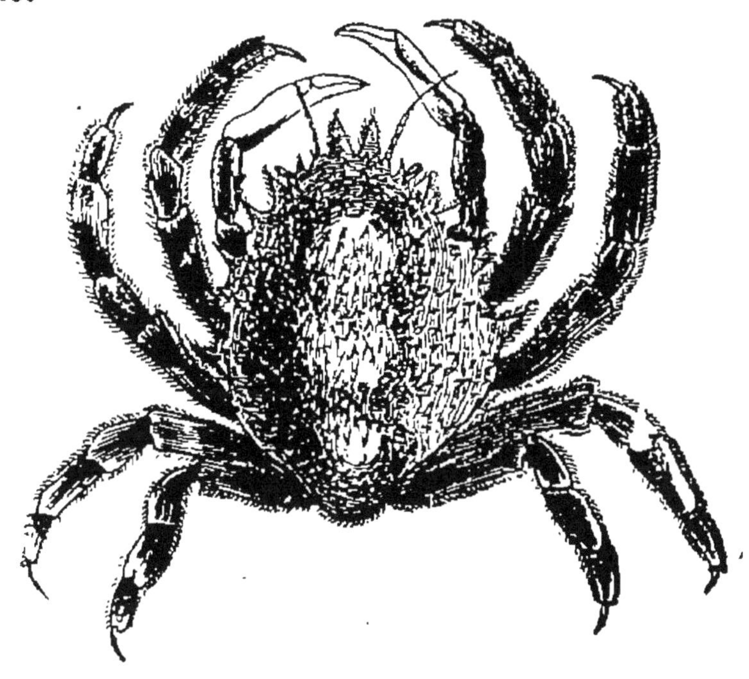

Fig. 104. — Crabe Maïa.

SOUS-EMBRANCHEMENT DES VERS

Annélides.

8. **Organisation.** — Le sous-embranchement des vers se divise en plusieurs classes dont les plus importantes sont celle des *annélides* et celle des *helminthes*. — Les annélides ont le corps divisé en une nombreuse série d'anneaux par des replis de la peau. Quelques espèces, la *sangsue* et le *lombric* ou ver de terre, respirent par toute la surface de la peau ; d'autres, beaucoup plus nombreuses et répandues dans les mers, respirent par des branchies, épanouies en panaches soit à l'extrémité antérieure, soit sur les

côtés ou le dos des anneaux. Les organes locomoteurs consistent en bouquets de soies roides. Ainsi le lombric a sur chaque segment, huit soies très-courtes et âpres. La plupart des annélides vivent à découvert; mais quelques-unes, notamment les *serpules*, habitent un long tube calcaire dû à la sécrétion de leur peau;

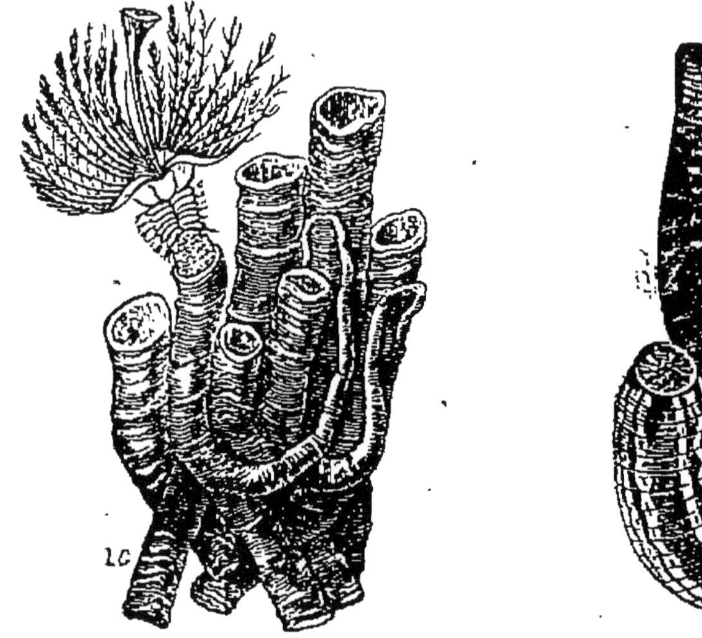

Fig. 105. — Groupe de Serpules. Fig. 106. — Sangsue médicinale.

d'autres agglutinent en un fourreau des grains de sable et des débris de coquillages. La bouche est fréquemment armée d'une trompe rétractile; d'autres fois, elle est munie de mâchoires cornées. C'est ainsi que la *sangsue* médicinale porte à l'orifice buccal trois lames dures, dentelées en scie, au moyen desquelles, pour sucer le sang, elle incise la peau de trois entailles rayonnantes.

Helminthes.

9. **Ténia.** — On désigne sous le nom d'*helminthes*, des animaux annelés qui vivent en parasites à l'intérieur d'autres animaux. Les plus remarquables d'entre eux sont les vers **rubannés** ou *ténias*, dont le *ver solitaire* fait partie.

Le ténia de l'homme, ou ver solitaire, mesure jusqu'à quatre et cinq mètres de longueur. Figurons-nous une bandelette d'un blanc mat, une sorte de ruban, d'abord aussi menu qu'un crin vers la tête, puis s'élargissant petit à petit et atteignant la dimension d'un centimètre ; représentons-nous la longueur entière de l'animal divisée en tronçons ou articles, les uns carrés, les autres oblongs, placés bout à bout comme des graines de melons enfilées les unes à la suite des autres, et nous aurons une idée suffisante du ténia de l'homme. Tous ces articles sont pleins d'œufs. Les plus vieux se trouvent au bout de la chaîne. A mesure qu'ils sont mûrs, ils se détachent spontanément et sont entraînés au dehors, parfois isolés, plus fréquemment par groupes. Cette chute périodique des segments mûrs ne diminue en rien la vigueur du ténia, car celui-ci produit, bourgeonne incessamment de nouveaux articles qui remplacent les premiers. Aussi, tant que la tête n'est pas expulsée, le patient n'est pas débarrassé de son hôte. Le ver perdrait-il la presque totalité de son ruban, c'est résultat nul. Pourvu que la tête reste solidement fixée à la paroi de l'intestin avec sa double couronne de crochets, de nouveaux articles se forment et le ténia reprend sa longueur. Enfin les articles arrivés à maturité et rejetés au dehors avec les déjections stercorales, se fendent, s'ouvrent et livrent aux vents leurs innombrables germes.

Le trait le plus curieux de l'histoire des ténias et autres vers rubannés, se trouve dans les migrations que l'animal issu d'un œuf doit exécuter pour arriver à sa destination finale. En thèse générale, la vie d'un ténia débute dans un animal et finit dans un autre. Le ténia de l'homme commence son évolution dans le porc, chez lequel il provoque une maladie dite *ladrerie*. Le porc atteint de ladrerie a la chair et le lard farcis d'une multitude de grains blancs et ronds, depuis la grosseur d'une tête d'épingle jusqu'à celle d'un pois et au delà. Chacun de ces grains est une loge, une cellule, où vit un ver nommé *hydatide*, premier état du ténia. Dans un hydatide se voit une petite vessie pleine d'un liquide clair comme de l'eau; sur cette vessie, un cou très-court et ridé; enfin à l'extrémité de ce cou, une tête ronde portant sur les côtés quatre suçoirs, et au bout trente-deux crochets rangés en couronne sur un double rang. C'est absolument la tête du ténia devenu adulte. Les hydatides proviennent des œufs contenus dans les articles mûrs expulsés par l'homme. En se repaissant d'ordures, le porc s'est infesté de germes qui éclos sont devenus des hydatides. Un jour ou l'autre, le porc est sacrifié pour notre nourriture. Si l'animal est ladre, nos vivres sont pleins d'une vermine qui résiste aux forces digestives de l'estomac, s'établit dans l'intestin, s'y développe et devient ténia. Les préparations crues, telles que le jambon et le saucisson sont seuls à redouter, parce que la salaison et la dessiccation laissent en vie les vers, sinon tous, du moins quelques-uns. Mais la chair parfaitement cuite, bouillie ou rôtie, est absolument sans danger aucun, parce que la chaleur, à un degré suffisant, détruit sans retour les hydatides dont la viande et le lard peuvent être infestés. Ces étranges migrations et métamorphoses se résument ainsi. Le ténia débute sous forme d'hydatide dans le porc, qui devient ladre en se repaissant d'ordures où se trouvent des articles mûrs de ténia rejetés par l'homme. Celui-ci prend le ténia en faisant usage de la viande crue de porc ladre. Les hydatides de cette viande se fixent dans l'intestin, où ils s'allongent en vers rubanés.

QUESTIONNAIRE.

1. Quels sont les caractères des myriapodes? — Citez quelques espèces. — 2. Dites la structure générale des arachnides. — Comment les subdivise-t-on au point de vue des organes de la respiration? — 3. Que savez-vous sur les scorpions? — Quelles sont les espèces de France? — 4. Nos araignées sont-elles dangereuses? — Qu'appelle-t-on filières? — 5. Citez quelques arachnides à respiration trachéenne. — Donnez quelques détails sur le sarcopte de la gale. — 6. Quels sont les caractères des crustacés? — A quoi fait allusion le nom de crustacé? — 7. Dites quelques mots sur les crustacés décapodes. — Citez quelques espèces remarquables. — 8. Quels animaux comprend l'ordre des annélides? — Comment est organisée la bouche de la sangsue? — 9. Quels animaux comprend l'ordre des helminthes? — Dites la structure du ténia de l'homme. — Quelle est la cause de la ladrerie du porc? — Dites les migrations et les métamorphoses du ténia de l'homme. — Quelles précautions peuvent nous sauvegarder du ténia?

CHAPITRE VI

EMBRANCHEMENT DES MOLLUSQUES.

1. **Caractères généraux.** — Le huitième embranchement du règne animal comprend, sous le

nom de *mollusques*, l'ensemble des animaux qui par les traits généraux de l'organisation, se rapprochent des deux espèces si connues, l'huître et le colimaçon. Les mollusques tirent leur nom de leur peau molle et visqueuse. Quelques-uns sont privés de tout organe protecteur; d'autres portent dans l'épaisseur de la peau une plaque calcaire ou cornée; d'autres plus nombreux peuvent complétement s'abriter dans l'intérieur d'une espèce de cuirasse calcaire, transsudée par la peau et appelée *coquille*. Tantôt la coquille se compose de deux parties égales ou *valves*, s'ouvrant et se fermant au gré de l'animal; on l'appelle alors coquille *bivalve*. Tantôt elle est formée d'une seule pièce roulée en spirale ou figurant un bouclier, et est dite *univalve*. Tous les mollusques ont, à l'éclosion de l'œuf, la forme qu'ils doivent toujours conserver; aucun ne subit de métamorphoses. On les divise en plusieurs ordres, dont les principaux sont : les *céphalopodes*, les *gastéropodes* et les *acéphales*.

2. **Céphalopodes.** — Ils ont une tête distincte couronnée par un faisceau de longs tentacules armés de ventouses, au moyen desquelles l'animal se cramponne vigoureusement à l'objet qu'il enlace. Ces ventouses sont en forme de coupe ou de demi-sphère creuse. Lorsqu'elles sont fixées sur un objet, l'animal, en augmentant leur capacité intérieure par des contractions musculaires, produit dans leur cavité un vide ou plutôt une raréfaction de l'air, cause de l'énergique adhérence de ces organes. Au centre de la couronne des tentacules est la bouche, armée de deux fortes mandibules noires et cornées, pareilles aux mandibules d'un bec de perroquet. Les yeux sont gros, ronds, rappelant ceux des oiseaux de proie nocturnes. A la suite de la tête vient une sorte de sac

charnu. Là sont logés les organes de la digestion, ceux de la respiration et de la circulation, consistant d'une part en branchies, d'autre part en trois cœurs distincts l'un de l'autre, deux veineux et un artériel. L'eau qui vient baigner les branchies et leur apporte l'élément vivifiant, entre dans le sac sur les côtés du cou, et en sort par un entonnoir placé sur la ligne médiane. Tous possèdent une *poche à encre*, ou réservoir plein d'une liqueur d'un noir foncé, que l'animal rejette à volonté par l'entonnoir dont nous venons de parler, dans le but d'obscurcir l'eau autour

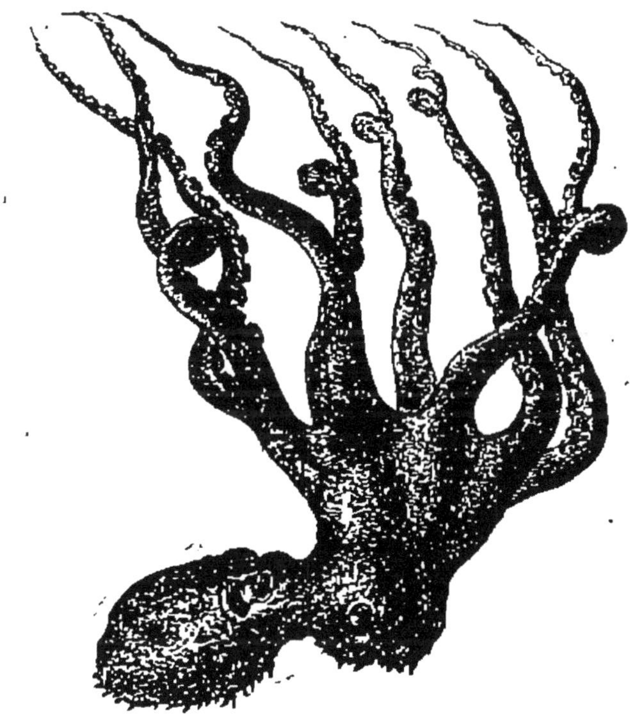

Fig. 107. — Poulpe.

de lui. C'est en s'entourant de ce nuage artificiel qu'il se rend invisible, soit pour échapper à un danger qui le menace, soit pour surprendre la proie qu'il guette. L'encre d'un céphalopode, la *seiche*, est employée dans la peinture sous le nom de *sépia*.

Dans cet ordre sont les *poulpes*, qui ont le sac sans nageoires, les pieds au nombre de huit, à peu près tous égaux en longueur. Ce sont des animaux vigoureux, capables d'entraîner la perte d'un nageur qui se laisserait enlacer par leurs tentacules à ventouses. — Les *calmars* ont dix tentacules, dont une paire beau-

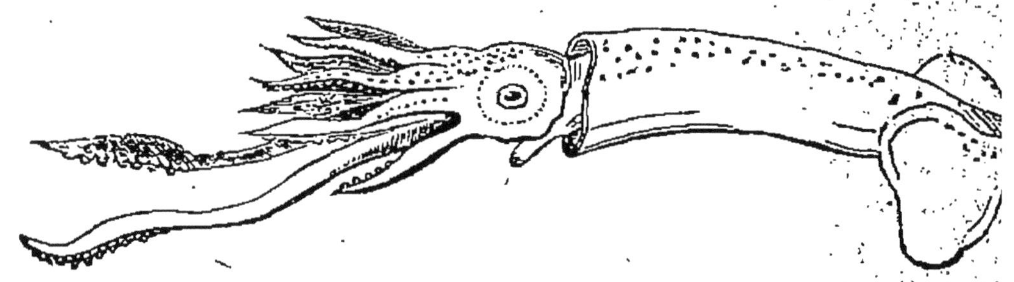

Fig. 108. — Calmar.

coup plus longue que les autres. Leur sac est long, étroit, et bordé postérieurement de nageoires. — Les *seiches* ont dix tentacules comme les calmars, et le sac bordé dans tout son contour de nageoires. Leur forme est ovale, obtuse, déprimée. Elles ont une coquille interne, composée d'une infinité de lamelles calcaires. Cette coquille, connue sous le nom *d'os de seiche*, est suspendue dans la cage de nos oiseaux chanteurs et sert de frottoir pour le bec. — Les *argonautes* habitent une coquille très-élégante, mince, légère, d'un blanc mat, roulée en spirale.

3. **Gastéropodes.** — Les mollusques gastéropodes, auxquels appartiennent les types si connus du colimaçon et de la limace, rampent sur un plan charnu ou *pied* situé au-dessous du ventre; de cette particularité dérive le nom de la classe. Ils ont une tête

distincte, munie fréquemment de quatre *tentacules* ou vulgairement cornes, dont la paire supérieure, plus

Fig. 109. — La Limace.

longue, porte les yeux à son extrémité ou à sa base. Les uns respirent par une vaste poche pulmonaire, dont l'orifice se voit sur le côté gauche de l'animal; tels sont le vulgaire escargot et la limace. Les autres comprenant toutes les espèces marines et quelques espèces des eaux douces, respirent au moyen de branchies. Quelques gastéropodes sont nus, comme la limace; mais la plupart sont abrités dans une coquille d'une seule pièce, habituellement roulée en volute, en spirale plus ou moins allongée. Cette coquille, composée pour la majeure partie de carbonate de chaux, est une sécrétion de la peau; ses tours de spire augmentent en nombre et en grosseur à mesure que l'animal grandit. Quelques espèces, et telle est la *paludine*, fréquente dans tous nos fossés, portent, adhérant au pied, une lame soit cornée, soit pierreuse, nommée *opercule*, qui s'adapte exactement à l'ouverture de la coquille et la bouche quand l'animal est rentré dans son abri. D'autres fois, comme pour l'escargot, l'opercule manque; mais aux époques

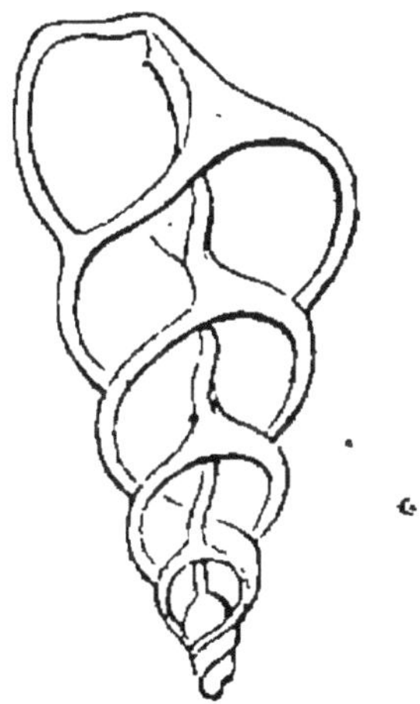

Fig. 110. — Coquille univalve ouverte pour montrer la structure intérieure.

de torpeur et d'engourdissement, le mollusque, enclos dans sa coquille, sécrète une mince clôture de calcaire et de bave durcie, qui le met à l'abri des dangers de l'extérieur. Cette clôture est temporaire : elle tombe quand l'animal entre de nouveau en activité ; elle est refaite quand revient l'état de torpeur. On la nomme *épiphragme* et ne se trouve que chez les gastéropodes terrestres.

Parmi les espèces terrestres, respirant toutes au moyen d'une poche pulmonaire, sont les *escargots* ou *hélices*, les *cyclostomes*, élégantes petites coquilles munies d'un opercule. Au nombre des espèces qui

Fig. 111. — Coquille de Lymnée.

Fig. 112. — Coquille de Planorbe.

habitent les eaux douces et viennent à la surface respirer avec un poumon, sont les *planorbes*, roulés en une volute plane, les *lymnées*, des eaux stagnantes, les *physes*, des eaux vives des fontaines. Les espèces à respiration branchiale sont très-fréquentes dans les eaux de la mer. Mentionnons les *murex*, d'où les anciens retiraient leur célèbre teinture de pourpre.

4. **Acéphales.** — Les mollusques qui composent cette classe sont ainsi dénommés parce qu'ils n'ont

Fig. 113. — Murex.

point de tête apparente, mais seulement une bouche cachée dans les replis de la peau. Celle-ci, repliée en deux, enveloppe et protége la masse des viscères. Entre ses deux lobes se trouvent les organes respiratoires, composés le plus souvent de quatre feuillets branchiaux ou lamelles finement divisées en dents de peigne. Au centre des branchies est une masse musculaire généralement en forme de langue, qui sert à l'animal pour ramper sur la vase et prend le nom de *pied*. A une extrémité du corps se trouve la bouche, entourée de quatre petits feuillets triangulaires ou tentacules; elle n'a jamais de dents et ne peut prendre que les molécules nutritives apportées par l'eau.

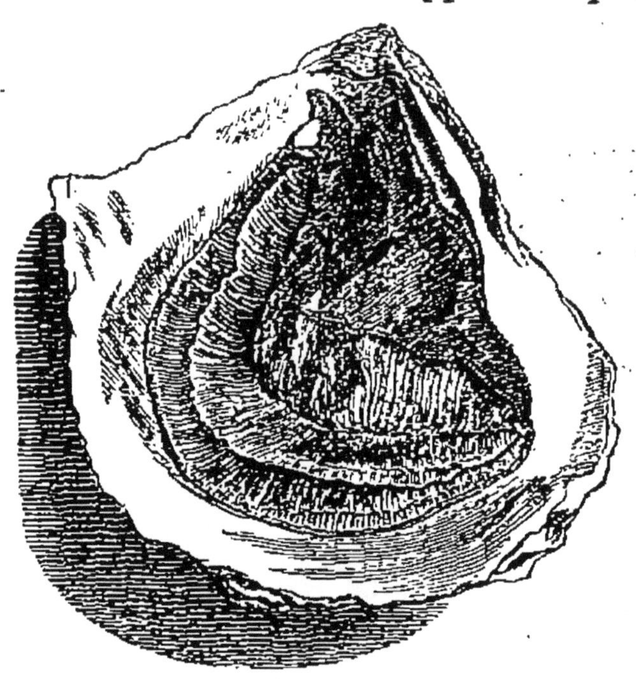

Fig. 114. — Huître comestible.

Tous les acéphales sont aquatiques; quelques genres habitent les eaux douces, mais le plus grand nombre la mer. La coquille est formée de deux pièces ou *valves*, qui s'ouvrent par l'élasticité d'un bourrelet corné ou fibreux, nommé *ligament*, situé à la *charnière* ou bord de jonction. Le ligament a pour antagonistes un ou deux muscles puissants qui vont transversalement d'une valve à l'autre où ils sont fixés. Si ces muscles se contractent, les valves se rapprochent et la coquille se ferme malgré la résistance du ligament; s'ils se relâchent, le ligament agit seul, et par son ressort fait ouvrir la coquille.

Dans les acéphales se classent les *mulettes*, très-fréquentes dans nos eaux douces; les *huîtres*, qui fournissent à l'alimentation une ressource des plus

Fig. 115. — Mulette.

estimées, les *arondes*, qui nous fournissent la nacre et les perles précieuses. L'*aronde perlière* est au dehors

Fig. 116. — Aronde perlière

rugueuse et d'un vert noirâtre; à l'intérieur, elle est du plus beau poli et à couleurs douces et changeantes.

La couche intérieure, sciée en lames, en tablettes, est la *nacre*, que nous employons à la fine ornementation. Les perles sont des corps globuleux formés de la même matière nacrée. La pêche des arondes perlières se fait dans les mers de l'Asie, notamment dans le golfe Persique. Les perles qui joignent une grosseur considérable à une belle teinte blanche et des reflets vifs, atteignent des prix exorbitants. La perle que Cléopâtre fit, dit-on, dissoudre dans du vinaigre et avala pour surpasser Antoine en folies de table, valait, d'après les auteurs, 1,500,000 francs.

EMBRANCHEMENT DES RAYONNÉS.

1. **Caractères généraux.** —La disposition rayonnante des organes autour d'un axe ou d'un point central, a fait donner à cet embranchement le nom d'*animaux rayonnés*. — Ce n'est plus ici la symétrie binaire des animaux supérieurs, mais plutôt la symétrie de la fleur, dont les diverses pièces, sépales, pétales, étamines et carpelles, s'irradient autour de l'axe floral. La ressemblance entre la symétrie de l'animal rayonné et celle de la plante est parfois si complète, que plusieurs de ces animaux ont été qualifiés de *zoophytes*, animaux-plantes, dénomination appliquée aussi à l'embranchement tout entier. Ce groupe se subdivise en cinq classes : les *échinodermes*, les *acalèphes*, les *polypes* ou *coralliaires*, les *infusoires* et les *spongiaires*.

2. **Echinodermes.** — Les échinodermes ont pour principaux représentants les *oursins*, de forme en général globuleuse et hérissée de nombreux piquants, qui leur ont valu la dénomination vulgaire de châ-

taignes de mer. Ils ont pour enveloppe un test cal-

Fig. 117. — Oursin.

caire, composé d'une multitude de pièces disposées

Fig. 118. — Astérie.

avec une élégante symétrie. Ce test est couvert de

séries régulières de tubercules sur lesquels sont articulés des piquants calcaires, mobiles sur leur base. Une espèce, l'*oursin commun*, fournit un comestible estimé, consistant en cinq grappes d'œufs, qui s'étendent d'une extrémité à l'autre à l'intérieur du test et sont de couleur orangée.

Les *astéries* ou *étoiles de mer* ont également une charpente composée d'une multitude de pièces calcaires et munie de petites épines mobiles. Leur corps se partage en cinq branches rayonnantes, aplaties et courtes dans les unes, rondes et longues dans d'autres, les *ophiures*, qui ressemblent alors à un groupe de cinq queues de lézard réunies par leur base autour d'un point commun.

3. **Acalèphes.** — Par le mot *d'acalèphes*, signifiant ortie, on désigne des animaux rayonnés, de consistance gélatineuse, qui flottent librement au sein des mers et dont le contact produit une cuisante démangeaison comparable à celle que cause l'ortie. Les plus remarquables sont les *méduses*, d'une rare élégance. La forme la plus commune est celle d'un dôme très-convexe ou surbaissé, tantôt aussi limpide que le cristal le plus pur, tantôt opalescent comme de l'eau troublée par quelques gouttes de lait. La teinte est parfois uniforme, parfois aussi de fins rubans orangés, carminés, azurés, rayonnent du sommet de la coupole et viennent se fondre avec le liséré du bord, dont la nuance vive s'affaiblit par dégradations insensibles. Du pourtour de la demi-sphère descendent de longs filaments, des franges d'écume, puis, tout au centre de la base du dôme, pendent de grosses torsades de cristal, environnant la bouche ou armées elles-mêmes de suçoirs. Les méduses errent librement dans les mers. Suspendues entre deux eaux, elles se

gonflent un peu et se dégonflent, palpitent en quelque sorte à la manière de la poitrine humaine, ce qui leur a valu la dénomination vulgaire de *poumons*

Fig. 119. — Méduse.

marins, et par ce mouvement de palpitation, progressent avec lenteur, montent ou descendent.

4. **Coralliaires.** — Comme type prenons le *corail*, fréquent dans certains parages de la Méditerranée. Sa forme est celle d'un arbuste en fleur ; seulement, l'arbrisseau n'est pas en bois. Il est en pierre aussi dure que le marbre, et les espèces de fleurs épanouies sur ses rameaux sont en réalité des animaux, dont le corail est la demeure commune, le support, l'habitation. On les appelle *polypes*. Chaque polype est un globule creux de matière gélatineuse, un pe-

tit sac dont l'orifice est bordé de huit lamelles frangées, de huit *tentacules*, s'épanouissant comme les pétales d'une fleur. Tel qu'il est dans la mer, le corail est revêtu d'une écorce molle, criblée d'une

Fig. 120. — Le Corail

foule d'enfoncements cellulaires, dans chacun desquels un polype est logé. Au-dessous de cette écorce vivante, se trouve le support pierreux, d'un rouge vif. Celui-ci résulte de l'exsudation de tous ses habitants, qui sécrètent du calcaire puisé dans les eaux de la mer et construisent leur arbre pierreux de même que les mollusques construisent leur coquille.

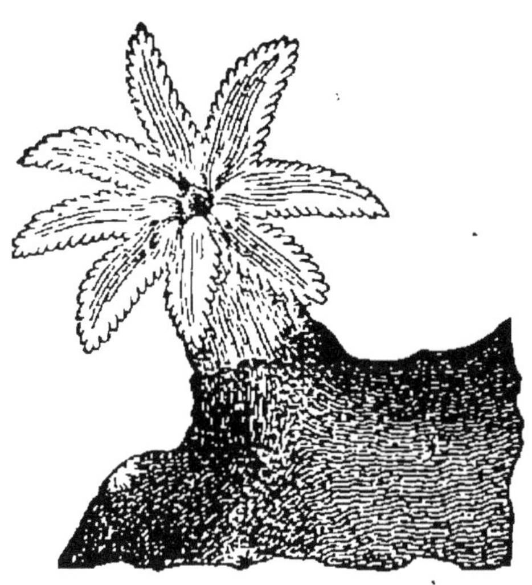

Fig. 121. — Un polype du Corail.

C'est ainsi que se forment, non-seulement le corail, mais encore une foule de productions marines analogues, nommées *madrépores* ou bien encore *polypiers*, c'est-à-dire habitations de polypes. A ce titre, le corail est lui-même un madrépore, un polypier.

Les polypes sont très-nombreux en espèces et leurs constructions affectent les formes les plus variées. En général les polypiers sont d'un blanc pur, couleur du carbonate de chaux dont ils sont composés. Rien de plus gracieux que leurs formes : ici ce sont des arbustes de pierre aussi élégamment ramifiés que des arbustes véritables ; là, des tubes parallèles groupés comme des tuyaux d'orgue, des amas de cellules pareils à des rayons d'abeilles. Ailleurs le polypier s'arrondit en tête de chou-fleur, en champignon, dont la surface, hérissée de lamelles régulièrement assemblées, dessine une multitude d'étoiles, un réseau de mailles géométriques, un labyrinthe de plis et de sillons ; ailleurs encore il s'aplatit en grande lame pierreuse, aussi mince qu'une feuille, aussi découpée qu'une dentelle. Sur tous s'épanouissent des milliers de fleurs animales, c'est-à-dire des polypes, qui étalent leurs tentacules en délicates rosettes, et, au moindre danger, les reploient brusquement. C'est à des amas de polypiers de toutes sortes, se développant les uns au-dessus des autres jusqu'au niveau des eaux, que sont dus, pour la plupart, les innombrables archipels de petites îles de l'Océanie. Ces îles, bâties par des polypes, se nomment *îles madréporiques*.

5. **Infusoires.** — Toutes les fois que l'on met infuser dans de l'eau, en présence de l'air, une matière d'origine végétale ou animale, il se développe bientôt dans ce liquide, surtout à la température de l'été, une multitude infinie d'animalcules, d'une petitesse extrême, visibles seulement au microscope et nommés *infusoires* par allusion à la méthode qui permet de se les procurer à volonté. Du reste, ces animalcules pullulent, sans notre intervention, dans toute eau stagnante où pourrissent des matières organiques, comme les eaux des fumiers, des mares, des fossés. Les plus volumineux atteignent à peine un millimètre et les plus petits se mesurent par millièmes de millimètre. Les délicates recherches de notre époque ont mis hors de doute que les germes, les œufs de ces animalcules, arrivent par la voie de l'air, indispensable à l'apparition des infusoires dans un liquide, et au sein duquel ils flottent comme le fait toute poussière assez fine. Parmi les plus remarquables de ces animalcules sont les *vorticelles*, en forme de calice que borde une couronne de cils vibratiles et que

supporte un long pédicule fixé par la base, roulé en spirale dans le repos, puis se débandant avec brus-

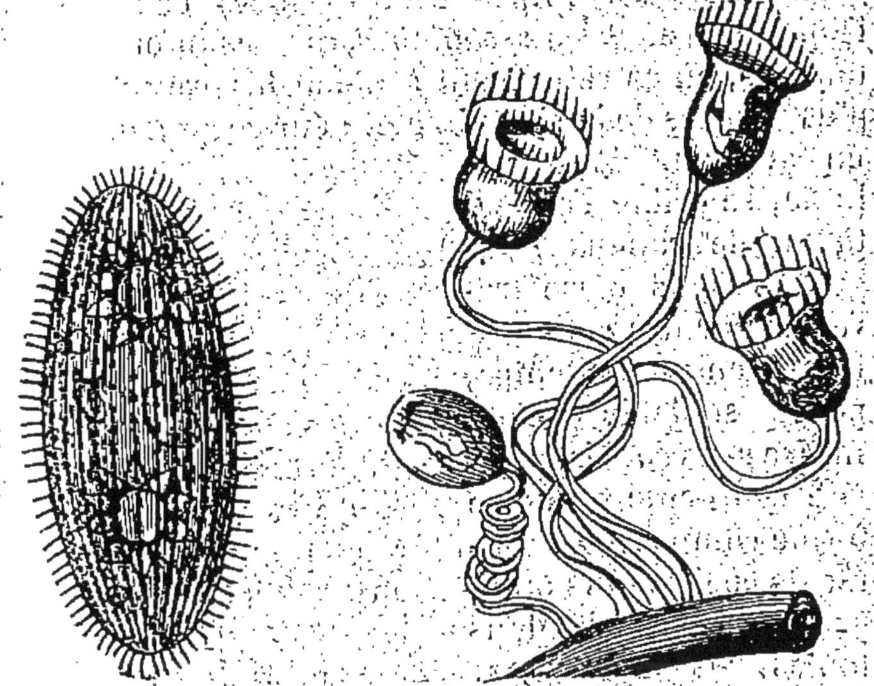

Fig. 122. — Paramécie. Fig. 123. — Vorticelle.

querie quand l'infusoire veut saisir une particule

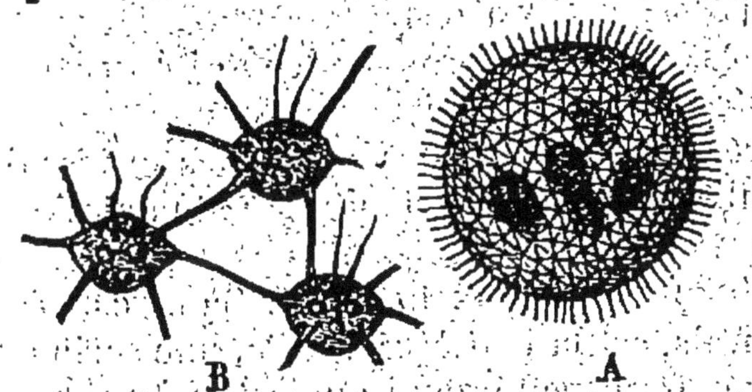

Fig. 124. — Volvoce.
A, animalcules réunis en globe; — B, les mêmes extraits du globe.

nutritive passant à sa portée ; les *paramécies*, qui nagent mollement au moyen des nombreux cils dont leur corps ovalaire est hérissé ; les *volvoces*, qui réunissent en globes et se déplacent en tournoyant.

6. **Spongiaires.** — Aux derniers échelons de l'animalité sont les *spongiaires*, masses informes, immobiles, où se retrouvent à peine les caractères les plus obscurs de la vie animale. Leur corps gélatineux, en augmentant de volume, se crible d'ouvertures, de canaux irréguliers sans cesse traversés par des courants d'eau; en même temps, pour soutenir cette masse sans consistance, une charpente solide se forme composée de filaments cornés unis entre eux au hasard dans toutes les directions. L'ensemble constitue ce que l'on désigne par le mot d'*éponge*. Il y a des éponges qui figurent des arbustes, des éventails; d'autres, des cornets, des vases, des urnes ; d'autres des tubes, des globes ; d'autres enfin qui n'ont pas de configuration déterminée. Toutes sont percées d'une multitude de canaux tortueux. Dans ces cavités, à l'état frais, est la matière vivante, une sorte de gelée qui frémit un peu quand on la touche. La propriété qu'une structure très-poreuse leur donne de s'imbiber aisément d'eau, fait employer les éponges dans les usages domestiques. La préparation consiste en des lavages, qui entraînent toute la gelée animale et

Fig. 125 — Éponge.

laissent à nu la charpente cornée et flexible. L'éponge commune est abondante dans la Méditerranée.

QUESTIONNAIRE.

Mollusques. — 1. Quels sont les caractères généraux des mollusques? — Comment les subdivise-t-on? — 2. Décrivez la structure des céphalopodes. — Que savez-vous sur la poche à encre? — Citez quelques espèces remarquables. — 3. Que signifie le mot de gastéropode? — Quels sont les traits dominants de cette classe? — En quoi consistent l'opercule et l'épiphragme? — Citez les principales espèces. — 4. Quels sont les caractères des acéphales? — Comment sont disposés les organes respiratoires? — Comment s'ouvre et se ferme la coquille? — D'où proviennent la nacre et les perles?

Rayonnés. — 1. A quoi fait allusion le nom de rayonnés? — En combien de classes se divisent les rayonnés? — 2. Quels sont les principaux échinodermes? — Quelle est la partie comestible des oursins? — 3. Que signifie le mot acalèphes? — Décrivez la structure des méduses. — 4. Qu'appelle-t-on animaux coralliaires? — Décrivez l'organisation du corail. — Qu'appelle-t-on polype? — Que sont les polypiers ou madrépores? — Quelle est l'origine des îles dites madréporiques? — 5. Qu'appelle-t-on infusoires? — Citez quelques espèces. — 6. Dites l'organisation des spongiaires. — Qu'est-ce que l'éponge vulgaire? — En quoi consiste sa préparation? — Où la trouve-t-on?

TROISIÈME PARTIE

BOTANIQUE

CHAPITRE PREMIER

ORGANES ÉLÉMENTAIRES. — TIGE. — RACINE.

1. Objet de la Botanique. — La *botanique* a pour objet l'histoire des végétaux ; elle étudie l'organisation des plantes, leur mode de vie, leur classification, leurs usages.

2. Organes élémentaires. — Cellules. — Examinée au microscope, la structure intime des végétaux est d'une remarquable simplicité, et se résout en un petit nombre de matériaux primitifs, toujours les mêmes pour toutes les plantes et pour toutes leurs parties. Ces matériaux, nommés *organes élémentaires*, sont la *cellule*, la *fibre* et le *vaisseau*.

La cellule est un globule creux, d'une extrême finesse, et qui, pour être vu, exige l'emploi du microscope. Formée d'une délicate membrane close de partout, elle ressemble à une outre, à un sac sans ouverture. En principe, les cellules sont de forme ronde ou ovalaire ; mais généralement gênées par leurs voisines, pressées l'une contre l'autre, elles se déforment et se taillent à facettes pour occuper du mieux l'espace disputé. Chez les végétaux à longue existence, la cellule se double à l'intérieur d'une nouvelle membrane tapissant la première. Cette seconde membrane peut être suivie d'une troisième, d'une quatrième, etc., toujours à l'intérieur ; de sorte que la paroi cellulaire gagne en épaisseur par l'addition de nouvelles couches, et que la cavité centrale se rétrécit d'autant. Or, ces enveloppes successives, à partir de la seconde, au lieu de s'étendre en nappe continue, sont fendues çà et là suivant des points, des traits irréguliers, des lignes circulaires ou spirales. Comme ces déchirures se correspondent toutes exactement, la paroi y est plus transparente, puisque le sac extérieur n'y est doublé par rien ; et de là résultent des aspects assez variés. Tantôt la cellule se montre couverte de points arrondis ou de courtes raies

Fig. 126. — Cellules ponctuées.

Fig. 127. — Cellules rayées.

Fig. 128. — Cellule annulaire.

transversales. Dans le premier cas, elle est dite *ponc-*

Fig. 129. — Cellule rayée réticulée.

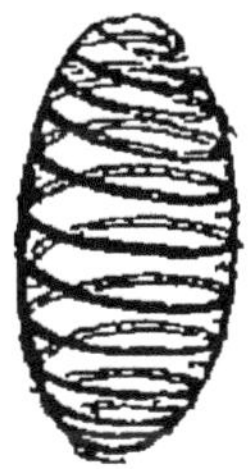

Fig. 130. — Cellule spirale.

tuée ; dans le second cas, *rayée*. D'autres fois, elle est cerclée de bandelettes en forme d'anneaux, ce qui lui a valu le nom de cellule *annulaire* ; ou bien doublée d'un fil en tire-bouchon, ce qui lui vaut l'appellation de cellule *spirale*. D'autres fois encore, elle est couverte de traits irréguliers qui simulent les mailles d'un réseau. Dans ce cas, on l'appelle cellule *réticulée*.

Fig. 131. Fibres ponctuées.

3. **Fibres.** — Les *fibres* sont des cellules allongées, qui vont se rétrécissant aux extrémités à la manière d'un fuseau. Elles forment la majeure partie du bois. Comme les cellules ordinaires, elles affectent diverses apparences, provenant des déchirures de leurs couches internes. Il y en a donc de ponctuées, de rayées, de réticulées. Le trait le plus remarquable des fibres, c'est leur tendance à empiler rapidement couche sur couche dans leur intérieur ; aussi tôt ou tard, les assises surajoutées comblent la cavité centrale.

4. **Vaisseaux. — Trachées.** — Les vaisseaux sont des tubes d'une finesse excessive. Disséminés çà et là dans le bois, ordinairement réunis en petits groupes, ils vont tout droit des racines aux feuilles, sans communiquer entre eux, sans se subdiviser. Leur longueur est indéfinie. Sur un rameau de vigne sec et coupé transversalement, on distingue une multitude d'orifices dans lesquels il serait possible d'engager un crin délié. Ce sont là les orifices des vaisseaux rompus. La structure intime est la même que pour les cellules et les fibres. On distingue donc des vais-

seaux *ponctués*, *rayés*, *réticulés*, suivant le mode de distribution des couches internes.

Les *trachées* sont des tubes doublés à l'intérieur d'une bandelette ou d'un fil roulé en spirale serrée.

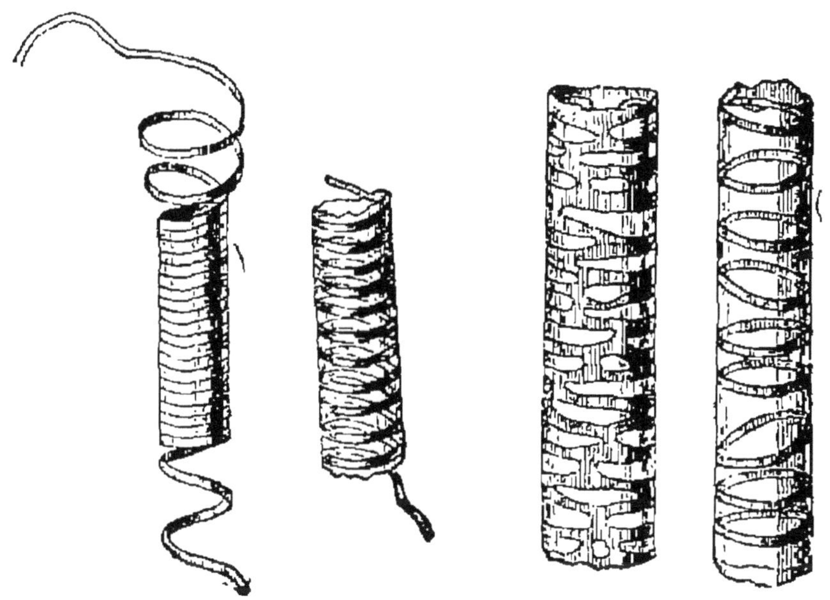

Fig. 132. — Fragments de trachée. Fig. 133. — Vaisseau réticulé et vaisseau annulaire.

Elles sont fréquentes dans les feuilles et dans les fleurs. Si l'on déchire une feuille de rosier avec délicatesse, on aperçoit, entre les deux lambeaux, de menus fils défiant en finesse ceux de la plus légère toile d'araignée. Ce sont les bandelettes des trachées rompues qui se déroulent. Malgré une même dénomination et une structure analogue, les trachées des végétaux n'ont rien de commun dans leurs fonctions avec les organes respiratoires des insectes, organes que nous avons déjà décrits sous le nom de trachées.

5. **Cellulose.** — On nomme *cellulose* la substance qui forme les parois des cellules, des fibres et des vaisseaux.

Cette substance, formée de carbone, d'hydrogène et d'oxygène, est identique de composition dans toute l'étendue de la plante et dans toutes les espèces végétales ; elle est la matière première du monde végétal. Elle est accompagnée de diverses substances qui l'imprègnent, qui l'incrustent, qui remplissent les cavités cellulaires et communiquent aux diverses parties d'une plante des propriétés fort différentes. Quand ces substances sont éliminées, la cellulose est de composition et de propriétés constantes, quelle que soit son origine. Les vieux chiffons de coton et de toile, le papier fabriqué avec ces chiffons, sont de la cellulose à peu près pure.

6. **Tissus.** — Assemblés entre eux, les organes élémentaires forment ce qu'on nomme le *tissu* des végétaux. Le tissu peut être uniquement composé de cellules juxtaposées ; il prend alors le nom de *tissu cellulaire.* Les champignons, la chair d'une pomme, la moelle du sureau, sont uniquement formés de tissu cellulaire. S'il est composé de fibres, le tissu est qualifié de *fibreux* ; s'il est composé de fibres et de vaisseaux, il est appelé tissu *fibro-vasculaire.* Le bois est un mélange de ces deux sortes de tissus.

7. **Contenu des organes élémentaires.** — Les vaisseaux ne contiennent que de l'eau et de l'air ; leur canal ne s'obstrue que fort tardivement, lorsque le bois déjà s'altère. Les *fibres,* destinées à consolider la charpente végétale, ont de bonne heure leur cavité centrale obstruée par l'addition de nouvelles couches superposées l'une à l'autre. Les assises multiples s'imprègnent en outre de principes colorants, de matières minérales, et surtout d'une substance remarquable appelée *ligneux.* Les grains durs, pareils à du sable, que l'on rencontre dans la chair de certai-

nes poires de mauvaise qualité, la robuste coque qui protége l'amande de la pêche et de l'abricot, doivent leur dureté à un ciment de ligneux. Par sa plus grande proportion dans les bois durs que dans les bois tendres, le ligneux rend le chêne préférable au saule pour le chauffage, et le cœur d'un arbre préférable au bois de l'extérieur pour la menuiserie. Le contenu des cavités cellulaires est extrêmement variable. Quelques cellules contiennent uniquement de l'air, d'autres sont gonflées d'un liquide à peine différent de l'eau pure. Il y en a qui renferment de la résine, des jus acides, d'âcres laitages, du sucre, des poudres farineuses, des gouttelettes d'huile, des granules verts, des matières colorantes. De tous ces matériaux élaborés dans les cavités cellulaires, le plus remarquable est la *fécule*, amassée en nombreux petits grains dans

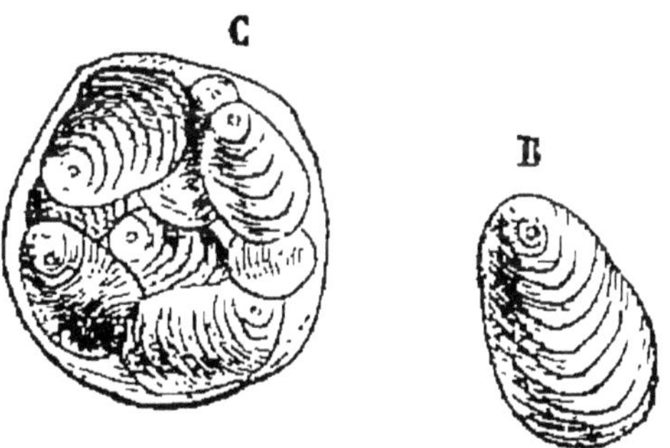

Fig. 134. — Fécule de pomme de terre, très-grossie.
B. Grain de fécule isolé; C. Cellule remplie de grains.

les cellules d'une foule de plantes, tantôt dans les racines, les tubercules, tantôt dans les fruits, les semences. La fécule est une réserve alimentaire destinée à servir de première nourriture aux jeunes plantes. Tout germe destiné à se développer seul en est approvisionné. Au moment de l'éveil de la vie, cette substance, par elle-même inerte, insoluble, non nutritive parce que son insolubilité l'empêche de le répandre dans les tissus naissants et de les imbiber, se transforme en une autre, soluble dans l'eau et apte de la sorte à s'infiltrer partout où le travail de l'organisation demande des matériaux. On nomme *glucose* le résultat de cette admirable transformation. C'est une substance de saveur douce, très-voisine du sucre ordinaire par sa composition et ses propriétés.

Tige.

1. **Tige annuelle.** — La *tige* est le support commun des diverses parties du végétal; par son extrémité inférieure, elle donne naissance aux racines qui puisent dans le sol certains principes alimentaires; à son extrémité supérieure, elle se subdivise en branches et rameaux, qui se couvrent de bourgeons, de feuilles et de fleurs. Quand elle ne doit durer qu'un an, elle est dite *annuelle* ou *herbacée*. Elle se compose alors d'un amas de cellules vertes, dans lequel plongent quelques paquets de fibres et de vaisseaux.

2. **Tige ligneuse.** — Si elle doit durer plus d'un an, la tige devient *ligneuse*. Pour les arbres de nos pays, au bout de la première année, la structure de la tige est la suivante. Au centre est la *moelle* (1), toujours composée de cellules seules (fig. 135); puis vient une zone ligneuse (3) divisée en un grand nombre de coins par des *rayons médullaires*, très-étroits, également de nature cellulaire. Dans cette zone, se voient les orifices de gros vaisseaux, et dans la région (2), au voisinage immédiat de la moelle, d'autres orifices correspondant à des trachées. Au delà de la

zone ligneuse, se montre une mince couche (4) formée d'un liquide visqueux et de cellules naissantes. Si peu apparente qu'elle soit, cette couche demi-fluide est d'une importance capitale, car elle est un laboratoire permanent d'organes élémentaires. On

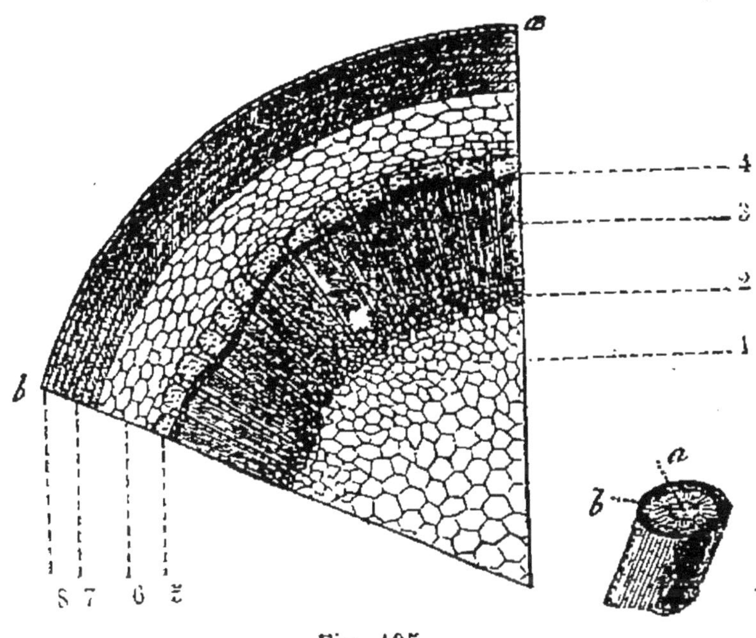

Fig. 135.
Coupe horizontale d'une jeune tige de Marronnier.

lui donne le nom de *cambium*. Par delà vient l'écorce. Elle comprend, en allant de l'intérieur à l'extérieur, une couche (5) appelée *liber*, formée de fibres longues et tenaces ; puis une zone (6) de tissu cellulaire; plus loin une zone brunâtre (7), également cellulaire, appelée enveloppe *subéreuse*; et enfin une assise de cellules protectrices, l'*épiderme* (8).

3. **Couches annuelles.** — Au retour de la belle saison, un liquide nutritif, la *sève*, élaboré par les feuilles, descend entre le bois et l'écorce, s'épaissit en cambium, s'organise et forme peu à peu, du côté du

bois, une nouvelle couche ligneuse moulée sur la précédente ; du côté de l'écorce, une nouvelle couche de fibres, superposée intérieurement à la précédente assise de liber. Ceci se répétant tous les ans, on voit qu'il y a, chaque année, autant pour l'écorce que pour le bois, formation d'une nouvelle couche ; seulement la couche ajoutée est disposée des deux parts en sens inverse ; au dehors pour le bois, au dedans pour l'écorce. Le bois, enveloppé d'une année à l'autre d'un étui ligneux nouveau, vieillit au centre et rajeunit à la surface ; l'écorce, doublée chaque année à l'intérieur d'un feuillet de liber, rajeunit au dedans et vieillit en dehors.

4. **Evaluation de l'âge d'un arbre.** — Jetons les yeux sur la figure 136 représentant la coupe transversale de la tige d'un jeune chêne. Depuis la moelle jusqu'à l'écorce, on compte six zones ligneuses, que traversent en rayonnant de fines lames de tissu cellulaire que nous avons nommées rayons médullaires. Puisqu'il se forme une zone ligneuse chaque année, l'arbre qui possède six de ces zones est lui-même âgé de six années. Cette règle est générale et s'applique à tous les arbres de nos régions ; le nombre de couches ligneuses dont le tronc est formé donne l'âge de l'arbre. Pareillement, pour avoir l'âge d'une branche quelconque, il suffit de compter le nombre de couronnes ligneuses qui la composent.

5. **Aubier et bois parfait.** — L'ensemble des zones ligneuses se divise en deux parts : l'une centrale, plus vieille, d'où la vie souvent est retirée ; l'autre extérieure, plus jeune, où la vie réside à des degrés divers. Ces deux parts se distinguent par une coloration différente sur la section d'une tige un peu âgée : la centrale est de couleur foncée et de consis-

tance plus dure ; la seconde est blanchâtre et plus tendre. On donne à la première le nom de *cœur* ou *bois parfait* ; à la seconde, le nom d'*aubier*. Dans l'aubier, le bois est pâle, tendre, imprégné de sucs ; c'est du bois vivant. Dans le cœur, il est fortement coloré, dur, desséché ; c'est du bois mort. Ce dernier n'a plus de valeur pour la vie de l'arbre, et disparaît parfois comme cela se voit dans les arbres creux ; mais il réunit des qualités qui nous le rendent précieux pour la menuiserie et l'ébénisterie.

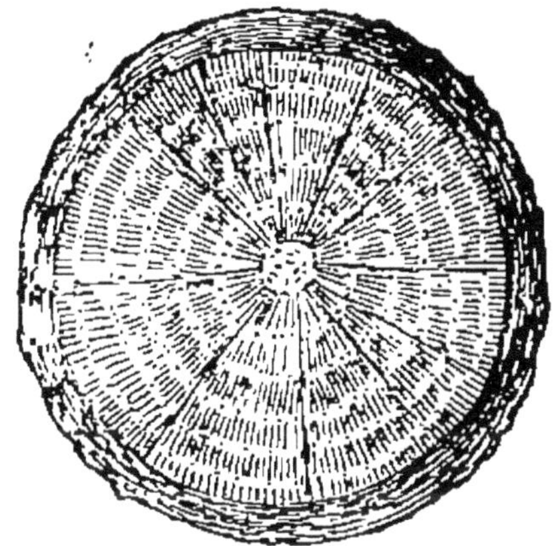

Fig. 136. — Coupe transversale d'une tige de Chêne de six ans.

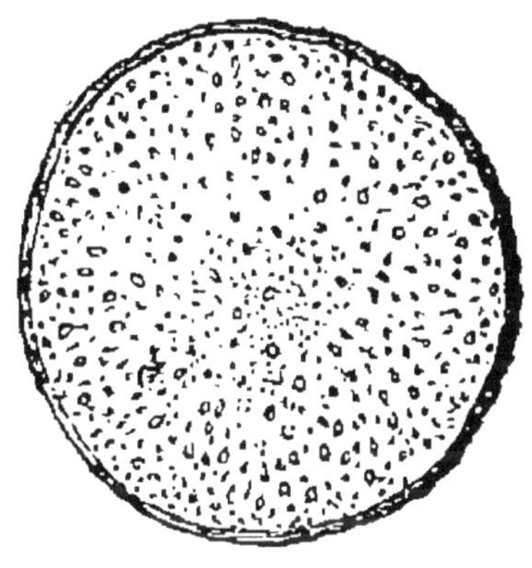

Fig. 137. — Coupe transversale de la tige d'un Palmier.

6. **Tige des Palmiers.** — Dans les Palmiers et autres arbres analogues, tous étrangers à nos pays, la tige est dépourvue de zones ligneuses concentriques. Au milieu d'un tissu de cellules, plongent, sans ordre, de minces paquets de fibres et de vaisseaux ainsi que le montre la figure 137. Les ponctuations correspondent à autant de ces faisceaux ligneux ; les parties laissées en blanc sont du tissu cellulaire. Enfin la couche brune extérieure est composée de cellules endurcies et constitue une enveloppe protectrice, sans pouvoir cependant être comparée à

une véritable écorce, car elle n'est pas séparable du bois. La structure de la tige du Palmier se retrouve en petit dans le Roseau de nos pays, avec cette différence que celui-ci est creux à l'intérieur.

Racine.

1. **Structure.** — La racine est la partie du végétal qui s'enfonce dans le sol pour y puiser divers matériaux nutritifs en dissolution dans l'eau. En sa structure, elle ne diffère pas de la tige. Son caractère le plus net consiste en l'absence de bourgeons et de feuilles. Jamais, si ce n'est dans des circonstances très-exceptionnelles, la racine ne porte de bourgeons ; jamais non plus elle ne se couvre de feuilles, pas même de maigres écailles, qui sont après tout des feuilles transformées en vue de fonctions particulières. Une racine croît et s'allonge uniquement par son extrémité : ce point est donc dans un état permanent de formation; le tissu y est toujours jeune, exclusivement cellulaire, et de la sorte apte, par excellence, à s'imbiber des liquides dont le sol est imprégné.

2. **Racines adventives.** — La racine apparaît dès que la semence germe; toute plante, à l'issue de la graine, en a donc une, primordiale, originelle. Mais beaucoup de végétaux possèdent d'autres racines qui se développent en divers points de la tige, remplacent la racine originelle quand elle vient à périr, ou du moins lui viennent en aide quand elle persiste. On les nomme *racines adventives*. Leur rôle est d'une importance capitale dans certaines opérations de culture que nous examinerons plus tard.

QUESTIONNAIRE.

1. Quel est l'objet de la botanique? — 2. Qu'appelle-t-on organes élémentaires des végétaux? — En quoi consiste une cellule? Faites connaître ses divers aspects. — 3. Qu'est-ce qu'une fibre? — 4. Qu'appelle-t-on vaisseaux et trachées? — 5. Qu'est-ce que la cellulose? — 6. Que désigne-t-on par le mot de tissu? — 7. Que contiennent les organes élémentaires? — Qu'est-ce que la fécule? — Quel est son rôle? — Qu'est-ce que le ligneux?

Tige. — 1. Dites la structure d'une tige annuelle. — 2. Décrivez la structure d'une tige ligneuse. — Où se trouvent la moelle, les rayons médullaires? — Qu'est-ce que le cambium? — Combien de parties comprend l'écorce? — 3. Qu'appelle-t-on couches annuelles? — 4. Comment trouve-t-on l'âge d'un arbre? — 5. Qu'est-ce que l'aubier et le bois parfait? — 6. Dites la structure de la tige d'un palmier.

Racine. — 1. Quelle est la structure de la racine? — Que présente de remarquable l'extrémité d'une racine? — 2. Qu'appelle-t-on racines adventives?

CHAPITRE II

BOURGEONS. — BOUTURAGE. — MARCOTTAGE. — GREFFE.

1. **Bourgeons.** — Un *bourgeon* est un rameau à l'état naissant. Il y en a le plus fréquemment un à l'*aisselle* de chaque feuille, c'est-à-dire dans l'angle que cette feuille forme avec le rameau; il est de règle encore que l'extrémité du rameau en porte un. Ceux qui sont placés à l'aisselle des feuilles se nomment *bourgeons axillaires;* celui qui termine le rameau se nomme *bourgeon terminal.* Les bourgeons qui doivent passer l'hiver pour se développer au retour de la belle saison, sont revêtus au dehors d'un robuste étui d'écailles vernissées, au dedans de chaudes en-

veloppes de bourre et de duvet. On les nomme, pour ce motif, *bourgeons écailleux*. Considérons, par exemple, le bourgeon du marronnier. Au centre, l'ouate emmaillotte ses délicates petites feuilles ; au dehors,

Fig. 138. — Rameau avec bourgeons.

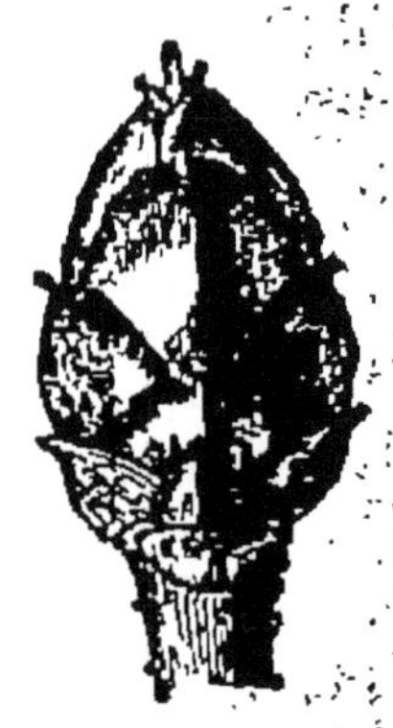

Fig. 139. — Bourgeon de Marronnier.

une solide cuirasse d'écailles, disposées avec la régularité des tuiles d'un toit, l'enserre étroitement. En outre, pour empêcher l'humidité de pénétrer, les pièces de l'armure écailleuse sont goudronnées d'un mastic résineux, qui, maintenant pareil à du vernis desséché, se ramollit au printemps pour laisser le bourgeon s'épanouir. — Les plantes annuelles, comme la pomme de terre, la citrouille et une infinité d'autres, développent leurs bourgeons en quelques mois, quelques jours. Ceux-ci, n'ayant pas à traverser l'hiver, ne sont jamais enveloppés d'écailles protectrices ; ce sont des *bourgeons nus*.

2. **Bourgeons fixes et bourgeons mobiles.** — Tantôt les bourgeons persistent sur le rameau qui les a produits et se développent aux points mêmes où ils se sont formés. C'est le cas de beaucoup le plus

général, et celui qui nous est le plus familier. On donne à ces bourgeons, qui d'eux-mêmes ne se détachent jamais de la plante mère, le nom de *bourgeons fixes*. Tantôt enfin, parvenus à un certain degré de force, les bourgeons quittent la plante mère, ils se détachent d'eux-mêmes et prennent racine dans la terre pour y puiser directement la nourriture. Ces derniers sont nommés *bourgeons mobiles* ou *bourgeons caducs*, pour rappeler leur abandon de la tige natale. Pour suffire à ses premiers besoins, alors que des racines capables de l'alimenter ne sont pas encore formées, tout bourgeon mobile emporte avec lui des vivres emmagasinés. De là résultent les *bulbes* et les *tubercules*.

3. **Bulbes.** — Si nous fendons un oignon en deux

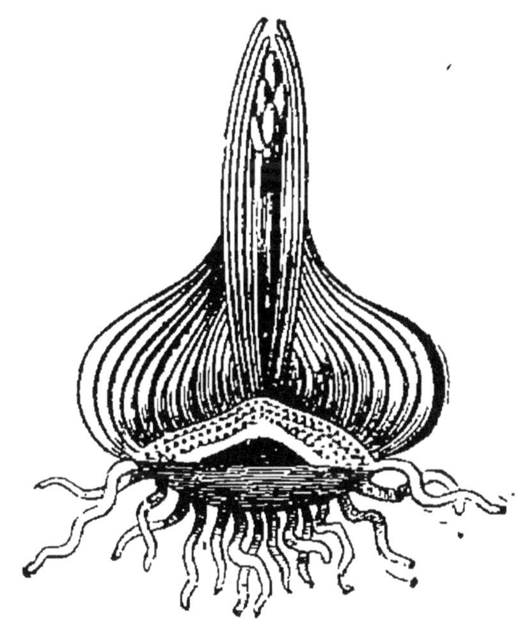

Fig. 140. — Bulbe de Jacinthe.

du sommet à la base, nous verrons qu'il est formé d'écailles charnues, épaisses, étroitement emboîtées

l'une sur l'autre et portées sur une tige large et très-courte nommée *plateau*. Au centre de ces écailles succulentes, qui sont le réservoir alimentaire, des feuilles apparaissent avec la forme et la couleur verte normales. Un oignon est donc un bourgeon approvisionné pour une vie indépendante, au moyen de ses feuilles extérieures converties en écailles charnues. Les bourgeons mobiles organisés à la manière du vulgaire oignon, se désignent par le nom général de *bulbes*.

4. **Tubercules.** — Certains bourgeons mobiles n'emmagasinent point des provisions alimentaires en épaississant leurs écailles ; mais alors le rameau et la racine, tantôt l'un, tantôt l'autre, suivant l'espèce

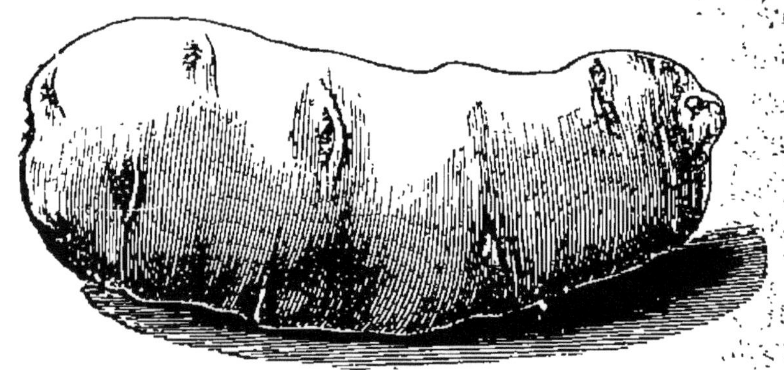

Fig. 141. — Pomme de terre avec ses yeux ou bourgeons.

végétale, sont chargés de l'approvisionnement. C'est ainsi qu'un *tubercule* est un rameau souterrain, gonflé de nourriture, notamment de fécule, ayant de minces écailles en guise de feuilles, et couvert de bourgeons qu'il doit alimenter. La pomme de terre est un tubercule. A sa surface se voient certains enfoncements, des *yeux*, c'est-à-dire autant de bourgeons, car ces yeux se développent en rameaux si la pomme de terre est placée dans des conditions favorables. Sur les tubercules vieux, on les voit, dans l'arrière-saison, s'allonger en pousses ne demandant qu'un peu de soleil pour verdir et se couvrir de feuilles. La culture utilise cette propriété. Le tubercule est coupé en quartiers, et chaque fragment mis en terre produit un nouveau pied, à la condition expresse qu'il ait au moins un bourgeon, un œil ; s'il n'en a pas, il pourrit sans rien produire. C'est aux dépens de la fécule dont la pomme de terre est gonflée, que se développent les bourgeons de ce tubercule.

5. **Bouturage.** — Nous venons de reconnaître, dans les bourgeons mobiles, la faculté de pouvoir être séparés de la plante mère et d'émettre des racines adventives qui leur permettent de devenir autant de plants indépendants. La même faculté se retrouve dans les bourgeons fixes, mais elle doit être artificiellement provoquée par les soins de l'homme. Sur ce principe sont basées deux opérations horticoles d'une haute importance : le *bouturage* et le *marcottage*.

On nomme *bouturage* le procédé de multiplication qui consiste à détacher un rameau de la plante mère et à le placer dans des conditions où il puisse développer des racines adventives et vivre à ses propres frais. Le rameau détaché prend le nom de *bouture*. Par son extrémité amputée, il est mis en terre, en un lieu frais, ombragé, où l'évaporation soit lente et la température douce. L'abri d'une cloche en verre est souvent nécessaire pour maintenir l'atmosphère ambiante dans un état convenable d'humidité, et empêcher le rameau de se dessécher au contact de l'air renouvelé, avant d'avoir acquis des racines qui lui permettent de réparer ses pertes. Pour plus de sûreté, si le rameau est très-feuillé, on enlève la majeure partie des feuilles inférieures afin de réduire autant que possible les surfaces d'évaporation, sans compromettre la vitalité du plan, qui réside surtout dans la partie supérieure. L'extrémité plongée dans le sol humide ne tarde pas à émettre des racines adventives, et désormais le rameau se suffit à lui-même et devient un plant indépendant.

6. **Marcottage.** — Quelques plantes poussent, à la base de la tige mère, des ramifications droites et souples qui peuvent servir à obtenir autant de plants nouveaux. On couche ces rameaux en leur faisant décrire un coude, que l'on fixe dans la terre, au besoin avec un crochet; puis on redresse l'extrémité, que l'on maintient verticale avec un tuteur. Le coude enterré émet tôt ou tard des racines adventives; on tranche alors les ramifications en deçà du point enraciné, et chacune d'elles, transplantée à part, est désormais un végétal distinct. Cette opération se nomme *marcottage*, et les divers plants détachés de la souche première se nomment *marcottes*. De tout temps le marcottage a été employé pour la multiplication de la vigne. Dans ce cas particulier, les rameaux couchés en terre se nomment *provins*, et l'opération elle-même prend le nom de *provignage*

7. **Greffe.** — De même qu'un bourgeon ou un rameau peut être transplanté de la tige qui le nourrissait, dans le sol où il doit puiser lui-même sa nourriture, de même il peut être transplanté d'un végétal sur un autre végétal, pourvu que celui-ci lui fournisse des sucs nutritifs appropriés à sa nature. Cette transplantation d'un rameau ou d'un bourgeon d'un végétal sur un autre se nomme *greffe*. — Le végétal qui doit servir de nourricier prend le nom de *sujet*, et le bourgeon et le rameau qu'on y implante le nom

de *greffe*. Une condition indispensable est à remplir pour la réussite de ce changement de support : le bourgeon transplanté doit trouver auprès de sa nouvelle branche nourricière des aliments en rapport avec ses goûts, c'est-à-dire une séve conforme à la sienne. Cela exige que les deux plantes, le sujet et celle d'où provient la greffe, soient de la même espèce ou du moins appartiennent à des espèces très-rapprochées. On perdrait son temps à vouloir greffer le lilas sur le rosier, le rosier sur l'oranger, car il n'y a rien de commun entre ces trois espèces végétales. Mais on peut très-bien greffer lilas sur lilas, rosier sur rosier, oranger sur oranger. Il est possible d'aller plus loin. On peut faire nourrir un bourgeon d'oranger par un citronnier, un bourgeon de pêcher par un abricotier, un bourgeon de cerisier par un prunier, et réciproquement; car il y a entre ces végétaux, pris deux à deux, une étroite ressemblance qui s'entrevoit déjà et s'accusera davantage à mesure que nos études progresseront. Il faut en somme, pour la réussite de la greffe, la plus grande analogie possible entre les deux végétaux. Il est encore indispensable que la greffe et le sujet soient mis en contact par leurs tissus les plus vivants et par conséquent les plus aptes à se souder entre eux. Ce contact doit se faire par le tissu cellulaire des deux écorces et surtout par le cambium. Et en effet, l'activité végétale réside avant tout dans les tissus jeunes qui se forment entre l'écorce et le bois. C'est là que la séve circule ; c'est là que se forment de nouvelles cellules et de nouvelles fibres, pour donner d'un côté une couche d'écorce et de l'autre une couche de bois; c'est donc là et seulement là que la soudure est possible entre la greffe et le sujet.

8. **Greffe en fente.** — Proposons-nous, par exemple, de faire produire des poires de bonne qualité à un mauvais poirier, venu de semis dans un jardin ou apporté de son bois natal. On tranche net la tige du sujet, et dans le tronçon en terre on fait une profonde entaille, puis on prend, sur un poirier d'excellente qualité, un rameau muni de quelques bourgeons. On taille son extrémité inférieure en biseau, et on implante la greffe dans la fente du sujet, bien exactement écorce contre écorce. On rappoche le tout par des ligatures et l'on recouvre les plaies de mastic, ou à son défaut de terre glaise maintenue en place avec quelques chiffons. Avec le temps, les plaies se cicatrisent, le rameau soude son écorce et son bois à l'écorce et au bois de la tige amputée. Enfin les bourgeons de la greffe, alimentés par le sujet, se développent en ramifications, et au bout de quelques années la tête du poirier sauvage est remplacée par une tête de poirier cultivé, donnant des poires pareilles à celles de l'arbre qui a fourni la greffe. Si la grosseur du sujet le permet, rien n'empêche d'implanter deux greffes dans l'entaille, l'une à chaque extrémité. Mais on ne pourrait pas en mettre davantage dans la même fente, parce que l'écorce de la greffe doit être de toute nécessité en contact avec l'écorce du sujet, afin que des deux parts le cambium mette en communication les tissus naissants.

9. **Greffe en écusson.** — Comme seconde application, proposons-nous de faire produire les superbes roses de nos cultures, au rosier sauvage des haies, le vulgaire églantier. Au moment de la séve d'automne, de juillet en septembre, on incise l'écorce du sauvageon d'une double entaille en forme de T, pénétrant jusqu'au bois, mais sans l'endommager. On soulève

un peu les deux lèvres de la blessure. Puis, sur un rosier à belles fleurs, on détache un lambeau d'écorce muni d'un bourgeon, lambeau qu'on nomme *écusson*. On a soin de bien enlever le bois qui pourrait

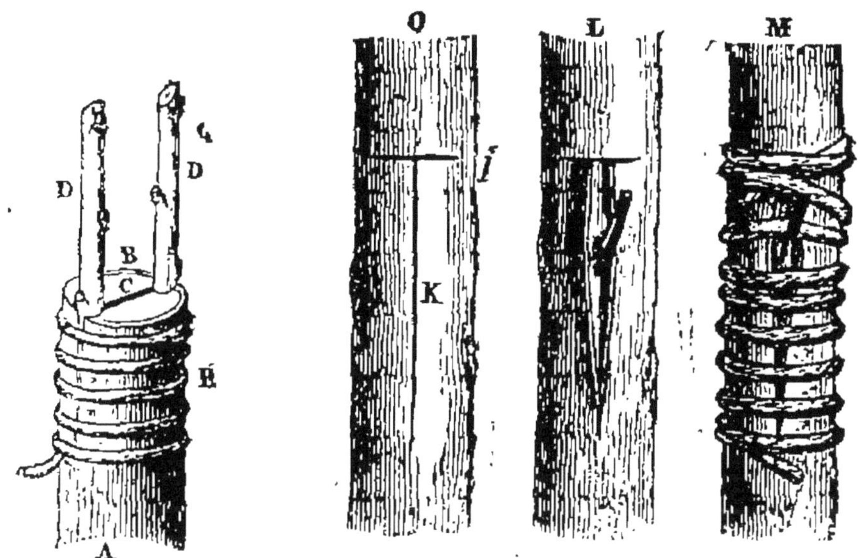

Fig. 142. — Greffe en fente. Fig. 143. — Greffe en écusson.

adhérer à la face intérieure de l'écusson, tout en respectant l'écorce, le tissu verdâtre surtout qui forme la couche interne. Enfin l'on introduit l'écusson entre l'écorce et le bois du sujet et l'on rapproche les lèvres de la plaie au moyen d'une ligature. Le printemps suivant, le bourgeon transplanté adhère à sa nouvelle nourrice, que l'on ampute alors au-dessus de la greffe. Dans peu de temps, l'églantier se couvre de nos magnifiques roses cultivées. C'est ce qu'on nomme la *greffe en écusson*.

QUESTIONNAIRE.

1. Qu'est-ce qu'un bourgeon ? — Où les bourgeons sont-ils placés ? — Qu'est-ce qu'un bourgeon écailleux ? — Dé-

crivez la structure des bourgeons du marronnier. — Qu'appelle-t-on bourgeons nus ? — 2. Qu'entendez-vous par bourgeons fixes et par bourgeons mobiles ? — 3. Qu'est-ce qu'un bulbe ? — Décrivez la structure de l'oignon vulgaire. — 4. Qu'appelle-t-on tubercules ? — Que savez-vous sur la pomme de terre ? — 5. Comment se pratique le bouturage ? — De quelle utilité est alors une cloche ? — 6. Comment se pratique le marcottage ? — Que désignent les expressions de provins et de provignage ? — 7. Que se propose-t-on dans la greffe ? — Quelles sont les conditions indispensables pour la réussite de la greffe ? — 8. Comment s'opère la greffe en fente ? — Pourquoi ne peut-on mettre que deux greffes au plus dans la même fente ? — 9. Comment se pratique la greffe en écusson ?

CHAPITRE III

FEUILLES. — NUTRITION DES VÉGÉTAUX.

1. Parties de la feuille. — En son plus haut degré de complication, une feuille comprend trois parties : le *limbe*, le *pétiole*, les *stipules*. Le *pétiole* est ce qu'on nomme vulgairement la queue de la feuille ; le *limbe* est la lame verte qui le termine ; les *stipules* sont les expansions foliacées qui se présentent quelquefois, mais non toujours, à la base du pétiole. Le limbe est parcouru dans son épaisseur par les *nervures*, ou cordons de fibres et de vaisseaux qui forment la charpente de la feuille. Les intervalles laissés entre elles par les nervures sont remplis d'un tissu cellulaire vert. Enfin une couche d'*épiderme* revêt les deux faces du limbe ainsi que le reste de la feuille. Si le pétiole manque, cas assez fréquent, la feuille est dite *sessile*.

2. **Feuille simple et feuille composée.** — Lorsque le limbe est unique, comme dans le poirier, le buis, le saule, le lilas, la feuille est dite *simple*. Elle est *entière* si le bord du limbe est continu, sans échancrures, sans dents; elle est *dentée*, si le limbe présente des saillies anguleuses, et *crénelée* si ces saillies sont émoussées, arrondies. Enfin elle est *lobée*, si le limbe est divisé en découpures profondes.

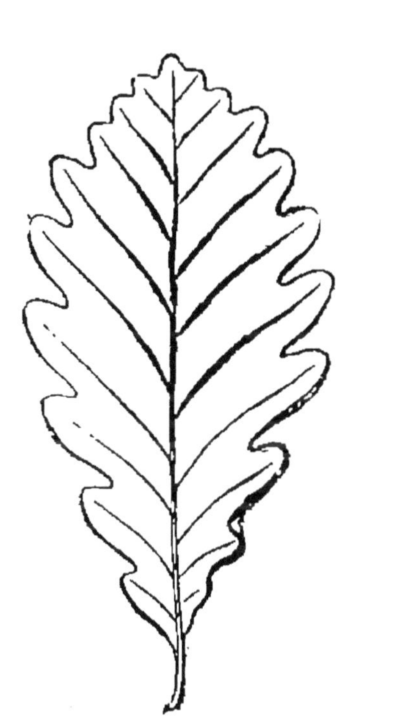

Fig. 144. — Feuille de Chêne.

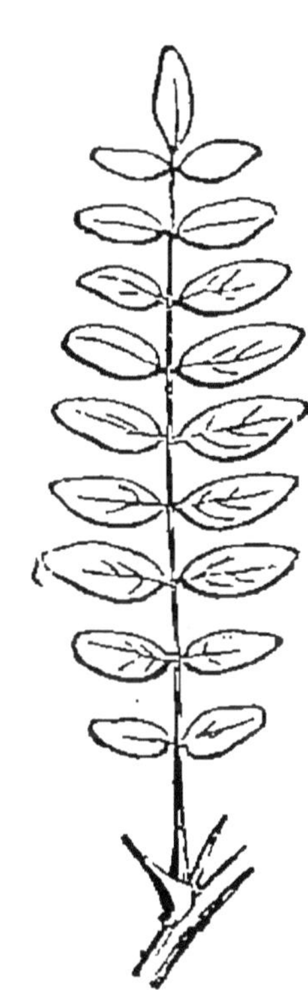

Fig. 145. — Feuille de Robinier.

Considérons maintenant la feuille du robinier, vulgairement acacia. Le limbe, au lieu d'être formé d'une lame unique, en comprend plusieurs, reliées à un pétiole commun. Chacune de ces subdivisions de la feuille totale se nomme *foliole*; et la feuille en son entier prend la qualification de *composée*. En outre, comme les folioles sont symétriquement disposées à droite et à gauche du pétiole commun ainsi que les barbes d'une plume, la feuille du robinier et celles qui présentent semblable structure sont dites feuilles *composées pennées*. D'autres fois, les folioles rayonnent à l'extrémité du pétiole commun, ainsi que les doigts

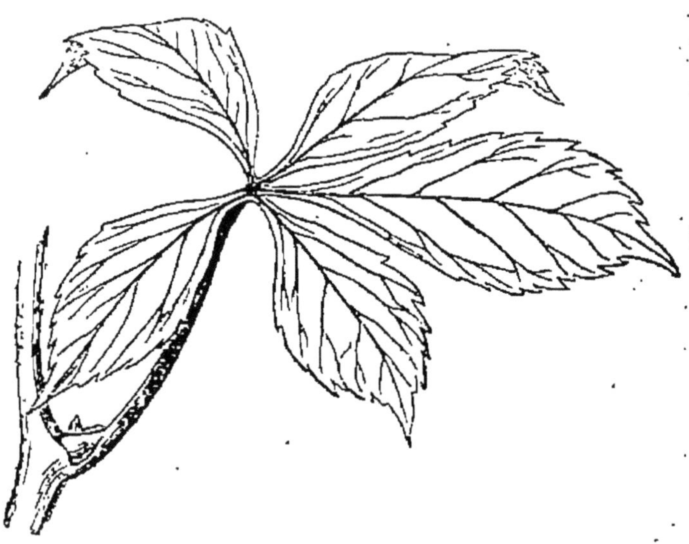

Fig. 146. — Feuille de Vigne-vierge.

à l'extrémité de la main. La feuille est dite alors *composée palmée*. Exemples, le marronnier d'Inde, la vigne-vierge.

3. **Arrangement des feuilles.** — Habituellemen les feuilles sont disposées sur le rameau suivant une ligne spirale. Elles prennent alors le nom de feuilles *spiralées*. Leur point de naissance sur le rameau se nomme *nœud*, et la distance entre deux nœuds consécutifs s'appelle *entre-nœud*. D'autres fois, les feuilles naissent deux par deux, trois par trois, quatre par quatre ou davantage, d'un même nœud. Chacun de

ces groupes s'appelle *verticille*, et les feuilles sont qualifiées de *verticillées*. Lorsque le verticille est de deux, les feuilles plus fréquemment sont dites *opposées*. Il est à remarquer que, dans ces associations deux par deux, chaque groupe se met en croix avec celui qui précède, dans le but de gêner le moins

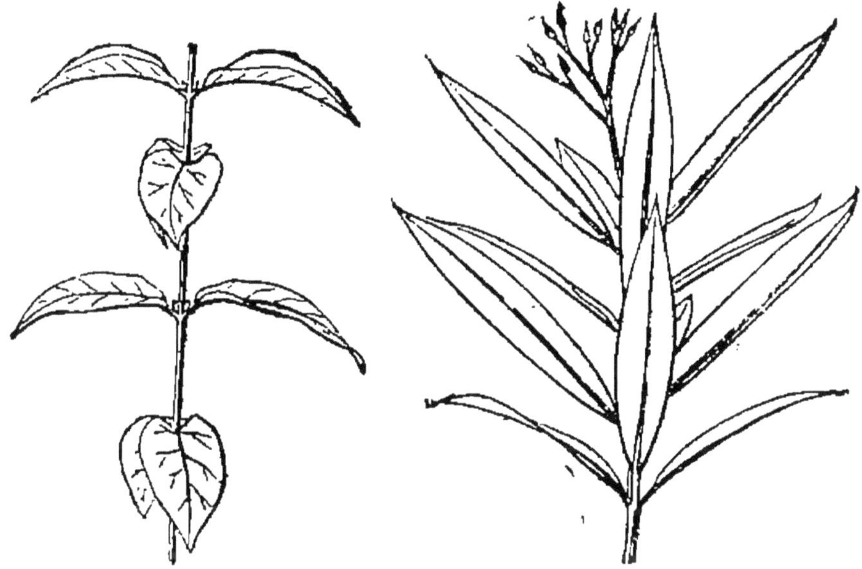

Fig. 147. — Feuilles opposées. Fig. 148. — Feuilles du Laurier-rose.

possible l'accès de la lumière. Du reste la loi est générale, et, quel que soit leur nombre, les feuilles d'un verticille ne se placent pas au-dessus de celles du verticille inférieur, mais bien en face de l'intervalle qui les sépare. On désigne cette disposition en disant que deux verticilles consécutifs *alternent* leurs feuilles. Nous en avons un bel exemple dans le laurier-rose, dont les feuilles sont verticillées par trois.

4. **Épiderme. Stomates.** — Les deux faces du limbe, ainsi que les autres parties de la feuille, sont recouvertes d'une mince couche de cellules, arides,

transparentes, disposées sur un seul rang et assemblées étroitement à côté l'une de l'autre. Cette pellicule protectrice est l'*épiderme*. Examiné au microscope, un lambeau d'épiderme montre une foule de petites ouvertures, dont la conformation rappelle une boutonnière, ou mieux une bouche. Ces orifices se nomment *stomates*. Leur nombre est prodigieux. Dans l'étendue d'un centimètre carré, on en compte 25,000 pour la feuille du chêne. On a calculé qu'une seule feuille de tilleul, de grandeur moyenne, est percée de 1,053,000 stomates. C'est par les stomates que s'évapore l'eau surabondante des feuilles et que pénètre le gaz carbonique puisé dans l'atmosphère pour la nutrition du végétal.

5. Parenchyme de la feuille. — Entre les deux

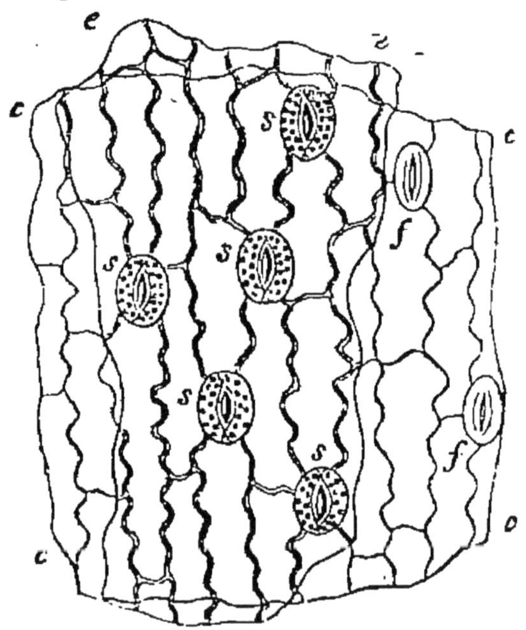

Fig. 149. — Stomates du Lis.

lames d'épiderme est le *parenchyme*, consistant en un tissu de cellules vertes qui remplit les mailles laissées entre elles par les nervures. Le contenu des cellules consiste en une matière verte nommée *chlorophylle.* C'est tantôt une gelée verte sans forme déterminée, tantôt et plus fréquemment un amas de corpuscules si menus, qu'il en faudrait 130 disposés à la file l'un de l'autre pour faire la longueur d'un millimètre. Enfin chaque stomate communique directement avec un espace vide nommé *chambre aérienne.* Les divers intervalles ou *méats intercellulaires* que les cellules laissent entre elles, viennent tous, de proche en proche, déboucher dans cette chambre, sorte de vestibule d'attente où s'amassent les produits gazeux

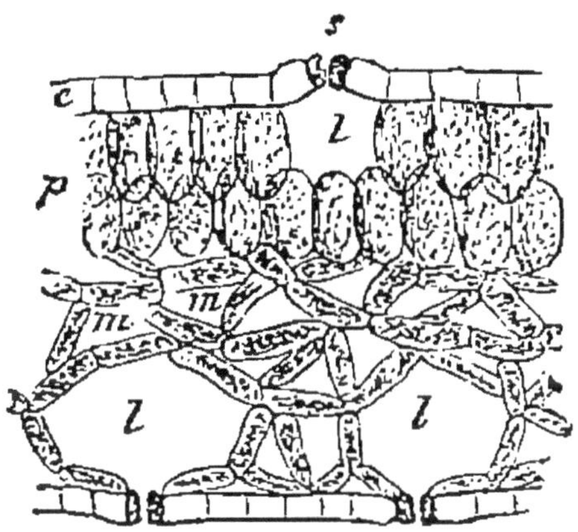

Fig. 150. — Tranche verticale d'une feuille de Giroflée.

s, stomate ; — *e*, épiderme, — *m*, méats intercellulaires, — *p*, parenchyme ; — *l*, *l*, *l*, chambres aériennes.

du travail des feuilles avant de s'exhaler dans l'atmosphère par l'orifice du stomate, où s'emmagasinent provisoirement aussi les substances gazeuses puisées dans l'air, avant de se rendre aux cellules pour y subir le merveilleux travail dont nous allons parler.

6. **Décomposition du gaz carbonique par les végétaux.** — Le principal aliment des végétaux est

le gaz carbonique, produit constant de la respiration animale, de la combustion et de la décomposition putride des matières organiques. Les racines le puisent dans le sol avec l'eau qu'elles absorbent, les stomates le puisent dans l'atmosphère, et les feuilles le reçoivent dans leur tissu vert. Sous l'influence de la lumière solaire, la chlorophylle décompose ce gaz : l'oxygène est dégagé, propre désormais à la respiration des animaux, à la combustion ; quant au carbone, il reste dans le tissu de la plante, où il entre dans la composition des diverses substances végétales, bois, fécule, sucre, gomme, etc.

Tôt ou tard ces matières végétales sont décomposées par la pourriture, par la combustion, par la nutrition de l'animal, et le charbon redevient gaz carbonique, qui retourne dans l'atmosphère, où de nouvelles plantes le puiseront encore pour s'en nourrir et transmettre à l'animal les composés alimentaires ainsi préparés. Les deux règnes se prêtent ainsi un mutuel secours : l'animal fait du gaz carbonique dont la plante se nourrit ; la plante, de ce gaz meurtrier, fait de l'air respirable et des matières alimentaires.

7. **Expérience.** — Pour constater la décomposition du gaz carbonique par les plantes, le moyen le plus simple consiste à opérer dans l'eau, ce qui permet d'observer le dégagement gazeux et de recueillir avec facilité l'oxygène. L'eau ordinaire renferme toujours du gaz carbonique dissous, et cédé soit par le sol, soit par l'atmosphère ; nous n'avons donc pas à nous préoccuper de ce gaz. Dans un flacon à large goulot plein d'eau ordinaire, nous introduisons un rameau coupé récemment et couvert de feuilles bien vertes. Une plante aquatique est préférable parce que l'expérience marche plus vite et plus longtemps. Ainsi préparé,

le flacon est renversé dans un vase plein d'eau, et finalement exposé aux rayons directs du soleil. Bientôt les feuilles se couvrent de petites bulles aériformes, qui gagnent le haut du flacon et s'y amassent en une couche gazeuse. En recueillant ce gaz, on constate qu'une allumette récemment éteinte et conservant un point en ignition, s'y rallume et y brûle avec beaucoup plus d'éclat qu'à l'air libre. A ce caractère se reconnaît l'oxygène. Il faut donc que l'acide carbonique dissous dans l'eau ait été décomposé par les feuilles en ses deux éléments, l'oxygène et le carbone. L'oxygène s'est dégagé, le carbone est resté dans le tissu des feuilles.

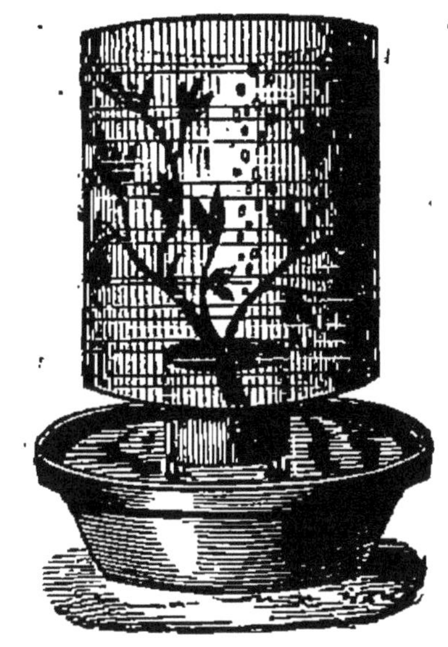

Fig. 151. — Décomposition du gaz carbonique par les végétaux.

8. **Nécessité de la lumière solaire. — Étiolement.** — Deux conditions sont d'une absolue nécessité pour que la plante décompose le gaz carbonique : les rayons directs du soleil et la couleur verte de la chlorophylle. — A la lumière artificielle des lampes, si vive qu'elle soit, à l'ombre, et à plus forte raison dans l'obscurité, la décomposition n'a pas lieu. Lorsqu'elle n'éprouve pas l'influence directe de la lumière solaire, une plante n'a donc pas d'action sur le gaz carbonique, sa principale nourriture. Alors elle languit affamée, elle s'allonge beaucoup comme pour rechercher la lumière qui lui manque; son écorce,

ses feuilles pâlissent et perdent la coloration verte; enfin elle périt. Cet état maladif, causé par la privation de la lumière, s'appelle *étiolement*. On le provoque en horticulture pour obtenir du jardinage plus tendre, de saveur moins forte. C'est ainsi qu'on lie avec un jonc les salades, dont le cœur, privé de lumière, devient tendre et blanc. En second lieu, les parties des végétaux renfermant les granules verts de chlorophylle, les feuilles principalement, sont seules aptes à la décomposition du gaz carbonique. Les fleurs, les fruits et les divers organes colorés autrement qu'en vert, sont impropres à ce travail, même sous le stimulant de la plus vive lumière.

9. **Séve ascendante.** — Les racines puisent dans le sol de l'eau tenant en dissolution une faible quantité de substances diverses, parmi lesquelles les plus fréquentes sont des sels de potasse, des sels de chaux, de l'acide carbonique. Ce liquide prend le nom de *séve ascendante* ou *séve non élaborée*. Il monte par les vaisseaux du bois extérieur et le plus jeune, c'est-à-dire par l'aubier; arrive aux feuilles et se distribue dans leurs cellules. L'eau surabondante, nécessaire au transport des matériaux nutritifs, s'exhale en vapeurs invisibles par les orifices des stomates. En même temps, les cellules reçoivent le gaz carbonique puisé dans l'atmosphère, ou même amené du sol avec la séve. Sous l'influence des rayons du soleil, la chlorophylle dédouble ce gaz en ses deux éléments. L'oxygène se dégage au dehors; le charbon reste, aussitôt combiné avec les matériaux de la séve ascendante. Le résultat de tout ce travail est la *séve descendante* ou *élaborée*.

10. **Séve descendante.** — Ce liquide est, en quelque sorte, le sang de la plante; chaque organe y

trouve de quoi se développer, se nourrir. Il est la matière à fruits et à bois, à feuilles et à fleurs, à écorce et à bourgeons. Il descend, par les couches internes de l'écorce, des feuilles aux rameaux, des rameaux aux branches, des branches à la tige, de la tige aux racines, nourrissant tout sur son trajet.

QUESTIONNAIRE.

1. Qu'appelle-t-on pétiole, limbe, stipules? — Quand la feuille est-elle dite sessile? — 2. Qu'est-ce qu'une feuille simple? — Qu'est-ce qu'une feuille composée? — Comment sont disposées les folioles dans les feuilles composées pennées et dans les feuilles composées palmées? — 3. Qu'appelle-t-on feuilles spiralées, opposées, verticillées? — Que présentent de remarquable deux verticilles consécutifs? — 4. Qu'est-ce que l'épiderme? — En quoi consistent les stomates? — Quel est leur nombre? — Quelles sont leurs fonctions? — 5. Dites la structure interne de la feuille. — Qu'appelle-t-on chambres à air? — Qu'est-ce que la chlorophylle? — 6. Quel est le principal aliment des végétaux? — Comment les animaux et les végétaux se viennent-ils mutuellement en aide? — 7. Comment se démontre la décomposition du gaz carbonique par les végétaux? — 8. De quelle nécessité est la lumière solaire pour les végétaux? — En quoi consiste l'étiolement? — Quelles sont les parties végétales aptes à décomposer le gaz carbonique? — 9. Quels matériaux les racines puisent-elles dans le sol? — Quel est le trajet suivi par la séve ascendante? — 10. Qu'est-ce que la séve descendante? — Quelle est sa fonction? — Quel trajet suit-elle?

CHAPITRE IV

LA FLEUR.

1. Composition générale de la fleur. — Tous les végétaux, sans exception aucune, se multiplient par des *semences* ou *graines*; à ce mode général de reproduction, quelques-uns adjoignent la propagation accessoire par bourgeons mobiles, ainsi que nous l'avons vu au sujet des bulbes et des tubercules. La

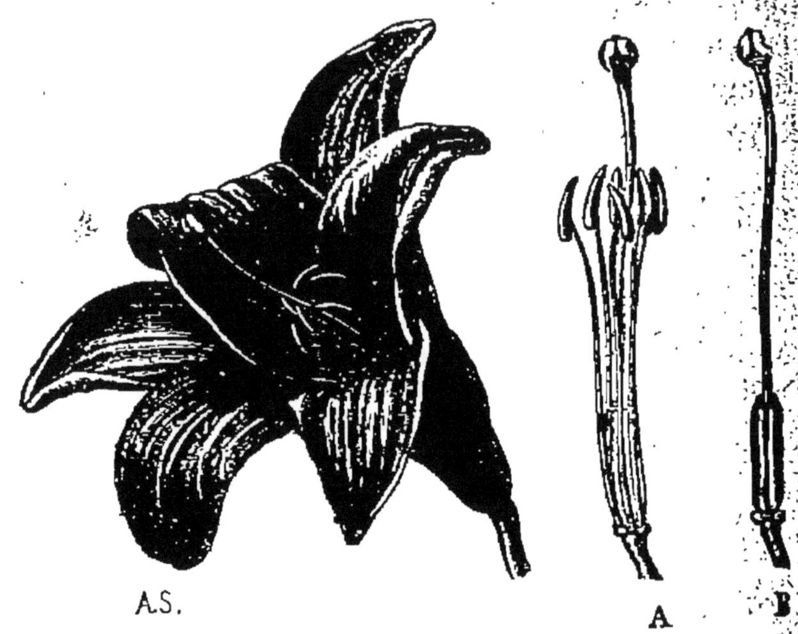

Fig. 152. — Lis blanc. — A, étamines et pistil ; — B, pistil seul.

fleur est l'ensemble des organes destinés à la production des graines.

Examinons en quoi consiste la structure générale de la fleur, et prenons pour sujet d'observation la fleur du lis, qui, par son ampleur, se prête à un examen facile. La partie qui tout d'abord frappe les regards consiste en six grandes pièces d'un beau blanc qui, la floraison finie, se détachent et tombent séparées l'une de l'autre. Chacune de ces pièces prend le nom de *pétale*, et leur ensemble s'appelle *corolle*. Viennent après six filaments allongés qui portent au sommet, transversalement suspendu sur leur pointe, un sachet à double loge, plein d'une abondante poussière jaune. Chacun de ces organes en son entier se nomme *étamine*. Le sac à double loge est l'*anthère*, la poussière jaune est le *pollen*, le filament est le *filet* de l'étamine. Au centre de la fleur, au milieu du faisceau des six étamines, est le *pistil*. Dans celui-ci, on distingue, à la base, un renflement à trois cavités qui se traduisent au dehors par des côtes arron-

Fig. 153. — Nielle des blés.

dies : ce renflement, c'est l'*ovaire* ; ces cavités sont les *loges*, contenant les semences en voie de formation, ou en d'autres termes les *ovules*. Au-dessus de l'ovaire se dresse un long filament appelé *style*; enfin le style se termine par une tête divisée en trois par des échancrures et nommée *stigmate*. Pareille structure se retrouve dans diverses fleurs, comme la tulipe et la jacinthe ; mais un très-grand nombre de plantes ont, en outre, en dehors de la corolle, une enveloppe protectrice verte à laquelle on donne le nom de *calyce*. Ainsi nous trouvons dans la rose et dans la nielle des blés, tout au dehors, cinq lanières anguleuses vertes, qui, dans la fleur en bouton, se rejoignent exactement pour protéger les organes intérieurs plus délicats, puis s'ouvrent et s'étalent quand la fleur s'épanouit. Chacune des parties du calyce prend le nom de *sépale*. Dans une fleur complète, on trouve donc, en allant de l'extérieur au centre : 1° le calyce, composé de sépales; 2° la corolle, composée de pétales ; 3° les étamines ; 4° le pistil.

2. **Organes essentiels de la fleur.** — Les parties essentielles de la fleur, les seules vraiment nécessaires pour la production des graines, sont les étamines et le pistil. Le calyce et la corolle ne sont que des enveloppes protectrices ou des ornements; ils peuvent manquer, l'un ou l'autre, ou tous les deux, et la fleur n'en existe pas moins. C'est ainsi que nous venons de voir deja le lis dépourvu de calyce. Il y a fleur partout où se trouvent des organes nécessaires à la formation de graines fertiles, ne serait-ce que le pistil, ne serait-ce qu'une seule étamine. C'est ainsi qu'une foule de plantes considérées comme privées de fleurs en possèdent réellement, mais réduites au nécessaire et privées des élégants accessoires qui d'habitude attirent seuls nos regards. Sans exception aucune, tout végétal a des fleurs. Il est vrai que les végétaux inférieurs, les champignons et les mousses

par exemple, s'éloignent complétement, dans leurs organes floraux, de la structure que nous venons de décrire.

3. **Calyce.** — Le calyce a une consistance plus ferme, plus grossière que celle des organes intérieurs qu'il a pour fonction de protéger, d'abriter même en entier dans la fleur en bouton. Sa coloration est ordinairement verte; néanmoins il y a des calyces doués d'une vive teinte; ainsi celui du grenadier est d'un beau rouge comme la corolle. Tantôt les pièces du calyce, les sépales, sont distinctes et nettement séparées l'une de l'autre; tantôt elles sont plus ou moins soudées entre elles par les bords et simulent alors une pièce unique, mais en laissant dans le haut du calyce des dentelures libres, qui permettent de reconnaître le nombre de sépales assemblés. Quand les sépales sont en entier distincts l'un de l'autre, le calyce est dit *polysépale*; c'est le cas du coquelicot, du lin, de la giroflée. Quand ils sont soudés l'un à l'autre, le calyce est qualifié de *monosépale*. C'est ce que nous montrent le tabac et l'œillet.

Fig. 154. — Corolle monopétale de Campanule.

4. **Corolle.** — Les pétales forment la corolle. Ce sont de grandes lames minces, délicates, à coloration vive, d'où le vert est presque toujours exclu. Ainsi que les sépales, les pétales peuvent être distincts l'un de l'autre, comme dans la rose, le coquelicot, l'œillet,

ou soudés entre eux par les bords sur une longueur plus ou moins grande, comme dans le tabac, la campanule, le liseron. Dans ce dernier cas, les dentelures, les sinuosités, les plis de la corolle, font connaître le nombre de pétales assemblés. Si les pétales sont libres, la corolle est dite *polypétale*; s'ils sont soudés entre eux, la corolle est dite *monopétale*.

5. **Étamines.** — La partie indispensable d'une étamine est l'anthère, avec son contenu poudreux de pollen, dont la fonction est de fertiliser les semences et d'éveiller en elles la vie quand elles commencent à se former dans l'ovaire. Il suffit donc de l'anthère pour constituer une étamine. Le plus souvent, le pollen est jaune. Examiné au microscope, il apparaît comme un amas d'innombrables granules, tous pareils de forme et de dimensions dans la même plante, mais très-variables d'une espèce végétale à l'autre. Par leur configuration diversifiée, par les élégants dessins de leur surface, les grains de pollen sont un des sujets les plus intéressants des observations microscopiques. Il y en a de sphériques, d'ovalaires, d'allongés comme des grains de blé. D'autres ressemblent à de petits tonneaux, à des boules cernées par un ruban spiral. Quelques-uns sont triangulaires avec les angles arrondis, d'autres affectent la forme de cubes à arêtes émoussées. Ceux-ci sont lisses à la surface ou hérissés uniformément de fines rugosités; ceux-là se taillent en polyèdres dont les faces sont encadrées dans un rebord saillant, ou bien se plissent d'une extrémité à l'autre de sillons semblables à des méridiens. Tous sont remplis d'un liquide visqueux au sein duquel nagent d'innombrables et très-fines granulations. Ce contenu, partie active du pollen, se nomme *fovilla*.

6. **Pistil.** — Examinons le pistil du pied-d'alouette. Nous y trouverons trois petits sacs ventrus, à l'intérieur desquels les jeunes semences ou *ovules* sont rangées le long de la paroi. Chacun d'eux est surmonté d'un court filament que termine une tête peu apparente, mais de nature spéciale. On donne à chacun de ces sacs le nom de *carpelle*. La cavité est l'*ovaire*, le prolongement filiforme est le *style*, la tête terminale est le *stigmate*. Le pistil de toute autre fleur se compose

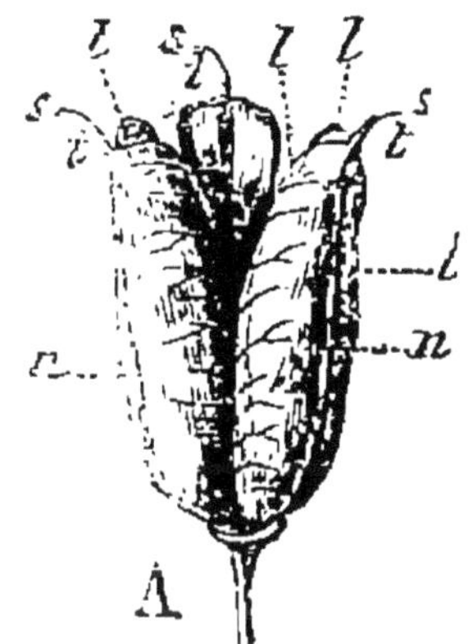

Fig. 155. — Pistil du Pied-d'alouette. — *n*, ovaire ; *t*, style ; *s*, stigmate.

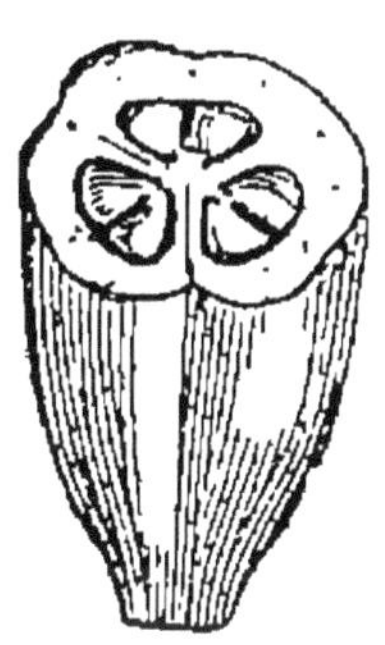

Fig. 156. — Section transversale de l'ovaire du Lis.

aussi de carpelles, parfois au nombre d'un seul pour chaque fleur, mais plus fréquemment groupés plusieurs ensemble. Dans ce dernier cas, les carpelles se soudent habituellement entre eux. Tantôt la réunion a lieu par les ovaires seulement, les styles et les stigmates restant séparés ; tantôt la soudure porte à la fois sur les ovaires et les styles et ne laisse libres que les stigmates ; tantôt enfin les carpelles sont assemblés dans toutes leurs parties en un organe qui paraît simple. Pour reconnaître de combien de carpelles se compose un pareil pistil, il suffit de couper transversalement l'ovaire. Autant de cavités ou de *loges* présente cet ovaire commun, autant le pistil comprend de carpelles. On reconnaît ainsi que le pistil du lis est formé de trois carpelles assemblés en un tout d'apparence simple ; que la pomme, ovaire grossi et mûri de la fleur de pommier, résulte de cinq carpelles, car elle a cinq *loges*, entourées d'une paroi coriace et contenant les graines ou pépins.

7. **Végétaux monoïques et végétaux dioïques.** —La grande majorité des plantes possède, réunis dans la même fleur, le pistil au centre, les étamines autour du pistil. Mais quelques végétaux ont deux espèces de fleurs, qui mutuellement se complètent, les unes donnant le pollen, les autres, les ovules. A l'intérieur de leurs enveloppes florales, les fleurs uniquement destinées à produire du pollen, ne contiennent que des étamines, sans pistil. On les nomme *fleurs à étamines* ou *fleurs staminées*. Les autres, uniquement destinées à produire des ovules, ne contiennent que des pistils, sans étamines. On les nomme *fleurs à pistils* ou *fleurs pistillées*.

Tantôt, les fleurs staminées et les fleurs pistillées viennent à la fois sur le même individu végétal, sur le même pied. La plante est dite alors *monoïque*. Ainsi la citrouille et le melon portent à la fois les deux genres de fleurs sur le même rameau. Les fleurs à étamines, après l'émission du pollen, se fanent et se détachent de la plante sans laisser de traces ; les fleurs à pistil, tout d'abord reconnaissables à leur gros renflement inférieur, ne tombent pas en entier, une fois flétries : elles laissent en place ce renflement, qui est l'ovaire et devient le fruit.

Tantôt enfin, les fleurs staminées et les fleurs pistillées se trouvent sur des pieds différents, de manière que, pour la fructification, deux individus distincts sont nécessaires, l'un fournissant le pollen et l'autre les ovules. La plante alors est dite *dioïque*. Tel est le cas du chanvre. Seule, la plante pistillée fructifie et

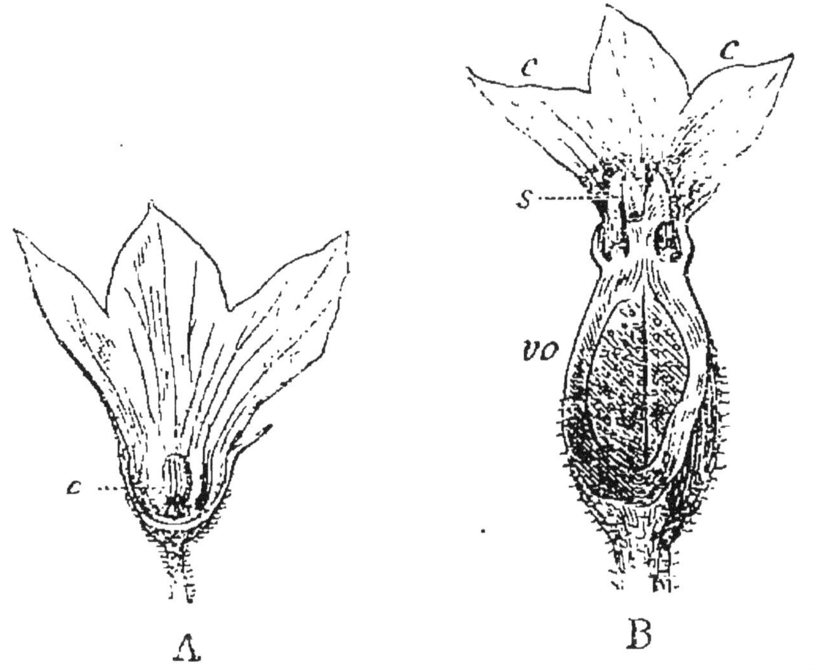

Fig. 157. — A, fleur staminée de Citrouille ; *c*, étamines. — B, fleur pistillée de Citrouille ; *vo*, ovaire ; *s*, stigmate ; *c*, corolle.

donne des graines ; la plante staminée n'en donne jamais, mais elle n'est pas moins indispensable, car en l'absence du pollen la fructification serait impossible.

8. **Action du pollen.** — Par eux-mêmes, les rudiments de graines ou les *ovules* contenus dans les ovaires, ne peuvent devenir des semences fécondes, propres à germer et à reproduire la plante. Il leur faut un agent complémentaire, sans lequel l'ovaire ne tarderait pas à se flétrir, impuissant à se développer en fruit. Cet agent complémentaire est le pollen, qui éveille la vie dans l'ovule et y suscite la

naissance d'un germe. Au moment où la fleur est dans la plénitude de l'épanouissement, le stigmate transpire un liquide visqueux sur lequel se fixent englués les grains de pollen tombés des anthères, ou apportés par les vents et surtout par les insectes, qui s'enfarinent de la poussière pollinique en butinant d'une fleur à l'autre. Une fois le pollen parvenu sur le stigmate, la fleur ne tarde pas à se faner; mais l'ovaire prend alors une activité nouvelle, il grossit et devient le fruit, plein de semences propres à germer.

9. **Expérience.** — La citrouille est monoïque : sur le même pied se trouvent des fleurs pistillées et des fleurs staminées, très-faciles à distinguer les unes des autres même avant tout épanouissement. Les premières ont, au-dessous de la corolle, un gros renflement qui est l'ovaire; les secondes n'ont rien de pareil. Sur un pied de citrouille isolé coupons les fleurs staminées avant qu'elles s'ouvrent et laissons les fleurs pistillées. Pour plus de sûreté, enveloppons chacune de celles-ci d'une coiffe de gaze assez ample pour permettre à la fleur de se développer sans entraves. Cette séquestration doit être faite avant l'épanouissement, pour être certain que le stigmate n'a pas déjà reçu du pollen. Dans ces conditions, ne pouvant recevoir la poussière staminale, puisque les fleurs à étamines sont supprimées, et que d'ailleurs l'enveloppe de gaze arrête les insectes qui pourraient en apporter du voisinage, les fleurs à pistil se fanent après avoir langui quelque temps, et leur ovaire se dessèche sans grossir en citrouille. Voulons-nous, au contraire, que telle ou telle autre fleur à notre choix fructifie malgré l'enceinte de gaze et la suppression des fleurs à étamines? Du bout du doigt, prenons un peu de pollen et déposons-le sur le stigmate; puis

remettons en place l'enveloppe. Cela suffira pour que l'ovaire devienne citrouille et donne des graines fertiles.

QUESTIONNAIRE.

1. Qu'est-ce que la fleur ? — Quelles sont les parties qui la composent ? — Qu'appelle-t-on calyce et corolle ? — Dites la structure d'une étamine. — Dites la structure du pistil. — 2. Quelles sont les parties essentielles de la fleur ? — Y a-t-il des végétaux dépourvus de fleurs ? — Les végétaux inférieurs, les champignons et les mousses par exemple, ont-ils leurs organes floraux semblables à ceux des végétaux supérieurs ? — 3. Comment se nomment les pièces du calyce ? — Qu'entendez-vous par calyce polysépale et calyce monosépale ? — 4. Comment se nomment les pièces de la corolle ? — Qu'est-ce qu'une corolle polypétale et une corolle monopétale ? — 5. Quelle est la partie essentielle d'une étamine ? — Qu'est-ce que le pollen ? — 6. Décrivez le pistil du pied-d'alouette. — De quoi se compose le pistil ? — Comment peut-on reconnaître le nombre de carpelles dont se compose un pistil en apparence simple ? — Que sont les ovules ? — Comment se nomment les cavités qui les contiennent ? — 7. Qu'appelle-t-on fleurs staminées et fleurs pistillées ? — Que savez-vous sur les végétaux monoïques et les végétaux dioïques ? — 8. Que faut-il pour que l'ovaire mûrisse et que les ovules deviennent des graines propres à germer ? — Comment le pollen arrive-t-il sur le stigmate ? — Comment le stigmate retient-il les grains de pollen ? — 9. Racontez une expérience démontrant l'absolue nécessité de pollen.

CHAPITRE V

LE FRUIT ET LA GRAINE.

1. **Péricarpe.** — Lorsque dans les ovules, sous le stimulant du pollen, s'est développé le germe, but final de la fleur, les enveloppes florales ne tardent

pas à se flétrir et à tomber ; mais l'ovaire, animé d'une nouvelle vie, grossit en mûrissant ses semences fécondes. L'ovaire développé, avec son contenu de graines, s'appelle *fruit*. Le fruit se forme en vue des graines, destinées à perpétuer l'espèce ; tout ce qui accompagne les semences, quelle que soit son importance pour nos propres usages, est chose accessoire dans l'économie de la plante et constitue une simple enveloppe dont la fonction est de protéger les graines jusqu'à leur maturité. Cette enveloppe porte le nom de *péricarpe*.

2. **Structure du péricarpe.** — Considérons, par exemple, une pêche, une cerise, une prune, un abricot. Ces quatre fruits proviennent l'un et l'autre d'un carpelle unique contenant une seule graine dans sa loge. Le robuste noyau qui défend la semence jusqu'à l'époque de la germination, la chair succulente qui pour nous est une précieuse ressource alimentaire, la peau fine qui recouvre cette chair, tout cela réuni forme le péricarpe. Le noyau se nomme *endocarpe* ; la chair, *mésocarpe;* la peau, *épicarpe*. Trois couches analogues, mais très-variables d'aspect, de nature, de consistance, d'épaisseur, se retrouvent dans tout péricarpe. Ainsi la pomme et la poire sont formées de cinq carpelles assemblés en un tout unique en apparence, mais dont on reconnaît la composition d'après le nombre de loges. La paroi coriace de ces loges ou l'étui cartilagineux renfermant les pépins est l'endocarpe du carpelle correspondant; la chair est le mésocarpe des cinq carpelles réunis, et la peau en est l'épicarpe.

3. **Téguments de la graine.** — Considérons le fruit de l'amandier mûr et à l'état frais. Après avoir cassé la coque ligneuse constituant l'endocarpe, nous

obtenons la graine, vulgairement amande. Sur celle-ci, nous reconnaîtrons aisément deux enveloppes, faciles à isoler, si l'amande est fraîche : l'une extérieure, grossière et roussâtre ; l'autre intérieure, fine et blanche. Dans leur ensemble, ces deux enveloppes prennent le nom de *téguments* de la graine ; l'extérieure se nomme *testa*, l'intérieure *tegmen*. Deux enveloppes analogues, mais très-variables d'aspect et de consistance, se retrouvent dans toute graine.

4. **Embryon.** — Si l'on dépouille de leurs téguments l'amande, le pois, la fève et autres semences, il reste l'*embryon*, c'est-à-dire la plante en son état naissant. Dans les semences citées, l'embryon se partage de lui-même en deux moitiés égales, et, cela fait, on voit à l'extrémité effilée de l'amande un mamelon conique tourné en dehors et un bouquet serré de très-petites feuilles naissantes, une espèce de bourgeon tourné en dedans. Le mamelon doit devenir la racine et prend le nom de *radicule* ; le bourgeon appelé *gemmule*, doit se déployer en feuilles. Entre les deux est la *tigelle*, qui doit s'allonger en tige. Quant aux deux organes charnus qui forment à eux seuls la graine presque entière, ce sont les deux premières feuilles de la plante, mais des feuilles d'une structure spéciale, vrais réservoirs alimentaires de la plantule naissante. Au moment de la germination, ces deux grosses feuilles, gorgées de fécule,

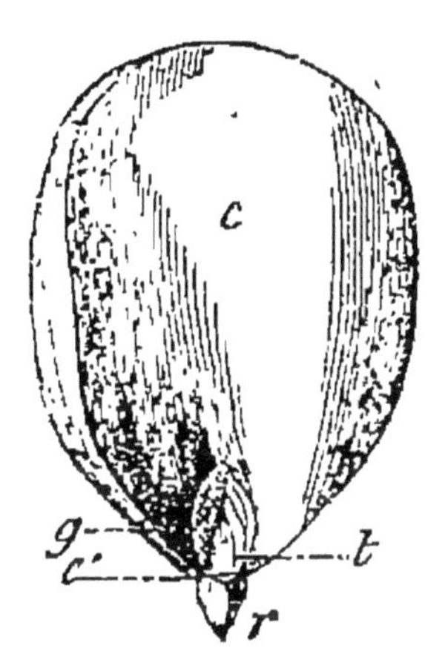

Fig. 158. — Graine de l'Amandier. — c, cotylédon ; c', point d'attache du second cotylédon ; g, gemmule ; r, radicule ; t, tigelle.

fournissent les premiers matériaux nutritifs à la plante encore trop peu développée pour se suffire à

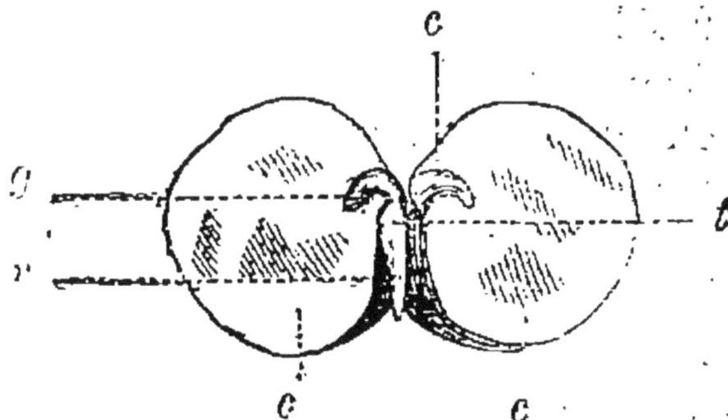

Fig. 159. — Graine du Pois. — *c,c*, cotylédons ; — *g*, gemmule ; — *r*, radicule ; — *t*, tigelle.

elle-même. On pourrait les appeler les feuilles nourricières ; la botanique leur donne le nom de *cotylédons*.

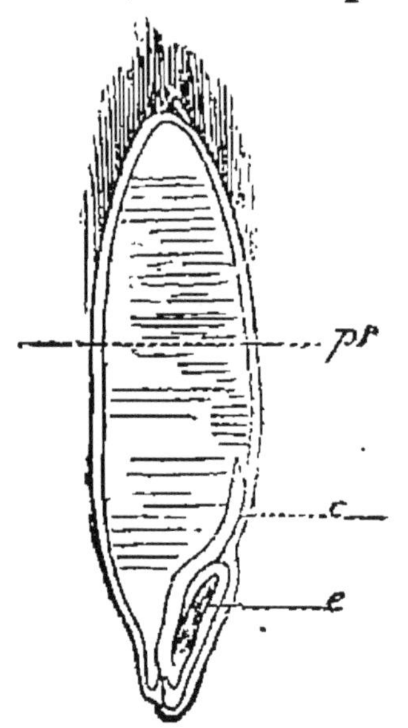

Fig. 160. — Graine du Blé. — *c*, cotylédon ; *e*, gemmule ; *pr*, périsperme.

On constate que le pois, le haricot, la fève, le gland, enfin toutes les graines des végétaux dont les fibres de la tige sont arrangées en couronnes concentriques, ont deux cotylédons. Mais le lis, la tulipe, la jacinthe, le froment, l'iris et tous les végétaux qui disposent sans ordre les fibres de leur tige, n'ont jamais à leur graine qu'un seul cotylédon. Considérons, par exemple, la graine du blé. Sur le haut du germe, on distingue une étroite fente par où se fait jour la gemmule. Ce qui est au-dessus de cette fente constitue l'unique cotylédon ; ce qui est au-dessous représente la radicule.

Ces diverses parties ne sont bien visibles qu'après un commencement de germination.

5. **Périsperme.** — D'après la figure, on voit que l'embryon du blé ne forme qu'une petite fraction de la graine. Il y a en outre, sous les téguments de la semence, une abondante masse farineuse qui n'existe pas dans les graines du pois, du haricot, de l'amandier. On lui donne le nom de *périsperme*. C'est une réserve alimentaire qui, au moment de la germination, devient fluide et de ces sucs imbibe et nourrit la jeune plante. On trouve un amas alimentaire pareil dans diverses graines, par exemple dans celles du lierre et du mouron. Ce sont, en général, les graines à gros cotylédons qui manquent de périsperme;

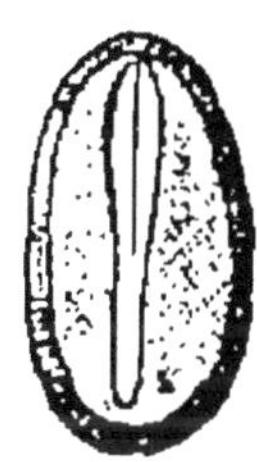

Fig. 161. — Graines dont l'embryon est entouré d'un périsperme. — A, Mouron. — B, Lierre.

exemples : le gland, l'amande, la fève ; et ce sont les graines à minces cotylédons qui en sont pourvues. Enfin dans les végétaux dont le germe n'a qu'un seul cotylédon, presque toujours de petit volume, le périsperme est beaucoup plus fréquent que dans les végétaux à deux cotylédons.

6. **Germination.** — A la somnolence du germe tel qu'il est dans la graine, succède, sous le stimulant de certaines conditions, un réveil actif, pendant lequel l'embryon se dégage de ses enveloppes, se fortifie avec

son approvisionnement alimentaire, développe ses premiers organes et apparaît au jour. Cette éclosion de l'œuf végétal, autrement dit la graine, se nomme *germination*. L'humidité, la chaleur et l'oxygène de l'air en sont les causes déterminantes; sans leur concours, les graines persisteraient un certain temps dans leur état de torpeur et perdraient enfin leur aptitude à germer.

L'eau remplit un rôle multiple. D'abord elle imbibe l'embryon et le périsperme, qui, se gonflant plus que ne le fait l'enveloppe, déterminent la rupture de celle-ci, serait-elle une coque très-dure. En second lieu, l'eau est indispensable à la dissolution des principes nutritifs et à leur circulation dans les tissus de la jeune plante. Avec de l'eau, il faut de la chaleur. C'est en général à la température de 10° à 20° que la germination s'accomplit le mieux. Enfin le concours de l'air ou plutôt de l'oxygène n'est pas moins nécessaire. Exposons des graines à la température et à l'humidité convenables sous des cloches pleines d'un autre gaz, comme l'hydrogène, l'azote, l'acide carbonique; si longtemps que l'expérience se prolonge, la germination ne s'effectuera pas ; mais si cette atmosphère est remplacée par de l'oxygène ou de l'air simplement, les graines se mettent à germer. Cette nécessité de l'air explique pourquoi les graines trop profondément enfouies ne parviennent pas à germer; pourquoi la germination est plus facile dans un sol meuble et perméable à l'air que dans un terrain compacte; pourquoi les semences délicates doivent être couvertes de très-peu de terre ou même simplement déposées à la surface du sol humide.

Le cresson alénois germe, en moyenne, au bout de deux jours ; l'épinard, le navet, les haricots mettent trois jours à lever; la laitue, quatre; le melon et la citrouille, cinq; la plupart des graminées, environ une semaine. Il faut deux ans et parfois davantage au rosier, à l'aubépine et aux arbres fruitiers à noyau.

7. **Feuilles séminales.** — Les graines à deux cotylédons lèvent avec deux feuilles, les premières de toutes et provenant des cotylédons eux-mêmes. Ces deux feuilles, qui devancent les autres dans leur apparition, prennent le nom de *feuilles séminales*. Elles

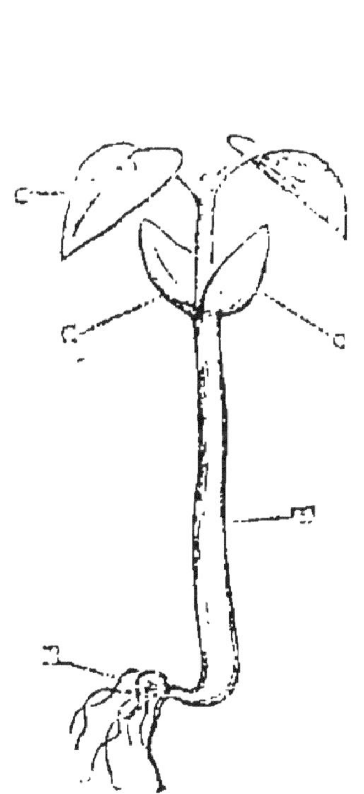

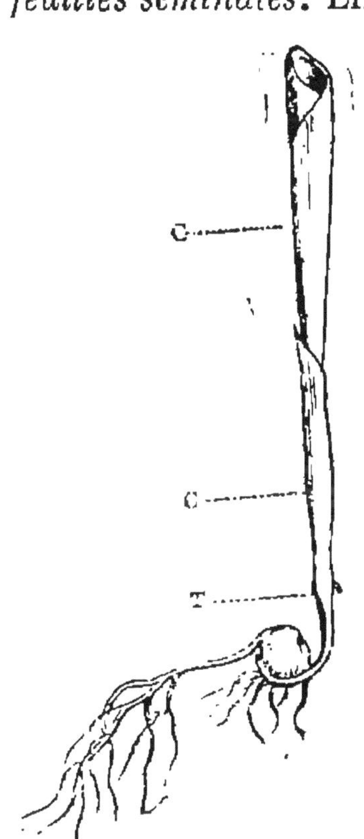

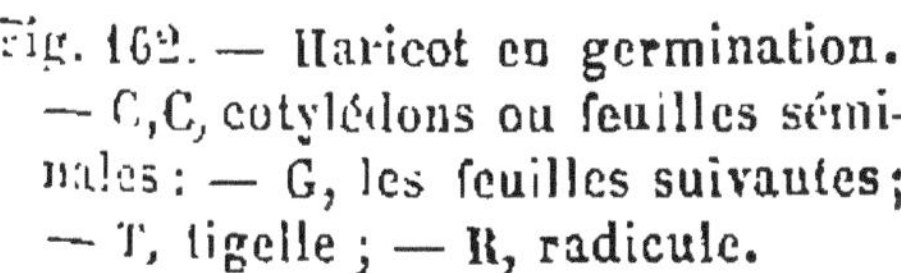

Fig. 162. — Haricot en germination. — C, C, cotylédons ou feuilles séminales : — G, les feuilles suivantes ; — T, tigelle ; — R, radicule.

Fig. 163. — Maïs en germination. — C, cotylédon unique — G, la feuille suivante ; — T, tigelle.

sont placées en face l'une de l'autre et diffèrent très-souvent de forme avec celles qui suivent. Dans le radis, par exemple, elles sont en forme de cœur; dans la carotte, en forme de languette. Au contraire, les graines à un seul cotylédon lèvent avec une seule feuille séminale, généralement de forme étroite et allongée, et provenant de l'unique cotylédon. C'est ce qu'on peut observer en faisant germer du blé dans une soucoupe.

QUESTIONNAIRE.

1. D'où provient le fruit ? — Qu'appelle-t-on péricarpe ? — 2. De quelles parties se compose le péricarpe ? — 3. En quoi consistent les téguments de la graine ? — Comment les nomme-t-on ? — 4. Décrivez la structure de l'embryon de l'amandier. — Quel est le rôle des cotylédons ? — Quelles sont les graines qui ont deux cotylédons et celles qui n'en possèdent qu'un seul ? — 5. Qu'est-ce que le périsperme ? — Quelle est sa fonction ? — En général, quelles semences en sont pourvues, et quelles en sont dépourvues ? — 6. Qu'est-ce que la germination ? — Quelles sont les conditions nécessaires à la germination ? — Quel est le rôle de l'eau ? — Par quelle expérience se constate la nécessité de l'air ? — Quels faits explique cette nécessité de l'air ? — Quel temps mettent les graines à germer ? — 7. D'où proviennent les feuilles séminales ?

CHAPITRE VI

PRINCIPALES FAMILLES VÉGÉTALES.

Phanérogames.

I. Les trois embranchements du règne végétal. — Le règne végétal se partage en trois groupes principaux ou embranchements, d'après le nombre de cotylédons de la semence, savoir :

1° Les **Dicotylédonés,** dont le germe a deux cotylédons, quelquefois plus. Exemples : chêne, amandier, rosier, lilas, mauve, œillet, sapin, cèdre. Dans tous ces végétaux, la plante lève avec deux feuilles séminales, ou plus de deux, comme dans les pins et autres arbres résineux qui pour fruits ont des cônes; les nervures des feuilles sont disposées en réseau ; la fleur a généralement un calyce et une corolle ; les fibres et les vaisseaux sont disposés dans la tige en zones concentriques.

2° Les **Monocotylédonés,** dont le germe est accompagné d'un seul cotylédon. Exemples : palmier, froment, roseau, lis, tulipe, jacinthe, iris. La plante lève avec une seule feuille séminale ; les nervures des feuilles sont presque toujours parallèles; la fleur généralement n'a que la corolle sans calyce ; les fibres et les vaisseaux sont répartis sans ordre dans la tige.

3° Les **Acotylédonés,** dont le germe n'a pas de cotylédons et dont l'organisation, le plus souvent en totalité cellulaire, a des caractères qui exigent une description à part. Exemples : fougères, mousses, prêles, algues, lichens, champignons.

Les végétaux des deux premiers embranchements ont des fleurs construites sur le type général que nous avons fait connaître, avec pistil, étamines et enveloppes florales. On les désigne pour ce motif sous le nom de *phanérogames.* Les végétaux du troisième embranchement ont, pour produire leurs semences, des organes qui, dans la structure, ne rappellent en rien les vulgaires fleurs ; en considération de ce caractère, on les nomme *cryptogames.*

Chacun des embranchements se subdivise en *familles,* ou groupes de végétaux ayant entre eux une étroite analogie de structure, en quelque sorte un air de parenté.

Végétaux dicotylédonés.

1. **Famille des Renonculacées.** — La fleur comprend un calyce à cinq sépales, une corolle à cinq pétales, un nombre indéfini d'étamines, et des carpelles indépendants entre eux, plus ou moins abondants. Dans les *renoncules*, ces carpelles sont réunis en une tête globuleuse et deviennent chacun, en mûrissant, un *achaine*, c'est-à-dire un fruit sec

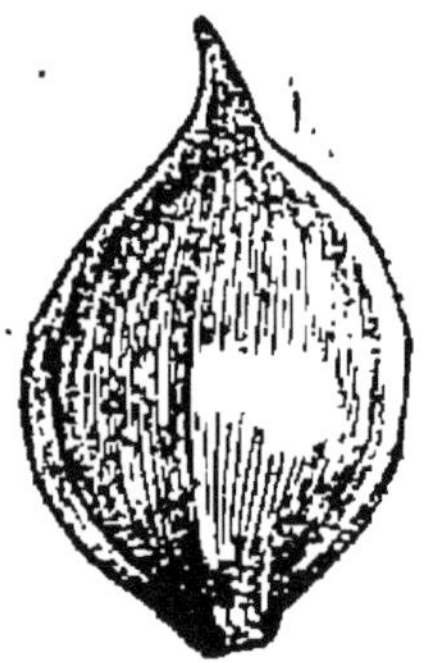

Fig. 164. — Achaine de Renoncule.

Fig. 165. — Follicule d'Ancolie.

dont le péricarpe ne s'ouvre pas et contient une semence unique. De semblables achaines se retrouvent dans la *clématite*, arbuste grimpant de nos haies, mais prolongés chacun par un long style plumeux. La *pivoine*, l'*hellébore*, le *pied-d'alouette* ont, au contraire, un petit nombre de carpelles, parfois un seul, et ces carpelles deviennent des *follicules*, c'est-à-dire des fruits à péricarpe sec et foliacé, qui s'ouvrent suivant une fente à la maturité et portent une série de graines sur les bords de l'ouverture.

Assez fréquemment le calice est *pétaloïde*, c'est-à-dire possède la délicatesse de tissu et la vive coloration de la corolle. C'est ce que nous montrent l'*ancolie*, dont les cinq sépales rivalisent de couleur avec les cinq pétales, prolongés chacun en un long éperon, et l'*aconit*, remarquable par son grand sépale supérieur, surmontant la fleur en manière de casque. Les renonculacées sont pour la plupart des

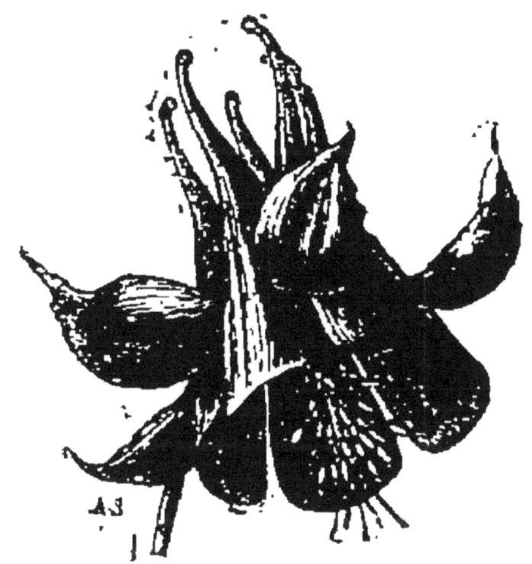

Fig. 166. — Fleur d'Ancolie. Fig. 167. — Fleur d'Aconit.

plantes herbacées; quelques-unes, en particulier la *clématite*, sont des arbrisseaux grimpants. Leur suc est habituellement âcre et dangereux. Les *aconits* surtout sont très-vénéneux; la violence de leur poison leur a valu le nom vulgaire de *tue-loup*. Cette famille fournit aux jardins de belles plantes d'ornement; telles sont les *renoncules*, les *pivoines*, les *anémones*.

2. **Famille des Crucifères.** — Cette famille tire son nom de la configuration de la corolle, qui se compose de quatre pétales opposés deux à deux et figurant une croix. Les sépales sont également au

nombre de quatre. Enfin les étamines, au nombre de six, présentent une disposition spéciale, tout à fait caractéristique. Prenons, par exemple, une fleur

Fig. 108. — Fleurs d'une crucifère.

de *giroflée;* nous reconnaîtrons que les quatre sépales du calice ne sont pas exactement égaux entre eux : il y en a deux, opposés l'un à l'autre, qui sont un peu renflés à la base et comme bossus ; la seconde paire n'a rien de semblable. Or, en face de chaque sépale bossu, on trouve une étamine courte, tandis qu'en face de chaque sépale sans renflement se trouve une paire d'étamines longues. Il y a ainsi en tout six étamines, quatre plus longues et deux plus courtes. Les quatre étamines plus longues sont assemblées deux par deux en face des sépales sans renflement à la base ; les deux plus courtes sont placées une à une en face des sépales bossus. Pour rappeler cet excès en longueur de quatre étamines sur les deux autres, on dit que les étamines des crucifères sont *tétradynames*. A la même expression, il faut rattacher encore l'idée de groupement en

Fig. 169. — Etamines tétradynames d'une crucifère.

Fig. 170. — Silique de Colza.

couples égaux, d'une part, et en étamines isolées, de l'autre, comme nous venons de l'indiquer. Le fruit nommé *silique* est formé de deux carpelles groupés en deux loges que sépare une cloison médiane. A la maturité, ce fruit s'ouvre de bas en haut en deux valves, tandis que la cloison reste en place avec une rangée de graines à chaque bord sur l'une et l'autre face. Ce genre de fruit garde le nom de *silique*, lorsqu'il est beaucoup plus long que large, comme dans le *colza;* il prend celui de *silicule*, diminutif de silique, lorsque sa longueur ne diffère pas beaucoup de sa largeur, comme dans le *thlaspi*. Toutes les crucifères sont herbacées; beaucoup contiennent du soufre, qui leur fait répandre en pourrissant une odeur infecte. Cette famille nous fournit de précieuses plantes alimentaires : le *chou*, la *rave*, le *navet*, le *radis* ; de l'huile, obtenue avec les graines du *colza* ; d'énergiques excitants : telle est la moutarde, préparée avec la farine des semences de la *moutarde noire;* une matière colorante bleue fournie par la fermentation du *pastel*.

3. **Famille des Silénées.** — La corolle est formée de cinq pétales dont la partie élargie ou *limbe* s'infléchit à angle droit à l'extrémité d'un long pétiole ou *onglet*, qui plonge dans un profond calice monosépale. Les étamines sont au nombre de cinq ou dix. Le fruit est une *capsule*, qui s'ouvre en s'étoilant à l'extrémité d'un certain nombre de denticulations. Toutes les silénées sont des plantes herbacées. Leurs tiges sont renflées aux nœuds, et ceux-ci portent chacun deux feuilles opposées. Dans cette famille se classent les *œillets*, dont quelques-uns sont cultivés comme plantes d'ornement; les *silènes*, qui donnent leur nom à la famille et dont le plus commun se fait remarquer dans nos champs par son volumineux calice ventru; les *lychnis*, les *saponaires*, la *nielle des blés*, qui vient dans les moissons en compagnie du bleuet et du coquelicot.

4. **Famille des Malvacées.** — Le calyce est à cinq sépales soudés à la base. Fréquemment, il est

accompagné d'une enveloppe extérieure figurant un second calyce et nommé *calycule*. C'est ce que l'on remarque, en particulier, dans les *mauves*, dont

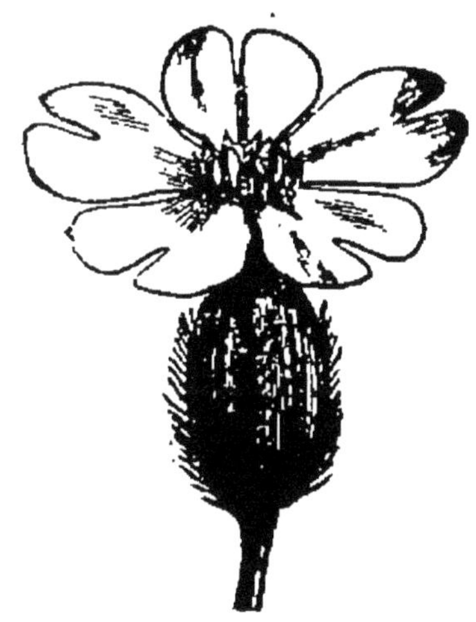

Fig. 171. — Fleur d'une silénée (Lychnis).

Fig. 172. – Étamines monadelphes d'une malvacée.

le calyce est précédé d'un calycule à trois folioles. Les pétales sont au nombre de cinq. Les étamines, très-nombreuses, présentent une disposition spéciale à cette famille. Tous les filets sont soudés entre eux en une colonne creuse que traverse le pistil et dont le sommet se divise en une abondante houppe d'anthères. Les étamines sont dites alors *monadelphes*, c'est-à-dire réunis en un seul faisceau par adhérence des filets. Le fruit consiste, tantôt en une couronne de petites capsules renfermant chacune une seule graine, comme dans la *mauve*; tantôt en une capsule à plusieurs loges contenant de nombreuses semences, comme dans le *cotonnier*. Les malvacées ne sont représentées dans nos pays que par des plantes herbacées; mais, dans les pays chauds, il y en a qui sont des arbrisseaux et même de grands arbres.

Beaucoup contiennent une substance mucilagineuse qui les fait employer en médecine comme émollients : telles sont la *mauve* et la *guimauve*. La *rose trémière* est une magnifique plante ornementale, remarquable par sa longue quenouille de grandes fleurs. Le *cotonnier* fournit le coton, la plus impor-

Fig. 173. — Capsule du Cotonnier.

tante des matières textiles végétales. C'est une herbe d'un à deux mètres d'élévation, ou même un arbrisseau, dont les grandes fleurs jaunes ont la forme de celles de nos mauves. A ces fleurs succèdent des capsules ou coques, de la grosseur d'un œuf, que remplit une bourre soyeuse, tantôt blanche, tantôt d'une faible nuance jaune, suivant l'espèce de cotonnier. Au milieu de cette bourre se trouvent les graines. Les coques s'ouvrent à la maturité et laissent épancher leur bourre en un moelleux flocon, que l'on recueille à la main, capsule par capsule. Les pays les plus importants pour la production du coton sont les États-Unis de l'Amérique du Nord, le Brésil, l'Inde, l'Égypte.

5. **Famille des Papilionacées.** — Le calyce est monosépale, à cinq divisions. La corolle exige une description à part. Accordons, par exemple, notre attention à la structure si remarquable de la fleur du *pois*. Le calice monosépale enlevé, nous reconnaîtrons cinq pétales inégaux, dont le plus grand occupe la partie supérieure de la fleur et s'épanouit en large limbe. Ce pétale prend le nom d'*étendard*. Deux autres pétales, de dimension moindre et semblables entre eux, occupent chacun l'un des flancs de la fleur et viennent s'adosser par le bord en avant. On les nomme les *ailes*. Enfin, sous l'espèce de toit formé par les deux ailes est une pièce légèrement courbée à la face inférieure et imitant l'arête d'une carène de navire. Cette forme lui a valu le nom de *carène*. Cette pièce est formée de deux pétales accolés ou même légèrement soudés l'un à l'autre. Dans la cavité ou nacelle qui résulte de leur ensemble sont contenus les organes de la fructification. La corolle ainsi construite prend le nom de *papilionacée*, à cause d'une vague ressemblance de papillon qu'on a voulu y voir. Elle est caractéristique de la famille des *papilionacées*.

Fig. 174. — Fleur de papilionacée (le Pois).

Les étamines ne sont pas moins remarquables dans

leur arrangement. Il y en a dix, dont neuf sont soudées entre elles par leurs filets en un canal fendu supérieurement, et dont la dixième est libre et occupe la fente laissée par les neuf autres. Dans cette espèce d'étui est l'ovaire, qui grossit sans obstacle en écartant peu à peu, grâce à la fissure occupée par la dixième étamine, l'étroite enveloppe que lui forment

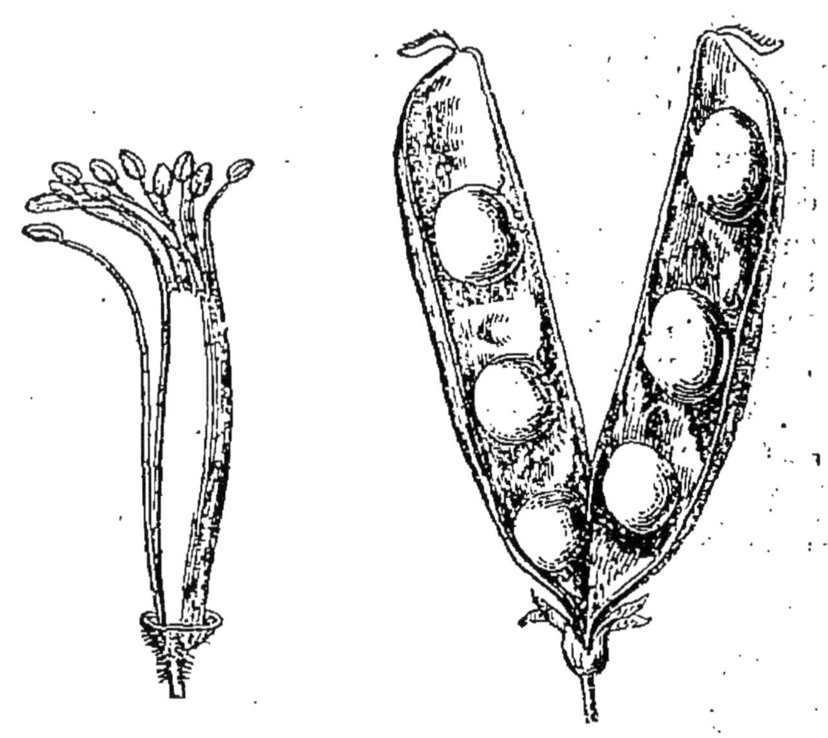

Fig. 175. — Etamines diadelphes de papilionacée (le Pois).

Fig. 176. — Gousse ou légume de papilionacée (le Pois).

les filets staminaux. Les étamines ainsi disposées sont qualifiées de *diadelphes*, c'est-à-dire partagées en deux groupes.

Le fruit, dont le *pois*, le *haricot* et la *fève* nous fournissent un exemple familier, prend le nom de *gousse* ou de *légume*. Il se compose d'un seul carpelle, s'ouvrant à la maturité en deux pièces ou valves, dont chacune porte une rangée de graines.

Cette famille, l'une des plus importantes, comprend des végétaux alimentaires, comme le *pois*, le *haricot*, la *lentille*, la *fève*, qui nous fournissent leurs semences farineuses; des plantes fourragères, comme le *trèfle*, le *sainfoin* et la *luzerne*; des arbres, comme le *robinier*, vulgairement et mal à propos nommé *acacia*, le *campêche*, dont le bois est employé en teinture. Citons encore, parmi les plantes étrangères, la *réglisse* à racine de saveur sucrée, l'*indigotier*, d'où l'on extrait la couleur bleue nommée indigo.

Les feuilles des papilionacées sont habituellement composées pennées, et dans beaucoup d'entre elles les folioles supérieures se transforment en *vrilles*, c'est-à-dire en longs filaments flexibles, qui s'enroulent autour des corps voisins pour soutenir la plante trop faible.

6. **Famille des Rosacées.** — Considérons la *rose*,

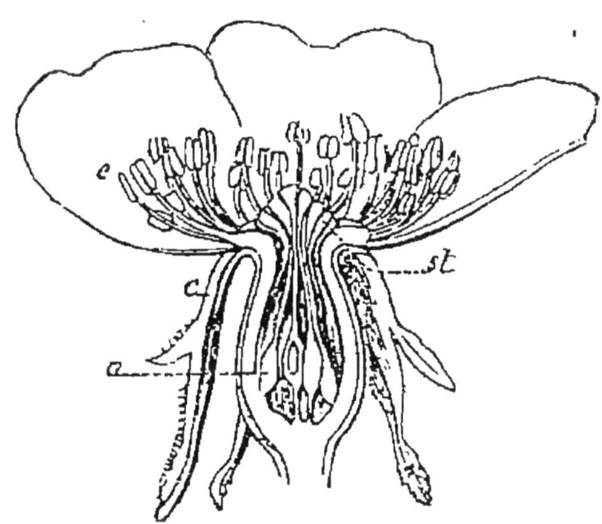

Fig. 177. — Fleur du Rosier sauvage. — *e*, étamines ; — *c*, calyce. — *st*, stigmates ; — *a*, semences.

non celle des jardins, que la culture a rendue méconnaissable en transformant en pétales ses organes de la fructification, mais celle de la haie, le vulgaire *églantier*. Son calice, soudé inférieurement avec l'ovaire, se divise en haut en cinq parties. Sa corolle est composée de cinq pétales égaux et régulièrement étalés en couronne. Les étamines sont très-nombreuses et disposées sur les bords d'une cavité, du fond de laquelle s'élèvent des pistils, également nombreux. Pareille structure de la fleur, moins celle du pistil, qui est fort variable, se retrouve dans toute la famille des rosacées, famille très-importante et comprenant la plupart de nos arbres fruitiers : le *poirier*, le *pommier*, le *cerisier*, le *prunier*, l'*abricotier*, le *pêcher*, le *néflier*, le *sorbier*. Les haies lui doivent la *ronce*, l'*aubépine*, le *prunelier*; les gazons lui doivent les *potentilles*, et les jardins, la reine des fleurs, la *rose*.

Le fruit des rosacées est très-variable de forme et de structure. Celui de la rose est d'un rouge vermillon, creusé en une sorte de vase à goulot étroit, et renferme dans sa cavité des graines dures, hérissées de poils qui provoquent sur la peau de vives démangeaisons. Celui du pêcher, du cerisier, du prunier, de l'abricotier, se nomme *drupe*; au centre d'une chair succulente et sucrée, il renferme un noyau très-dur. Celui du *pommier*, du *poirier*, du *cognassier*, composé de cinq carpelles, montre, au centre de la chair comestible, cinq loges à parois coriaces renfermant les graines

Fig. 176. — La fraise.

ou pépins. Celui du *néflier* contient cinq noyaux durs, au centre de la chair. La partie comestible de la *fraise* ne provient pas de carpelles. A la superficie de la masse charnue sont disséminés de petits points bruns; chacun d'eux est un *achaine*, c'est-à-dire un péricarpe qui ne s'ouvre pas et renferme une seule semence. Quant au renflement charnu où ces achaines sont enchâssés, ce n'est autre chose que l'extrémité du *pédoncule*, ou queue de la fleur.

7. **Famille des Cucurbitacées.** — Si nous examinons les diverses fleurs d'un pied de citrouille, nous en trouverons de deux sortes : les unes ont au-dessous de la corolle un gros renflement vert, qui, grossissant et mûrissant, devient le fruit, la citrouille ; les autres n'ont pas ce renflement, se fanent et tombent sans jamais donner de fruit. Les premières ont un style gros et court, terminé par un stigmate tortueux, mais pas d'étamines; les secondes ont cinq étamines, dont les anthères sont flexueuses et adossées l'une à l'autre, mais pas de pistil. La citrouille est donc *monoïque*, c'est-à-dire a des fleurs les unes à pistil et les autres à étamines sur la même plante. Le calyce, soudé en bas avec l'ovaire, se divise en haut en cinq longues pointes; la corolle comprend cinq pétales, largement soudés entre eux à la base. Remarquons enfin la présence de *vrilles* ou filaments roulés en tire-bouchon. Toutes les cucurbitacées ressemblent à la *citrouille* pour la structure des fleurs; toutes aussi ont des vrilles. A cette famille appartiennent la *citrouille*, la *pastèque*, le *melon*, le *concombre*, la *bryone*, qui escalade les haies à l'aide de ses vrilles et porte de petits fruits rouges.

8. **Famille des Ombellifères.** — Cette famille doit son nom au mode d'arrangement de ses fleurs.

Du sommet de la tige partent, comme d'un centre,

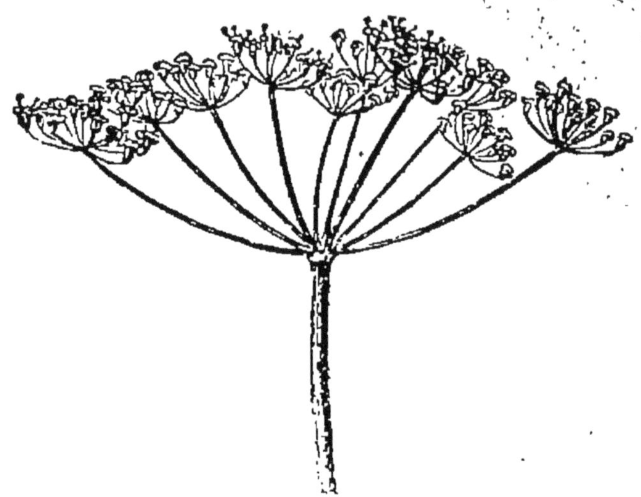

Fig. 179. — Ombelle composée.

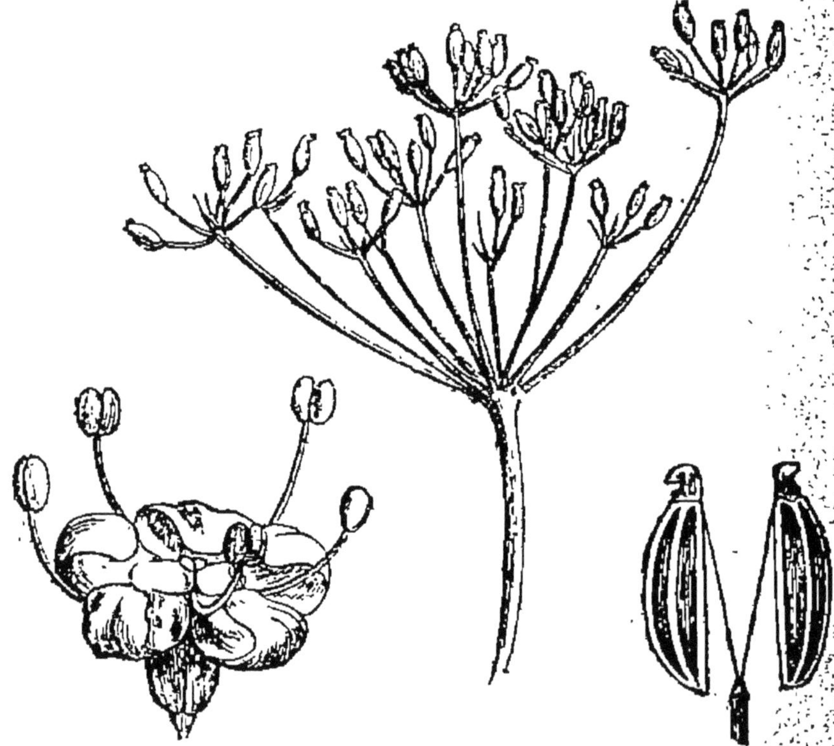

Fig. 180. — Fleur, inflorescence et fruit du Fenouil.

des ramifications ou rayons qui s'écartent régulièrement à la manière des côtes d'un parasol et tantôt se terminent par une fleur, tantôt donnent chacun naissance à un autre groupe de rayons moindres, portant eux-mêmes les fleurs. Cet arrangement floral se nomme *ombelle*, à cause de sa ressemblance avec les rayons

Fig. 181. — Grande Ciguë.

d'une ombrelle. L'ombelle est *simple* ou *composée*. Elle est simple quand les rayons issus de la tige se terminent par des fleurs sans se ramifier; elle est composée quand ces rayons se ramifient à une certaine hauteur en groupes nommés *ombellules*, où se répète la disposition de l'ombelle simple. La plupart des ombellifères, mais non toutes, ont à la base de l'ombelle une collerette de feuilles nommée *involucre*; une collerette semblable peut se trouver à la base des ombellules et porte le nom d'*involucelle*. Dans la *carotte*, on trouve un involucre et des involucelles ; dans le *fenouil*, ces organes manquent l'un et l'autre.

Les ombellifères ont les fleurs petites, de peu d'éclat. Le calice est soudé avec l'ovaire, la corolle a cinq pétales, les étamines sont au nombre de cinq, et les pistils au nombre de deux. La tige est généralement creuse, et le feuillage plus ou moins découpé. Le fruit se compose de deux carpelles, qui à la maturité se séparent en restant suspendus à l'extrémité d'un filament. Beaucoup d'ombellifères renferment des substances aromatiques, par exemple le *fenouil*, le *persil*, l'*angélique*; d'autres sont vénéneuses, comme la *ciguë*, l'*œnanthe*; d'autres fournissent des aliments, comme la *carotte*, le *céleri*, le *panais*.

QUESTIONNAIRE.

1. Quels sont les trois embranchements du règne végétal ? — Dites les caractères fondamentaux des dicotylédonés, des monocotylédonés, des acotylédonés. — Qu'appelle-t-on végétaux phanérogames et végétaux cryptogames ? — Qu'est-ce qu'une famille végétale ?

1. Dites les caractères des renonculacées. — Citez quelques espèces remarquables. — En quoi consiste le fruit nommé achaine ? — Qu'entendez-vous par calyce pétaloïde ? — 2. Que présentent de remarquable la corolle et les étamines des crucifères ? — Que faut-il entendre par étamines tétradynames ? — Comment sont construites la silique et la silicule ? — Citez quelques crucifères importantes. — 3. Dites

les caractères de la famille des silénées. — Qu'est-ce que l'onglet d'un pétale ? — Quel est le fruit des silénées ? — Citez quelques espèces. — 4. Comment sont disposées les étamines des malvacées ? — Qu'appelle-t-on étamines monadelphes ? — Qu'appelle-t-on calycule ? — En quoi consiste le fruit des malvacées ? — D'où provient le coton ? — 5. Décrivez la corolle des papilionacées. — Décrivez les étamines. — Qu'appelle-t-on étamines diadelphes ? — Comment se nomme le fruit ? — En quoi consistent les vrilles ? — Citez les espèces les plus importantes ? — 6. Décrivez la fleur des rosacées. — Comment est le fruit des rosacées ? — Citez les espèces les plus importantes. — 7. Que présentent de remarquable les fleurs de la citrouille ? — Dites les principales cucurbitacées. — 8. En quoi consistent l'ombelle, l'ombellule, l'involucre, l'involucelle ? — Comment sont la fleur et le fruit des ombellifères ? — Que présentent de particulier la tige et les feuilles ? — Citez quelques espèces.

CHAPITRE VII

PRINCIPALES FAMILLES VÉGÉTALES.

Végétaux dicotylédonés (Suite).

1. **Famille des Composées.** — Portons notre attention sur le grand disque jaune de l'*hélianthe*, vulgairement *soleil*, ou bien, à son défaut, sur les *reine-marguerite*, le *souci*, la *pâquerette*. Chacun de ces disques, habituellement considéré comme une fleur unique, est en réalité une réunion de fleurs très-nombreuses. Pour rappeler cette multiplicité sous les apparences de l'unité, on nomme ces disques *fleurs composées*. Les fleurs dont ce groupe se compose sont petites, étroitement serrées l'une contre l'autre et demandent une certaine attention pour être bien

observées dans leur structure. Adressons-nous de préférence à l'*hélianthe*, où des dimensions plus grandes facilitent l'examen.

Nous y reconnaîtrons deux genres de fleurs : les unes sur le bord, les autres également distribuées sur toute la surface du disque, et dont l'épanouissement se propage de l'extérieur au centre. Une de ces dernières, bien ouverte, montre une corolle monopétale (*fig.* 182) dont l'orifice s'épanouit en cinq dents régulières. Du fond de la corolle s'élèvent cinq étamines, dont les anthères sont soudées en un cylindre

Fig. 182. — Fleuron.

Fig. 183. — Demi-fleuron.

creux, dans lequel s'engage le pistil, pour se subdiviser, un peu au-dessus, en deux stigmates recourbés.

Le renflement inférieur doit devenir la semence, c'est l'ovaire. Il est surmonté au centre par la corolle tubuleuse, et sur les bords par de petites écailles qui représentent le calyce. Dans une foule d'autres composées, l'enveloppe calycinale consiste en une houppe de filaments soyeux formant ce qu'on nomme l'*aigrette* Ce cas est celui du *seneçon*, du *chardon*, du *pissenlit*. Chacune des petites fleurs ainsi construite se nomme *fleuron*.

Les fleurs du bord du disque sont différemment conformées quant à la corolle: celle-ci consiste en une partie tubuleuse, qui s'ouvre supérieurement et s'étale en une languette plane. Le reste de l'organisation est la même. A cause de leur corolle, qui, dans sa partie étalée en languette, ressemble à la moitié d'un fleuron, les fleurs de la circonférence se nomment *demi-fleurons*.

Pour donner attache aux nombreuses fleurs dont le groupe se compose, pour les recevoir sur un support commun, l'extrémité de la tige s'élargit en un

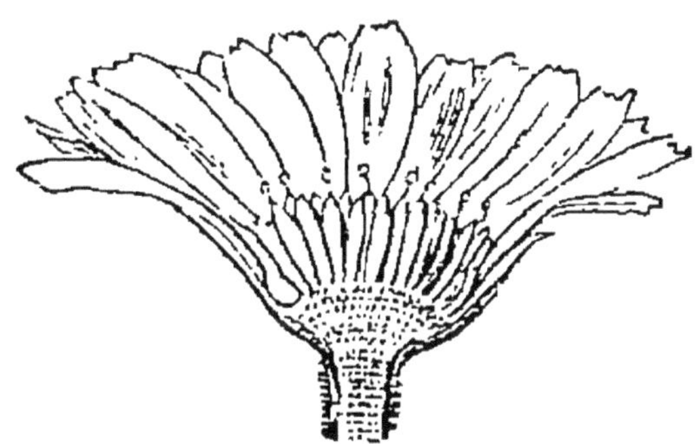

Fig. 184. — Fleur composée de Souci, ouverte pour montrer le réceptacle.

plateau charnu que l'on nomme *réceptacle*. Enfin l'ensemble des fleurs est enveloppé par une enceinte de folioles plus ou moins nombreuses, formant une sorte de calyce commun appelé *involucre*.

L'*hélianthe*, la *reine-marguerite*, la *pâquerette*, le *souci*, le *seneçon*, ont des fleurons sur le disque et des demi-fleurons au bord. La fleur composée est dite alors *radiée*, parce que les demi-fleurons forment autant de rayons autour de l'ensemble. Tantôt ces rayons sont de même couleur que le disque, comme dans le *soleil* et le *souci*, où les fleurons et les demi-fleurons sont jaunes les uns et les autres; tantôt ils sont doués d'une coloration différente, comme dans la *reine-marguerite*, où ils sont blancs, et dans la *pâquerette* où ils sont d'un blanc rosé, tandis que les fleurons sont de part et d'autre jaunes.

En d'autres Composées, les *chardons* par exemple, tout le groupe se compose de fleurons uniquement, et ce groupe prend alors le nom de fleur composée *flosculeuse*. En d'autres enfin, comme dans le *pissenlit*, la *laitue*, la *chicorée*, tout le groupe est formé de demi-fleurons, ce qui lui vaut le nom de fleur composée *semi-flosculeuse*.

2. **Famille des Solanées.** — La pomme de terre, type de la famille des Solanées, a un calyce monosépale et une corolle monopétale, l'un et l'autre à cinq divisions; les étamines sont au nombre de cinq. Le fruit est charnu et se compose de deux carpelles. Telle est l'organisation que reproduisent les autres Solanées, seulement dans beaucoup d'entre elles, le fruit est une capsule. Les plantes de cette famille ont généralement un feuillage sombre, une odeur vireuse et des propriétés malfaisantes. Quelques-unes fournissent des produits alimentaires; telles sont la *pomme de terre*, si précieuse à cause de ses rameaux souterrains transformés en tubercules farineux; la

tomate ou *pomme d'amour* et l'*aubergine* dont les fruits sont comestibles ; le *piment*, à fruits de saveur poivrée, employés comme condiment. À la même famille

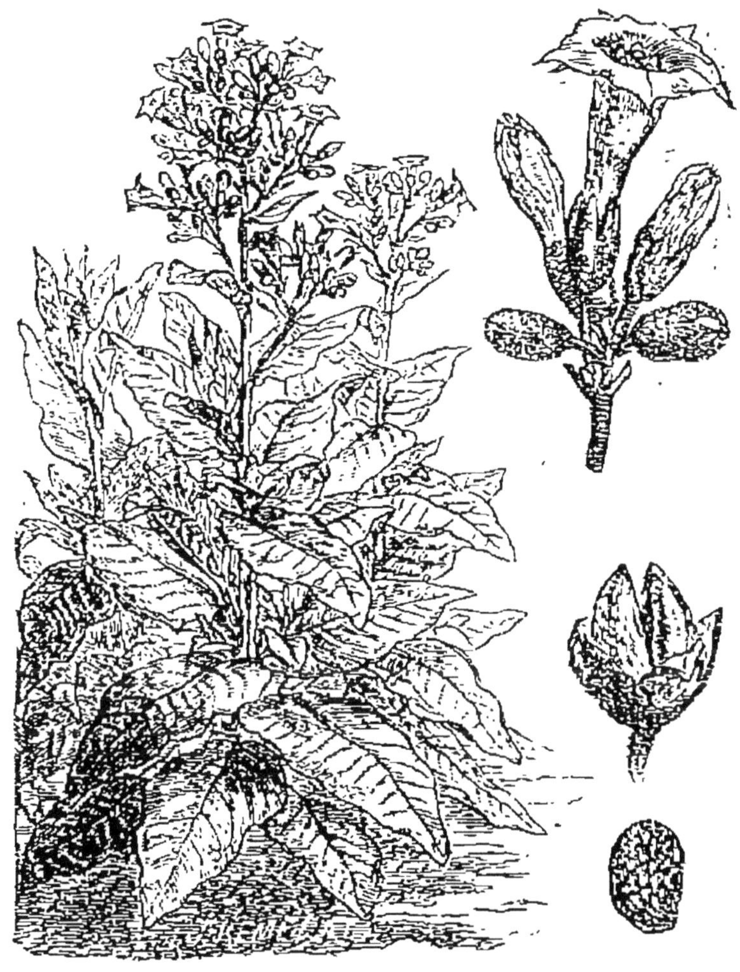

Fig. 185. —Tabac.

appartient le *tabac*, dont l'usage est aujourd'hui général sur toute la terre. Parmi les espèces vénéneuses citons la *belladone*, la *jusquiame*, la *stramoine*.

3. **Famille des Labiées.** — Cinq lobes, tantôt plus tantôt moins distincts, composent le limbe de la corolle, inférieurement disposée en tube. Ces cinq

lobes indiquent cinq pétales assemblés en corolle monopétale. Ils se divisent en deux groupes inégaux ou *lèvres*, séparées l'une de l'autre par deux profondes échancrures et dirigées, l'une en haut, l'autre en bas.

Fig. 186. — Corolle labiée.

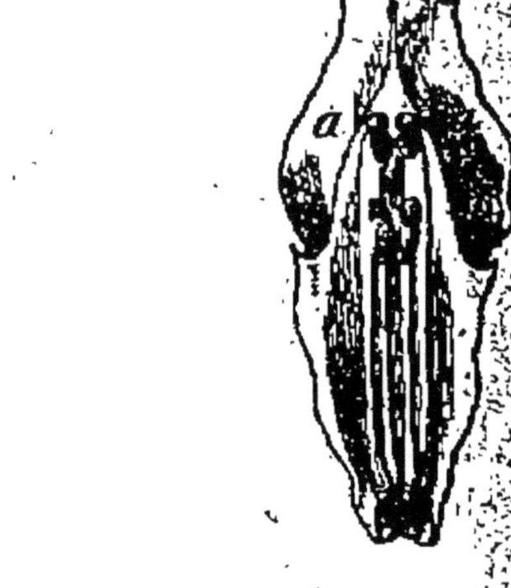

Fig. 187. — Étamines didynames. *a*, *a*, étamines longues; *b*, *b*, étamines courtes.

La lèvre supérieure comprend deux lobes, fréquemment, mais non toujours, indiqués par une fissure médiane; la lèvre inférieure en comprend trois presque toujours nettement accusés. En outre, les deux lèvres sont largement bâillantes, et laissent à découvert l'entrée ou la *gorge* de la partie tubuleuse. La famille des Labiées doit son nom à cette configuration labiée de la corolle, générale dans l'ensemble des végétaux qu'elle comprend. Le calyce est monosépale et lui-même labié. La lèvre supérieure est formée de la réunion de trois sépales, et la lèvre inférieure de la réunion de deux.

Les étamines présentent aussi une disposition remarquable. Elles sont au nombre de quatre, dont deux plus longues et deux plus courtes. On désigne cette disposition par couples inégaux en disant que les étamines sont *didynames*. Dans quelques labiées, les *sauges* par exemple, la paire la plus courte manque, et les étamines sont réduites à deux. Enfin le fruit consiste en quatre petits carpelles à une seule graine séparés l'un de l'autre au fond du calyce. Les Labiées sont des herbes ou plus rarement de petits arbustes ; leur tige est généralement carrée et leurs feuilles sont opposées deux par deux. Beaucoup d'entre elles, surtout dans les pays chauds, renferment des essences aromatiques. Les plus remarquables sont le *thym*, la *lavande*, le *romarin*, le *serpolet*, la *menthe*, la *sarriette*, la *mélisse*, le *basilic*.

4. **Famille des Amentacées.** — Sur la fin de l'hiver, pendent des rameaux du *noisetier* encore dépourvus de feuilles, d'élégants petits cylindres écailleux, auxquels on donne habituellement le nom de *chatons*. Ce sont des épis ne renfermant que des fleurs à étamines. Une fois le pollen disséminé sur les fleurs à pistil du voisinage, les chatons se fanent et tombent à terre ; leur rôle est fini. Le nom latin du chaton est *amentum*. De cette expression, on a fait le terme d'Amentacées pour désigner la famille des végétaux qui possèdent des épis de fleurs à étamines. Les fleurs à pistil, toujours séparées des premières, le plus souvent sur le même pied, quelquefois sur des pieds différents, ont des formes si variées qu'on ne peut rien dire de général à leur sujet, si ce n'est que leurs enveloppes florales se réduisent à de modestes écailles, comme cela a lieu pour les fleurs à étamines. Les arbres résineux exceptés, c'est aux Amentacées qu'appartiennent la plupart de nos grands arbres, tels que le *châtaignier*, le *chêne*, le *peuplier*,

le *saule*, l'*aulne*, le *bouleau*, le *hêtre*, le *noyer*. Dans tous se retrouvent des épis de fleurs à étamines, des chatons semblables à ceux du *noisetier*.

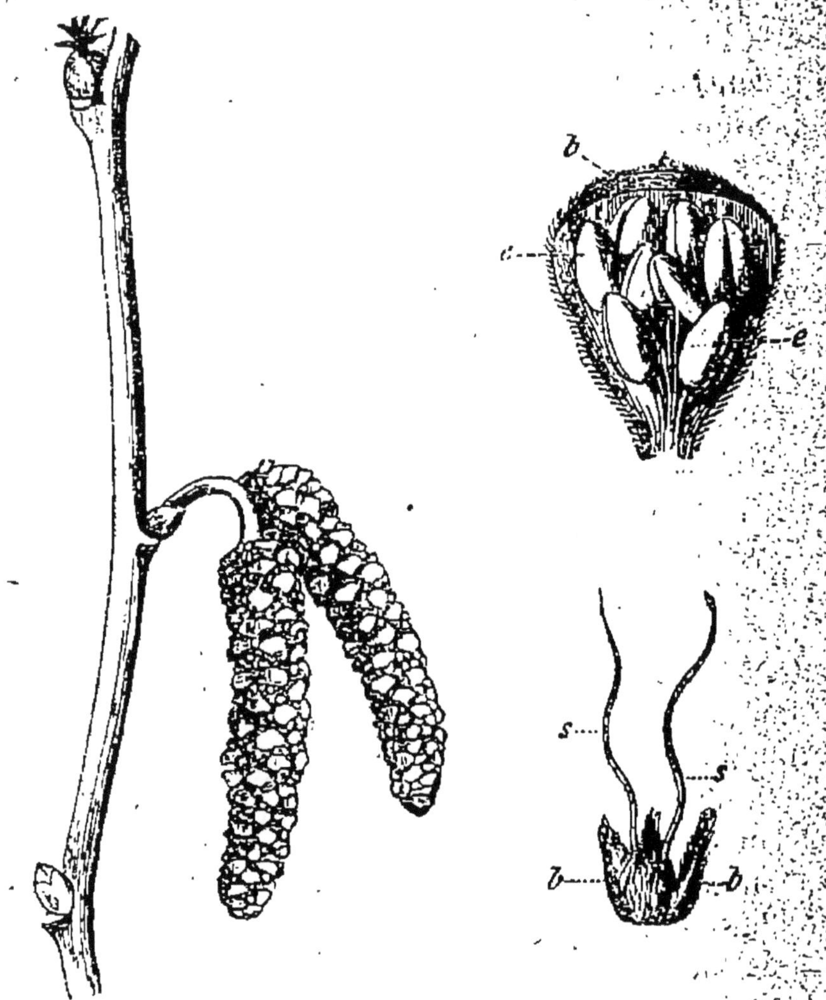

Fig. 188. — Fructification du Noisetier.

5. Famille des Conifères. — Le fruit du *pin* s'appelle *cône* : il est composé de fortes écailles disposées en recouvrement à la manière des tuiles d'un toit. Sous chaque écaille sont abritées deux graines, entourées d'une membrane, sorte d'aile qui leur permet d'être emportées au loin par le vent pour germer en des points encore inoccupés. Chacune des écailles du cône avec ses deux semences formait, au début, une fleur à pistil. L'élégante et délicate corolle des fleurs habituelles est donc ici remplacée par une

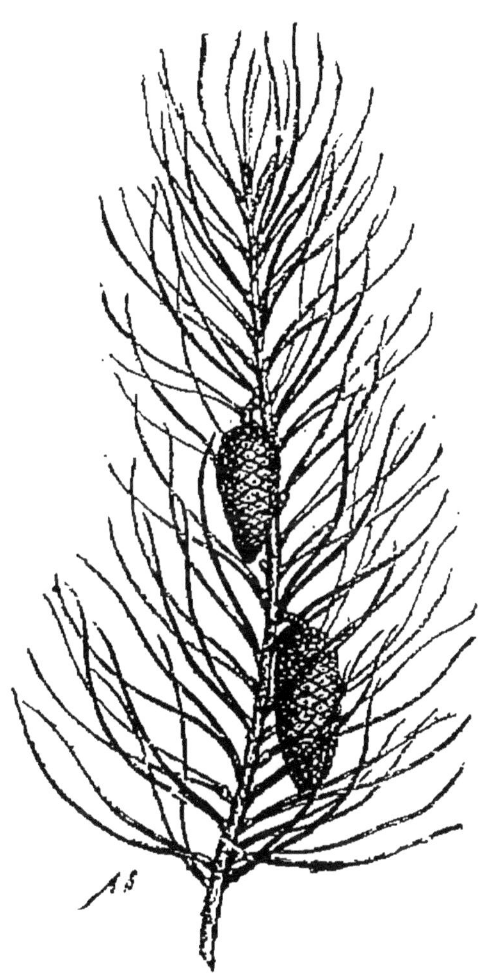

Fig. 189. — Pin maritime.

grossière écaille, semblable à un éclat de bois. Les étamines sont séparées dans d'autres fleurs moins grossières, cependant très-simples, et groupés en chatons, qui rappellent ceux des Amentacées, ... sont dressés à l'extrémité des rameaux et non pendants.

Le fruit, le cône, donne son nom à la famille des Conifères ou *porte-cônes*. Ce fruit n'a pas toujours la forme conique ; il est globuleux dans le *cyprès*, ... composé toujours de robustes écailles groupées à côté l'une de l'autre. Dans le *genévrier* et l'*if*, il est globuleux et charnu. A cette famille appartiennent le *pin*, le *sapin*, le *cèdre*, le *mélèze*, le *cyprès*, le *genévrier*, l'*if*. Le bois de Conifères est toujours imprégné de résine ; les feuilles sont menues, allongées en aiguilles, et se conservent vertes sur l'arbre pendant l'hiver. Aussi désigne-t-on les Conifères sous le nom d'*arbres verts* pour signifier qu'ils ne perdent jamais leur feuillage, des feuilles jeunes remplaçant les feuilles vieilles à mesure que celles-ci tombent.

VÉGÉTAUX MONOCOTYLÉDONÉS.

6. Famille des Liliacées. — Cette famille emprunte son nom au *lis* (*lilium*), dont nous avons décrit plus haut la fleur, qui nous servira ici de type. On trouve donc dans les Liliacées une corolle à six pétales, sans calyce; six étamines et un pistil composé de la soudure de trois carpelles. Le fruit est une capsule à trois loges; les feuilles ont généralement une corme allongée avec les nervures parallèles entre elles, ce qui est un caractère général pour les végétaux à un seul cotylédon. Enfin la tige s'élève d'un gros bourgeon souterrain ou *bulbe* formé d'écailles charnues.

Dans cette famille se classent diverses plantes d'...

nement comme le *lis*, la *tulipe*, la *jacinthe*, la *tubé-*

Fig. 190. — Bulbe du Lis blanc.

reuse, la *fritillaire*, l'*ornithogale* ; et des plantes culi-

Fig. 191. — Fritillaire couronne impériale.

naires comme l'*oignon*, l'*ail*, le *poireau*, l'*échalote*.

7. Famille des Iridées. — C'est l'*iris*, remarquable par ses grandes fleurs et par ses longues feuilles semblables à des lames d'épée, qui donne son nom à la famille. Les Iridées diffèrent des Liliacées en ce qu'elles n'ont que trois étamines au lieu de six. En outre, l'ovaire, au lieu d'être caché au fond de la corolle, se montre à découvert au-dessous de celle-ci, sous forme d'un renflement vert. La partie souterraine parfois est une masse compacte féculente, que recouvrent les bases fibreuses et engaînantes des vieilles feuilles desséchées, et que l'on nomme *bulbe solide*. Tel est le cas du *safran* et du *glaïeul*. D'autres fois encore, comme dans l'*iris*, la partie souterraine est une couche noueuse, une tige grossière, semblable à une grosse racine et nommée *rhizome*.

Fig. 192. — Safran.

8. **Famille des Amaryllidées.** — A cette famille appartiennent l'*amaryllis*, le *narcisse*, le *perce-neige*. La partie souterraine est un bulbe comparable à celui des Liliacées; la fleur a une corolle à six pétales, qui, dans les narcisses, est doublée, à l'entrée du tube, d'un rebord circulaire appelé *couronne*; les étamines sont au nombre de six, et l'ovaire apparaît à découvert au-dessous de la corolle.

9. **Famille des Orchidées.** — Les Orchidées se ont remarquer par la forme bizarre de leurs fleurs,

Fig. 193. — Perce-neige

dans lesquelles se trouve une vague ressemblance avec un bourdon, uné abeille, une araignée. La corolle comprend six pétales, dont l'inférieur plus ample, plus coloré que les autres et de forme très-variée, prend le nom de *labelle* ou de *tablier*. Il n'y a qu'une seule étamine, à deux loges anthériques soudées avec le stigmate. Le fruit est une capsule pleine de semences très-nombreuses et extrêmement fines. Il s'ouvre en six cloisons qui restent unies par leurs extrémités, en haut comme en bas. Dans cette famille se classent les *orchis* et les *ophrys*, fréquents dans les prairies et les bois de nos pays, la *vanille*, qui vient dans les régions tropicales et fournit un fruit très-allongé, recherché pour son doux parfum.

Beaucoup d'Orchidées ont une tige souterraine

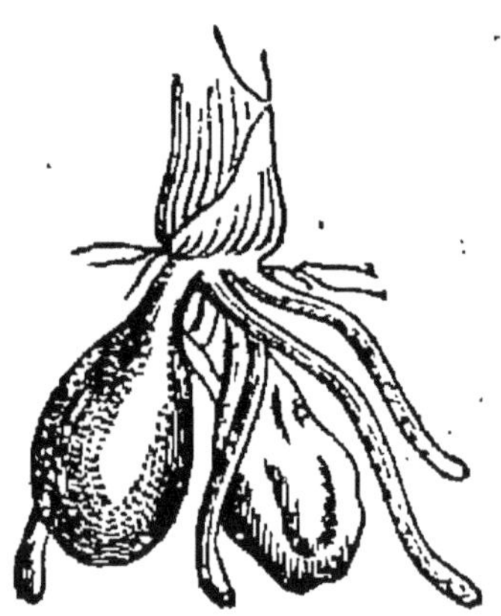

Fig. 194. — Tubercules d'Orchis.

Fig. 195. — Orchis.

ou rhizome ; d'autres, fréquents dans nos pays, présentent à la base de la tige, pêle-mêle avec les racines, deux tubercules ovoïdes, de la grosseur au plus d'une noix. L'un est ferme et rebondi; l'autre est ridé, flasque, et cède plus ou moins sous la pression des doigts. Entre les deux, il n'est pas rare de rencontrer des peaux arides, dont la mieux conservée figure un petit sac vide et tout chiffonné; on peut l'insuffler par l'orifice et lui faire prendre ainsi la forme et la grosseur des deux tubercules.

Les trois âges sont là représentés : le passé, le présent et l'avenir. Le petit sac chiffonné, si le temps et l'humidité du sol ne l'ont pas détruit, représente le passé. L'année dernière, c'était un tubercule gonflé de fécule; il s'est vidé et réduit à une mince peau pour nourrir sa tige et léguer sa substance au tubercule actuel. Le présent est représenté par le tubercule flétri, dont la chair se ramollit, se fluidifie lentement et se transvase dans les parties de la plante de formation nouvelle. C'est aux dépens de sa substance que s'est nourrie la jeune tige avant qu'elle eût des racines; c'est aux dépens de sa substance que se gonfle le tubercule nouveau. Ce dernier, frais, consistant, plein de vigueur, représente l'avenir; il porte en bourgeon la plante de l'année prochaine. La saison finie, l'orchis va périr; la tige se desséchera ainsi que les racines, le tubercule qui l'a nourrie ne sera plus qu'une dépouille sans valeur; mais le second tubercule, survivant seul à la ruine de la plante, persistera sous terre et attendra le printemps pour développer son unique bourgeon en un pied d'orchis semblable au précédent. C'est ainsi qu'au moyen de son double réservoir alimentaire, de son double tubercule dont l'un se vide tandis que l'autre s'emplit, l'orchis transmet d'une année à l'autre un bourgeon approvisionné, et se perpétue indéfiniment à la même place.

10. **Famille des Graminées.** — Le *blé*, le *seigle*,

l'*orge*, l'*avoine*, appartiennent à la famille des Graminées. Leur tige est fluette, élancée, non ramifiée, creuse à l'intérieur et fortifiée de distance en distance par des cloisons qui correspondent à des renflements appelés *nœuds*. Cette tige creuse et noueuse porte le nom de *chaume*. Les feuilles sont étroites et allongées; leur base se contourne en une *gaîne* qui enveloppe et fortifie la tige.

Les enveloppes florales des Graminées consistent en écailles vertes ou blanchâtres, qui, d'abord accolées deux à deux, renferment dans leur cavité les étamines et les pistils, puis s'ouvrent, s'écartent pour les laisser s'épanouir. Les étamines sont au nombre de trois. Leur filet flexible et pendant porte à son extrémité une longue anthère placée en travers. Les stigmates sont deux élégantes aigrettes plumeuses. Le fruit est une graine dont le blé nous fournit une image familière.

Les fleurs sont tantôt étroitement serrées l'une contre l'autre autour de l'extrémité de la tige commune et forment ce qu'on appelle un *épi*, comme dans le *froment*, le *seigle*, l'*orge* ; tantôt elles sont portées par petits paquets à l'extrémité de longs pédicules menus et flexibles qu'agite le moindre vent, et constituent alors ce qu'on nomme une *panicule*, comme dans l'*avoine*, l'*agrostis*.

Les Graminées sont les plébéiens du règne végétal; avec leurs modestes apparences, elles sont en réalité la richesse fondamentale du sol. Elles viennent partout en sociétés innombrables, elles couvrent tout de leurs verdoyants gazons. Elles nous fournissent les céréales, base de l'alimentation ; elles dominent dans l'herbe des pâturages et le foin des prairies. Parmi les céréales citons le *froment*, le *seigle*, l'*orge*, l'*a-*

voine, le *riz*, le *maïs*; parmi les plantes fourragères, le

Fig. 196. — Seigle.

Fig. 197. — Agrostis.

pâturin, la *fétuque*, le *brome*, le *vulpin*, la *flouve*, le *dactyle*, l'*agrostis*.

QUESTIONNAIRE.

1. Qu'appelle-t-on fleurs composées? — En quoi consistent un fleuron et un demi-fleuron? — Qu'est-ce que le réceptacle et l'involucre? — Qu'est-ce que l'aigrette? — Décrivez les étamines et le pistil des fleurs composées. —

Dans quel cas la fleur composée est-elle dite radiée, flosculeuse, semi-flosculeuse? — 2. Dites les caractères des solanées. — Citez les espèces importantes. — 3. Décrivez la corolle et les étamines des labiées. — Que faut-il entendre par étamines didynames? — 4. D'où provient le nom d'amentacées? — En quoi consiste le chaton? — Citez les arbres de cette famille. — 5. De quoi se compose un cône de pin? — Dites les autres caractères des conifères. — 6 Quels sont les caractères des liliacées? — 7. En quoi les iridées diffèrent-elles des liliacées? — Qu'appelle-t-on bulbe solide et rhizome? — 8. Quels sont les caractères distinctifs des amaryllidées? — 9. Que présentent de remarquable la corolle et le fruit des orchidées? — Que savez-vous sur les tubercules des orchidées? — 10. Dites les traits les plus saillants de la fleur et de la tige des graminées. — Qu'appelle-t-on chaume? — Citez les principales graminées de nos régions.

CHAPITRE VIII

PRINCIPALES FAMILLES VÉGÉTALES.

Végétaux acolytédonés ou Cryptogames.

1. Caractères généraux. — Dans les végétaux supérieurs ou les phanérogames, la semence contient toujours un embryon, c'est-à-dire un rudiment de plante formé d'une gemmule, d'une radicule et d'un ou deux cotylédons. Dans les végétaux inférieurs ou cryptogames, la semence consiste en une simple cellule, sans distinction de parties, sans embryon, et par conséquent sans radicule, sans gemmule, sans cotylédons, ce qui a fait donner à ces végétaux le nom d'acotylédonés. Par la face en contact avec le sol humide, quelle qu'elle soit, cette cellule, au moment de la germination, s'allonge en filaments d'autres cellules pareilles; et tel est le point de départ de la plante. Cette semence, si simple de structure et si différente de la graine des phanérogames, porte le nom de *spore*. Les organes floraux ne sont pas moins

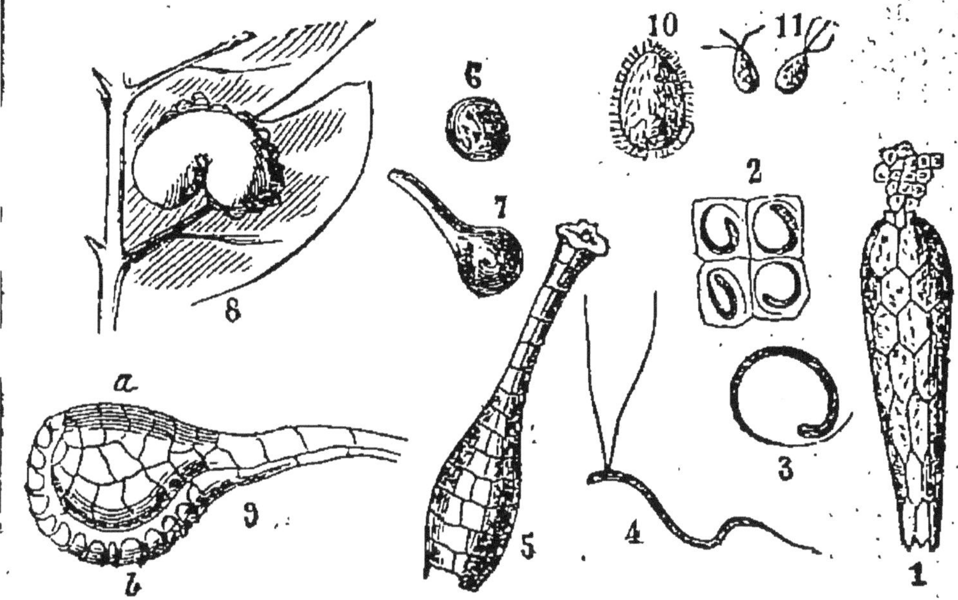

Fig. 198. — Organes reproducteurs des Acotylédonés. — 1, anthéridie; — 2, cellules de l'anthéridie contenant chacune un anthérozoïde; — 3, et 4, anthérozoïdes; — 5, archégone; — 6, spore; — 7, spore commençant à germer; — 8, 9, fructification des fougères; — 10, 11, zoospores.

étranges. Les mousses, les fougères et autres cryptogames de l'organisation la plus élevée, en ont de deux sortes : les *anthéridies* correspondant aux anthères et les *archégones* correspondant aux pistils. L'anthéridie est un très-petit sac qui s'ouvre à son extrémité et laisse épancher un amas de fines cellules, dans chacune desquelles est contenu un *anthérozoïde*, c'est-à-dire un filament vermiforme, recourbe, muni de cils vibratiles et qui pendant quelque temps ondule, et progresse avec des mouvements très-vifs. Les anthérozoïdes représentent la fovilla des grains de pollen. Les *archégones* sont des sachets à goulot allongé, dans lesquels se forment les spores, habituellement quatre par quatre dans une cellule en forme de massue. Pour que ces spores deviennent fertiles et aptes à germer, il leur faut le concours des anthérozoïdes, comme il faut le concours du pollen aux semences des végétaux supérieurs. Dans quelques Algues d'une structure très-simple, les spores sont également doués de mouvement spontané au moyen de cils vibratiles qui hérissent toute leur surface ou sont assemblés en bouquet à une extrémité. On les nomme alors *zoospores*, signifiant spores animés. Ces corpuscules errent d'abord dans l'eau, progressent ou reculent, vont et viennent à leur guise, puis s'immobilisent, se fixent et germent. Quelques acotylédonées, les fougères par exemple, outre la cellule, admettent dans leurs tissus la fibre et le vaisseau ; mais la plupart, comme les mousses, les champignons, les lichens et les algues, sont exclusivement de nature cellulaire.

2. **Famille des Fougères.** — Les fougères de l'Europe sont d'humbles plantes, d'une paire de mètres au plus de hauteur, souvent de quelques pouces. Leur tige est réduite à une courte souche rampant sous terre ; mais dans les archipels des mers équatoriales, les fougères deviennent des arbres d'un port comparable à celui des palmiers. Leur tige s'élance d'un seul jet, sans ramifications, à quinze ou vingt mètres d'élévation, et se couronne au sommet d'une touffe de grandes feuilles élégamment découpées.

Les feuilles des fougères, fort différentes des feuilles ordinaires, se nomment *frondes*. Dans leur jeune âge elles sont toujours roulées en crosse. A la face inférieure, elles portent les spores, groupées très-régu lièrement en petits amas nommés *sores*, ayant tantôt la forme circulaire, tantôt la forme d'un trait soit rectiligne, soit sinueux. L'espèce la plus grande de nos pays est la *fougère commune*, qui s'élève à hauteur d'homme et infeste les terrains maigres granitiques. Sur les vieux murs croissent le *polypode*, remarquable par ses amples sores arrondis, et les *doradilles*.

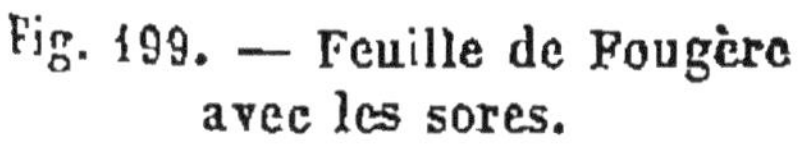

Fig. 199. — Feuille de Fougère avec les sores.

Fig. 200. — Prêle.

3. **Famille des Equisétacées.** — Dans tous les terrains limoneux se rencontre la *prêle*, facilement

reconnaissable à ses tiges formées de pièces articulées et engaînées bout à bout, à ses rameaux également articulés et groupés par réguliers verticilles, enfin à ses organes floraux, consistant en une espèce de cône d'où s'épanche, à la maturité, une poussière fine comme une fumée. Son nom latin est *equisetum*, d'où provient celui de la famille. Le cône est formé d'écailles qui s'élargissent en tête de clou. Sous chacune d'elles naissent des capsules contenant une multitude de spores. Chacune de celles-ci repose sur quatre filaments nommés *élatères*, qui d'abord roulés et tendus à la manière d'un ressort, se débandent brusquement et lancent au loin la semence. Les prêles sont aujourd'hui d'humbles herbages; mais aux anciens âges de la terre, quelques espèces atteignaient une dizaine de mètres de hauteur et avaient le port d'un arbre.

Fig. 201. — Mousse (Funaire hygrométrique) avec deux urnes, u, u.

4. Famille des Mousses. — Ces élégants petits végétaux, ornement des rochers, des murs en ruine, des vieux arbres, sont abondamment répandus à peu près partout, suspendant leur végétation en temps de sécheresse, reprenant vigueur quand vient la pluie. Leur appareil de fructification est des plus remarquables. Fertilisée par les anthéridies, l'archégone devient une *urne*, portée à l'extrémité d'un *pédicelle* aussi délié qu'un cheveu. L'urne est coiffée d'une fine membrane en forme de capuchon ou d'éteignoir nommée *coiffe* ; son entrée est fermée par un couvercle appelé *opercule*; sa cavité contient une impalpable poussière formée de myriades de spores. Quand les spores sont mûres, l'opercule se détache et l'orifice devient béant, mais habituellement entouré d'une collerette de denticulations rayonnantes, qui s'étalent si le temps est sec et propice à la dissémination, ou bien se rassemblent et ferment l'entrée si l'air est humide. Cette bordure denticulée prend le nom de *péristome*.

5. **Famille des Lichens.** — Les *lichens* ont des formes très-variées. Les uns prennent la configuration d'une croûte, étalée sur l'écorce des arbres ou même sur le roc le plus dur ; d'autres consistent en expansions membraneuses, flexibles par un temps humide, cassantes par un temps sec ; d'autres encore ressemblent à une crinière de grossiers filaments, ou bien à de petits buissons de quelques pouces de hauteur. Tous puisent leur nourriture à peu près exclusivement dans l'air, aussi sont-ils fort indifférents sur la nature de leur support. Le sable aride, le bois mort, les écorces, les rochers nus, leur conviennent également. Leur robusticité leur fait supporter les plus grandes variations de climat ; telle espèce qui prospère dans les sables brûlants de l'Afrique, se retrouve sous les neiges des pôles. Ce sont les lichens qui pénètrent le plus avant dans les régions polaires et qui montent le plus haut sur les montagnes. Quand toute autre végétation est devenue impossible sur un sol glacé, quelques lichens se montrent encore, tapissant les rochers de leurs croûtes. Ils ne résistent pas moins aux variations

hygrométriques. Par un ciel aride qui les raccornit et les dessèche, ils cessent de végéter ; quand l'humidité revient, ils reprennent vie, aussi vigoureux

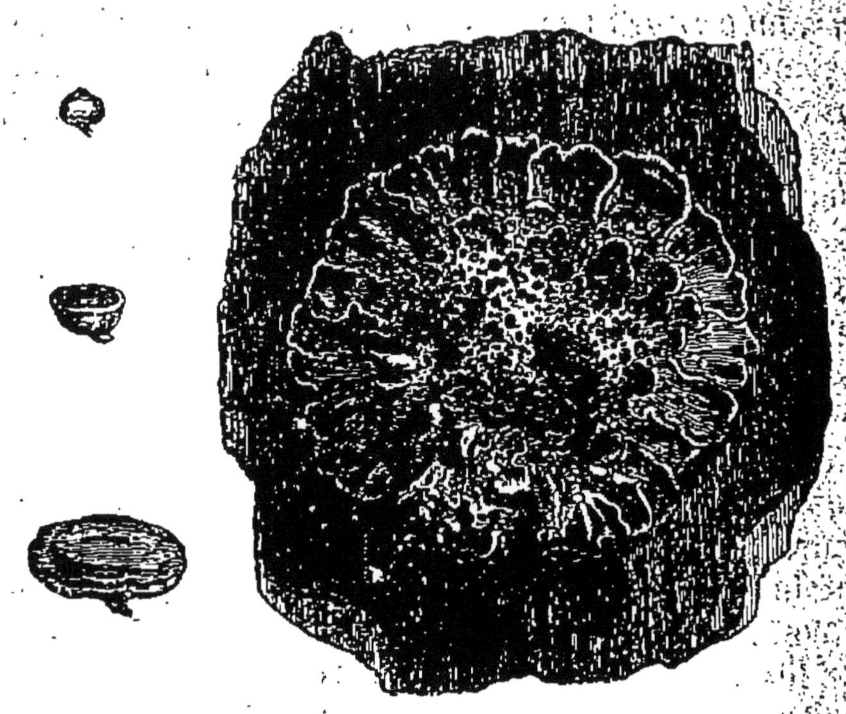

Fig. 202. — Lichen. — *a*, *b*, *c*, scutelles isolées et à divers degrés de développement.

que jamais. Leurs organes de fructification consistent en petits disques, tantôt un peu convexes, tantôt un peu creux, nommés *scutelles*, dans l'épaisseur desquels sont rangés, côte à côte, de délicats sachets ou *thèques*, contenant chacun quatre spores. Les scutelles sont parés généralement d'une autre couleur que le reste du lichen. Parmi les espèces remarquables citons le *lichen des rennes*, dont la forme est celle d'un petit buisson grisâtre. Il est très-commun partout, notamment dans l'extrême nord, où il sert, pendant l'hiver, d'habituelle nourriture au renne, l'animal domestique des Lapons. Le *lichen d'Islande* a la forme de lanières brunâtres ; on en fait une gelée utilisée en médecine. Les *roccelles*, lanières ramifiées et blanchâtres qui fréquentent les rochers des bords de la mer, fournissent une matière colorante violette, l'orseille. D'autres lichens, couvrant le roc d'une croûte farineuse, servent aussi à la préparation de matières tinctoriales.

6. **Famille des Champignons.** — Cette famille comprend un très-grand nombre d'espèces, fort différentes entre elles par leurs formes, leurs dimensions, leurs manières de vivre, et pour la plupart inconnues des personnes qui ne font pas une étude spéciale de cette branche de la botanique. C'est ainsi que la science reconnaît pour champignons ces innombrables moisissures, de tout aspect, de toute couleur, qui viennent sur les substances organiques en voie de décomposition. Si curieuses qu'elles soient, nous passerons sous silence ces espèces infimes, pour nous occuper exclusivement des végétaux qui, dans le langage vulgaire, portent le nom de *champignon*. Dans cette catégorie se trouvent des espèces usitées comme aliment ainsi que des espèces vénéneuses, qu'une fatale méprise peut si facilement faire confondre avec les premières.

La forme la plus vulgaire d'un champignon est celle d'un parasol déployé. On y distingue le *chapeau* et le *pied*. Le chapeau est la partie supérieure, tantôt étalée en disque plus ou moins aplati, tantôt façonné en dôme, tantôt un peu creusé en entonnoir. Le pied est le support, la tige du parasol. Quatre principaux genres revêtent cette forme : les *agarics*, les *bolets*, les *hydnes* et les *chanterelles*.

Les *agarics* ont le dessous du chapeau couvert de

nombreuses et minces lames régulièrement disposées et rayonnant du centre ou du pied à la circonférence. A la surface de ces lames se forment les corpuscules propagateurs, les semences du champignon, en un mot les *spores*. Elles sont tellement fines, qu'on ne peut les voir une à une qu'avec le secours du microscope; et tellement nombreuses, qu'on essaierait vainement d'en faire la supputation. Pour observer les spores en masse, il suffit de mettre un agaric fraîchement épanoui, sur une feuille de papier, les lames en bas. Du jour au lendemain, il tombe des lames, sur le papier, une poussière farineuse, excessivement fine, en entier composée de spores. Cette

Fig. 203. — Agaric champêtre.

poussière est tantôt blanche, tantôt rose, tantôt roussâtre suivant l'espèce d'agaric. Si l'on prend un peu de cette poussière, avec la pointe d'une aiguille, pour l'examiner au microscope, on la trouve composée d'une infinité de corpuscules arrondis. On donne le nom d'*hymenium* à la surface, qui, dans les champignons, donne naissance aux spores. L'hymenium des agarics est constitué par l'ensemble des lames.

En germant dans un milieu favorable, une spore donne naissance à des filaments blancs, entre-croisés, qui portent le nom de *mycelium*. Ce réseau filamenteux, situé ordinairement sous terre, échappe habituellement à notre observation. On en voit des lambeaux dans les tas de feuilles pourries, parmi les

Fig. 204. — Bolet.

détritus végétaux, et dans la terre enveloppant la base des pieds de champignons. On le trouve encore, régulièrement étalé, sur les surfaces humides et obscures, sur les planches des caves, par exemple. Le mycelium est une plante souterraine qui n'apporte au jour que ses extrémités fructifères, analogues aux fleurs des autres végétaux. Ces extrémités fructifères, ces fleurs du végétal souterrain, ne sont autre chose que les champignons.

Dans les *bolets*, la partie qui produit les spores, c'est-à-dire l'hymenium, se compose d'une couche de tubes très-fins disposés à côté l'un de l'autre perpendiculairement au chapeau. La face inférieure de celui-ci est criblée d'une multitude d'orifices, habituellement très-étroits, qui sont les ouvertures de ces tubes.

Les *hydnes* ont la face inférieure du chapeau hérissée de pointes coniques, plus ou moins longues et fines. Les spores naissent vers l'extrémité de ces pointes, dont l'ensemble forme l'hymenium.

Dans les *chanterelles*, la face inférieure du chapeau est relevée de petits plis aussi épais que larges, de fines veines saillantes et rameuses, dont les dernières ramifications se rejoignent avec les voisines et forment plus ou moins réseau.

A moins de connaissances botaniques spéciales, fruit d'une longue étude, il est absolument impossible de distinguer un champignon comestible d'un champignon vénéneux, car aucun n'a de marque qui puisse dire : Ceci se mange et ceci ne se mange pas. Ni la nature du terrain, ni les arbres au pied desquels ils viennent, ni leur forme, ni leur coloration, leur goût, leur odeur, ne peuvent en rien nous renseigner et nous permettre de distinguer, à première vue, ceux qui sont inoffensifs de ceux qui sont vénéneux. Ce qui est malfaisant dans les champignons, ce n'est pas la chair; c'est le suc dont elle est imprégnée. Faisons partir ce suc, et les propriétés vénéneuses disparaîtront du coup. On y parvient en faisant cuire dans l'eau bouillante, avec une bonne poignée de sel, les champignons coupés par tranches, frais ou secs indifféremment. On les met égoutter dans une passoire, et on les lave à plusieurs reprises avec de l'eau froide. Cela fait, on les prépare de telle

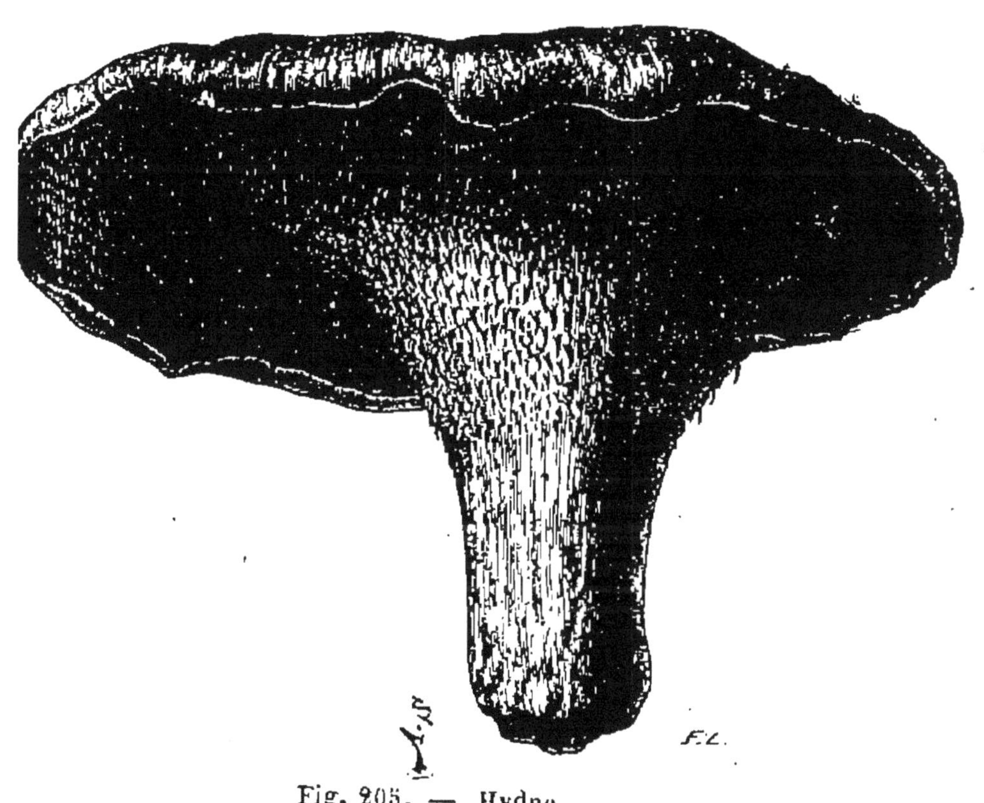

Fig. 205. — Hydne.

façon qui nous convient. Si au contraire, les champignons sont préparés sans être préalablement cuits à l'eau bouillante et salée, nous nous exposons au danger d'un suc vénéneux. Ces faits sont mis hors de doute tant par les usages adoptés en certaines provinces que par les expériences tentées sur eux-mêmes par de courageux observateurs. La règle à suivre dans l'usage des champignons est donc celle-ci:

1° *A moins de connaissances botaniques certaines, n'admettre que les espèces reconnues bonnes dans le pays que l'on habite.*

2° *Pour se prémunir contre toute chance d'erreur, faire cuire les champignons à l'eau bouillante largement additionnée de sel.*

3° *Le liquide provenant de ce traitement doit être rejeté. Les champignons cuits sont égouttés et plusieurs fois lavés à l'eau froide. On les prépare alors de la manière que l'on veut.*

Si dans le nombre, il se trouvait des espèces vénéneuses, on peut être certain que ce traitement les aura rendues inoffensives. Avec ces précautions scrupuleusement suivies, on peut affirmer, en toute certitude, que ne se reproduiront plus ces lamentables accidents dont on a, toutes les années, de nombreux exemples.

Les *truffes* sont des champignons souterrains, arrondis, dont la chair est marbrée de veines dirigées en tous sens. C'est dans ces veines que se forment les spores. Des idées très-bizarres ont cours sur l'origine des truffes. Les uns les regardent comme le produit des racines des arbres, du chêne en particulier, au pied desquels elles viennent ; d'autres les considèrent comme des excroissances, des galles des racines, provoquées par la piqûre de quelque mouche. Ces opinions, dont la source est le charlatanisme autant que l'ignorance, ne méritent pas la moindre confiance et sont en contradiction formelle avec les résultats d'une étude sévère. Les truffes sont des champignons, ayant leur vie propre, indépendante, comme tous les autres. Le caractère de croître sous terre ne leur est pas particulier; beaucoup d'autres champignons l'ont également. La *truffe noire* est arrondie, noire ou grise, dépourvue de toute espèce de racine; sa surface est relevée de petites éminences ou verrues pris-

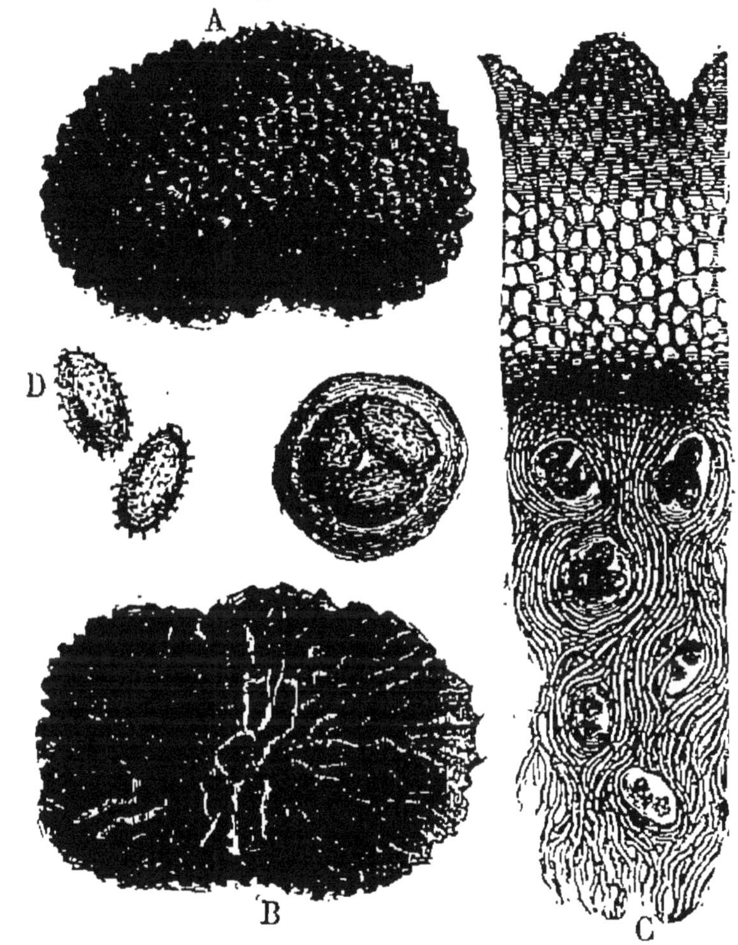

Fig. 206. — Truffe. — A, Truffe entière; — B, Truffe coupée pour montrer les veines dont elle est marbrée; — C, fragment vu au microscope; — D, spores dans leur cellule et spores isolées.

matiques. Quand elle est jeune, elle est blanche à l'intérieur; dans son état de développement complet, elle est noirâtre et marbrée de veines d'un blanc roussâtre. Les truffes viennent au voisinage d'un grand nombre d'arbres très-différents, mais principalement des chênes et des châtaigniers. Elles préfèrent les terrains argileux, mêlés de sable et de parties ferrugineuses, où la chaleur et la pluie pénètrent facilement. Les truffes du Périgord sont les plus estimées.

7. Famille des Algues. — Quelques rares exceptions à part, toutes les algues sont aquatiques. Dans les eaux stagnantes de nos fossés, de nos étangs, cette famille est représentée par les *conferves*, consistant en

Fig. 207. — Algue marine. Fig. 208. — Fragment de Fucus.

longs filaments verts qui groupés en abondantes touffes, flottent à la surface ou tapissent le fond. Après une pluie, se montrent fréquemment à la surface du sol des amas gélatineux et verts, à forme membraneuse mal déterminée. Ce sont des *nostochs*, algue terrestre. Dès que l'air n'est plus suffisamment humide, ces végétaux se crispent, se dissipent en quelque sorte et deviennent presque invisibles. Mais c'est surtout dans les eaux de la mer qu'abondent les algues, désignées alors sous le nom de *fucus*. Elles se fixent sur le roc par un empâtement de leur base, sans y puiser de quoi vivre. C'est l'eau qui les nourrit et non le sol. Il y en a qui ressemblent à des lanières visqueuses, à des rubans plissés, à de longues crinières; il y en a qui prennent la forme de petits buissons touffus, de molles houppes, de panaches onduleux; il y en a de déchiquetées en lambeaux, de roulées en lame spirale, de façonnées en gros fils glaireux. Leur coloration, très-variable, est tantôt d'un vert olive, tantôt d'un rose tendre, d'un jaune de miel, d'un rouge vif. C'est parmi les algues marines que se trouvent les végétaux de plus grande longueur; on en cite qui mesurent jusqu'à un demi-kilomètre. Parmi les algues utilisées, mentionnons l'espèce dite vulgairement *mousse corse*; c'est un précieux vermifuge.

QUESTIONNAIRE.

1. Qu'appelle-t-on spore? — Quelle est sa structure? — Que signifie l'expression d'acotylédoné? — Que savez-vous sur les anthéridies et les archégones? — En quoi consistent les anthérozoïdes? — Qu'appelle-t-on zoospores? — 2. Dites quelques mots sur la famille des fougères. — Qu'appelle-t-on fronde, sore? — 3. Décrivez les organes de la fructification des prêles. — Quelle est la structure de la tige et des rameaux? — 4. Décrivez l'urne des mousses. — 5. Que sont les lichens? — Décrivez leurs organes de fructification. — Citez quelques espèces remarquables. — 6. Quels sont les principaux genres de la famille des champignons? — Quels sont les caractères distinctifs des agarics? — Comment peut-on recueillir leurs spores? — Qu'est-ce que l'hy-

menium? — Qu'est-ce que le mycelium? — Que sont les champignons par rapport au mycelium? — Dites les caractères des bolets, des hydnes, des chanterelles. — Est-il possible, sans études botaniques approfondies, de distinguer un champignon comestible d'un champignon vénéneux? — Quelles précautions faut-il prendre dans l'usage des champignons? — Que sont les truffes? — Quelles erreurs ont cours sur leur origine? — 7. Où se trouvent les algues? — Que sont les conferves et les nostochs? — Que savez-vous sur les algues marines?

QUATRIÈME PARTIE

GÉOLOGIE

CHAPITRE PREMIER

ACTION DE L'ATMOSPHÈRE ET DES EAUX.

1. **Objet de la Géologie.** — La *géologie* a pour objet les modifications que la terre a subies à travers les âges pour devenir ce qu'elle est aujourd'hui. L'une de ses branches, la *paléontologie*, s'occupe des espèces animales et des espèces végétales qui ont précédé les animaux et les végétaux de nos jours et n'existent plus maintenant, mais dont on retrouve, dans les couches du sol, les débris appelés *fossiles*. La géologie est donc l'histoire naturelle du globe terrestre. Les causes qui de tout temps ont modifié la surface de la terre étant les mêmes que celles dont l'activité est en jeu maintenant, c'est par une étude sommaire de celles-ci qu'il convient de débuter.

2. **Action de l'atmosphère.** — Une puissance lente mais infatigable corrode et nivelle la terre ferme. Si dure que soit une roche, elle se charge de l'émietter à la longue et de la mettre en poudre, si élevé que soit un pic, elle se fait forte de le démolir grain à grain et de l'abaisser jusqu'au niveau du sol, si ce n'est dans cent ans, ce sera dans dix siècles; si ce n'est dans dix siècles, ce sera dans mille, car pour elle la durée est indéfinie. Cette puissance irrésisti-

ble, c'est l'action continuelle de l'atmosphère, avec ses alternatives d'humidité et de froid. Une masse rocheuse s'imbibe, par exemple, d'humidité à la surface ; la gelée arrive, et, par la dilatation de la glace formée dans les moindres interstices, elle détermine en tous sens des milliers de gerçures. Au dégel, la superficie du bloc tombe en écailles. L'humidité et le froid reviennent, et de nouvelles dégradations se continuent jusqu'à ce que le bloc soit réduit, de proche en proche, en fragments, en poussière, en poudre. Il se fait de la sorte, sur les continents, un travail incessant de démolition, dont les causes sont les divers agents atmosphériques. Les débris arrachés aux flancs des montagnes finissent par glisser dans le fond des vallées. Citons un exemple entre mille.

3. **Éboulement dans la vallée de Goldau.** — Après une saison très-pluvieuse, le 2 septembre 1806, les habitants de la vallée de Goldau, au centre de la Suisse, entendirent un violent craquement descendre des hauteurs voisines. Les couches superficielles du Rosemberg, détachées de la montagne sur une longueur de 4 kilomètres, glissaient sur les pentes et s'abîmaient dans la vallée avec un formidable fracas. En cinq minutes, les vallées de Goldau et de Busingen disparaissaient sous les débris, entassés jusqu'à la hauteur de 60 et 70 mètres.

Il s'était éboulé du Rosenberg plus de 50 millions de mètres cubes de rocher, de fange et de cailloux. Cinq villages furent ensevelis sous cette avalanche de pierres. Ainsi les montagnes lentement dépérissent ; toutes, sans donner lieu aux lamentables accidents que nous venons de raconter, montrent, sur leurs flancs, des traînées de pierres peu à peu éboulées des cimes.

4. **Action des eaux courantes.** — La terre ferme est parcourue en tous sens par d'innombrables cours d'eau, nécessaires à sa fécondité. Tous, depuis le moindre ruisseau jusqu'au plus grand fleuve, arrachent mille débris au sol et les charrient à la mer sous forme de cailloux, de sable, de limon. On se ferait difficilement une idée de la quantité de matériaux ainsi entraînés. Dans le cours d'une année, le Gange jette à la mer une masse de limon dont le volume représente cent quatre-vingt millions de mètres cubes. Beaucoup de collines que nous jugeons considérables n'ont pas cette masse ; le Gange les balayerait en entier pour un seul de ses tributs annuels à l'Océan. Le Bramahpoutre, son voisin, accomplit un travail tout aussi immense. Mais de tous ces grands corrodeurs des continents, les plus actifs sont le Hoang-Ho et le Yang-tse-Kiang, en Chine. Le premier, en vingt-cinq jours, crée à son embouchure une île d'un kilomètre de superficie, et menace de combler tôt ou tard le vaste golfe où il se déverse. Le second charrie à la mer trois fois plus de matériaux que le Gange. Pour balancer cette puissance de transport, il faudrait qu'une flotte de 2,000 navires, chargés chacun de 1,400 tonnes de limon, descendît chaque jour le fleuve et chaque jour jetât son fardeau à la mer. Dans la saison des pluies, l'Amazone occupe à son embouchure 200 kilomètres de largeur, et, de ses eaux bourbeuses, trouble l'Atlantique jusqu'à 200 lieues des côtes. La masse de débris arrachés au sol de l'Amérique et ensevelis dans la mer par ce géant des fleuves est au-dessus de tout calcul. Les atterrissements du Pô et de l'Adige empiètent sur l'Adriatique de soixante-dix mètres par an. Plusieurs villes voisines, autrefois ports de mer, sont aujour-

d'hui reculées dans les terres. Adria, ville ancienne qui a donné son nom au golfe, était un port il y a dix-huit siècles ; elle est aujourd'hui à huit lieues du rivage. Ravenne également était jadis un port ; deux lieues de terre la séparent maintenant de la mer.

5. **Deltas.** — Dans la partie inférieure de leur cours, là où l'affaiblissement des pentes amène le repos des eaux, les fleuves laissent déposer les débris qu'ils charrient et forment, vers leur embouchure, des amas de sables et de limons, des atterrissements qui leur barrent le passage et les font diviser en plusieurs branches. Ces atterrissements, compris entre la mer et les ramifications divergentes du fleuve, ont à peu près la forme d'un triangle ; aussi leur donne-t-on le nom de *deltas*, à cause de leur ressemblance avec la lettre de l'alphabet grec Δ (delta), qui correspond à notre D. Tels sont les deltas du Rhône, du Nil, du Gange, du Mississipi. Tous, d'une étendue souvent énorme, proviennent des débris charriés par les fleuves, débris consistant d'abord en éclats anguleux de rochers éboulés des montagnes, puis en cailloux arrondis, polis sous les eaux par leur mutuel frottement, puis encore en grains de sable et enfin en limon, à mesure que la trituration par le frottement, le choc, l'action des eaux, se prolonge.

6. **Action des glaciers.** — Les hautes régions des montagnes sont les berceaux des fleuves. En toute saison, au milieu de l'été comme au sein de l'hiver, les nuages, puisés dans la mer par la chaleur solaire et transportés par les vents, y déversent leurs neiges, qui s'amassent couche sur couche sans laisser le roc à découvert un seul jour de l'année. Renouvelées à mesure qu'elles se fondent, et pour ce motif quali-

fiées de perpétuelles, ces neiges des hauteurs sont les réservoirs où les eaux continentales immobilisées par le froid, ne se liquéfient et ne reprennent le mouvement qu'avec une prudente lenteur et dans une juste mesure. Elles glissent en *avalanches* sur les pentes rapides et se précipitent dans les vallées voisines. La nappe de neige, à peine retenue sur les flancs inclinés de la montagne, glisse au moindre défaut d'équilibre. Une pierre qui se détache, le souffle du vent, la détonation d'une arme à feu, le craquement d'un glacier, le pied imprudent d'un voyageur, suffisent pour amener ce défaut d'équilibre et provoquer la chute de l'avalanche. De proche en proche, le mouvement se communique, et le champ de neige, s'ébranlant en entier, glisse avec le bruissement des eaux torrentielles. La puissante masse accélère sa marche, se heurte aux obstacles, se divise en tourbillons et soulève un nuage poudreux d'une éclatante blancheur. Les sapins sont déracinés et balayés; des quartiers de roc sont arrachés et entraînés. Enfin le flot s'abîme dans la vallée.

Les hautes vallées environnées de pentes neigeuses sont donc occupées par des neiges qui, durcies, agglutinées par la pression de leurs assises énormes et finalement converties en glace, constituent ce qu'on nomme un *glacier*. Chaque vallée voisine des neiges perpétuelles possède le sien. Dans les Alpes seules, on en compte plus d'un millier. Leur longueur est parfois de quatre à cinq lieues, et leur largeur d'une lieue et plus. L'épaisseur de ces entassements de glace est communément de 30 à 40 mètres; mais, en quelques points, elle atteint de 200 à 400 mètres.

La vue d'un glacier laisse dans l'esprit l'idée d'un repos immuable, d'une éternelle immobilité. Ces immenses traînées de glace, vieilles comme les siècles, semblent inébranlablement enchaînées dans leurs vallées ; leurs assises paraissent avoir la stabilité des assises de roc, dont elles ont la puissance, et, pour les remuer, il faudrait, ce semble, des convulsions capables de secouer sur les bases les montagnes qui les dominent. Et cependant cette première impression nous trompe ; les glaciers se meuvent. Ce sont des fleuves solidifiés, et, comme les fleuves liquides qu'ils engendrent, ils coulent ou plutôt ils marchent, mais avec une lenteur séculaire. Entraînés par leur poids sur les pentes, ils s'avancent dans la vallée de quelques centimètres par jour ; ils descendent tout d'une pièce, se rétrécissant dans les défilés étroits, s'élargissant dans les larges passages, s'infléchissant, se rectifiant suivant que la vallée est sinueuse ou droite. Une masse plastique descendant des hauteurs, une coulée de lave, par exemple, ne remplirait pas avec plus de fidélité le moule de la vallée. A mesure qu'il descend, un glacier trouve des températures plus chaudes ; et, quand il est parvenu en un point où la chaleur s'oppose à l'existence de la glace, il se termine par un brusque talus, par un escarpement ou front, que la fusion détruit toujours, mais que renouvelle aussi continuellement l'arrivée des glaces suivantes. A partir de ce point, le glacier devient torrent et poursuit en liberté sa course, tandis que de nouvelles neiges s'accumulent dans le haut de la vallée, se convertissent en glace et s'avancent pour entretenir dans un état constant le fleuve congelé.

7. **Moraines.** — Un fleuve liquide roule des galets, entraîne des sables et des limons, qui forment les atterrissements de son embouchure. Un glacier, fleuve de glace, charrie également des débris ; mais ses ga-

lets sont d'énormes blocs, et, au lieu de rouler au fond du lit, ils sont portés sur le dos du courant. Sur chacun de ses flancs et dans toute sa longueur, un glacier est bordé par une rangée de débris, éboulés des pentes voisines par l'action de la foudre, des avalanches, des intempéries. Ce sont de grands quartiers de rocher anguleux, des sables, des boues, entassés pêle-mêle. On donne à ces deux bordures de débris le nom de *moraines latérales*. A mesure que le glacier s'avance dans la vallée, ces blocs s'avancent aussi, si volumineux qu'ils soient, portés sur le dos des glaces. Ils s'acheminent donc lentement vers l'escarpement terminal, et finissent par arriver au bord du talus, où la fusion fait du glacier un torrent. Peu à peu l'appui leur manque, ils surplombent et culbutent enfin au milieu des blocs qui les ont précédés. Ainsi se forme en avant de tout glacier un entassement de rochers que l'on nomme *moraine frontale*. Le torrent se fait jour à travers cette digue naturelle et bondit d'un bloc à l'autre. Pour alluvions, les fleuves de glace jettent donc à l'entrée des gorges leurs moraines frontales, où se rassemblent les éclats des montagnes brisées.

8. **Roches polies et sillonnées par les glaciers.** — Comme les fleuves liquides, les glaciers rongent les vallées qui leur servent de lit. Un courant d'eau ramollit et entraîne les terres de ses rives ; un courant de glace broie les roches les plus dures et les convertit en boue. Frotté contre une pierre, un tampon saupoudré de sable la polit, si le sable est fin ; il la raie, si le sable est grossier ; de même un glacier, dans sa marche, polit les roches qui l'encaissent ou les sillonne de profondes rainures. Ici le tampon est l'énorme masse du glacier, et les grains de sable, ce

sont les fragments de roc éboulés des hauteurs voisines et précipités par les crevasses jusqu'au fond du glacier. Tout cède à cette friction indomptable : au fond de la vallée, la roche se laboure de longues ornières dirigées dans le sens du mouvement des glaces, se creuse de cannelures d'une géométrique régularité. Après ces violents coups de burin, dont chacun grave un sillon, les blocs se brisent en grains de sable, qui produisent à leur tour des stries, de fines rayures. Enfin les sables se résolvent en boues, dont la douce friction efface les dernières aspérités et donne au tout le poli du marbre travaillé. Tout antique glacier, alors même qu'il n'existe plus depuis de longs siècles, se reconnaît donc à ses moraines, aux roches polies et régulièrement sillonnées de sa vallée.

9. **Transport par les glaces flottantes.** — Si dans nos contrées les glaciers s'arrêtent, pour se résoudre en torrents, à une hauteur d'un millier de mètres au moins, sous le climat arctique, ils atteignent, sans se liquéfier, le niveau de la mer. Au Groënland, par exemple, il se forme des fleuves de glace encore plus considérables que ceux des Alpes. Ces fleuves progressent lentement ; ils marchent, mais ils ne coulent jamais ; ils restent solides depuis leur source jusqu'à leur embouchure. Au lieu de verser des eaux à la mer, ils y versent des montagnes de glace. Le fleuve solide s'avance donc au milieu des flots tout d'une pièce, avec ses moraines, ses blocs de pierre recueillis en route ; quelquefois il surplombe, comme un promontoire sapé par la mer. Enfin l'extrémité se détache, tombe et flotte. D'autre part, lorsque les mers polaires se congèlent, toutes les sinuosités du rivage sont cernées par un banc de glace d'une grande épaisseur. Au moment de la débâcle, chaque fragment

d'une étendue un peu considérable arrache et entraîne avec lui des rochers qui se trouvent pris dans sa masse. Tôt ou tard, ces énormes glaçons flottants, entraînés par des courants marins, arrivent dans des eaux plus chaudes, se fondent, et laissent tomber au fond de l'océan leur cargaison de pierres.

10. **Falaises et dunes.** — Par l'effet des marées et du souffle des vents, la surface des mers est en mouvement presque continuel. De là résultent les vagues, dont la puissance mécanique modifie sans cesse le contour des continents. Là où le rivage coupé à pic se présente en plein aux assauts de la mer, le choc est si violent, que le sol en est ébranlé. Les digues les plus solides sont démolies et balayées; des blocs énormes sont arrachés dans les terres, parfois lancés verticalement par dessus les jetées. C'est à l'action continue des vagues que sont dues les *falaises*, c'est-à-dire les escarpements verticaux servant en quelques points de rivage à la mer. De pareils escarpements se montrent sur les côtes de la Manche, tant en France qu'en Angleterre. Sans relâche, l'océan les sape par la base, en fait ébouler des pans qu'il triture en cailloux roulés, et progresse d'autant sur la terre. L'histoire a conservé le souvenir de phares, de tours d'habitations, de villages même, qu'il a fallu peu à peu abandonner à la suite de pareils éboulements, e qui aujourd'hui ont en entier disparu sous les eaux.

En d'autres points, la vague apporte à la terre ferme de nouveaux matériaux. Elle pousse sur les plages des masses de sable, dont les parties fines, chassées par le vent, donnent naissance à de longues collines appelées *dunes*. A chaque tempête les dunes progressent vers l'intérieur des terres. Le vent soufflant de la mer fait peu à peu ébouler une dune dans la vallée suivante, qui se comble et devient dune à son tour: et ainsi de suite jusqu'à la plus avancée, qui s'éboule sur les terres cultivées. En même temps, la mer amoncelle de nouveaux matériaux sur le rivage pour constituer une nouvelle colline de sable, marchant à la file des autres. C'est de la sorte que les dunes envahissent lentement les terres cultivées et les recouvrent d'une énorme couche de sable stérile. Les côtes océaniques de la France présentent des dunes dans le Pas-de-Calais, à partir de Boulogne; en Bretagne, du côté de Nantes et des Sables-d'Olonne; et dans les Landes, depuis Bordeaux jusqu'aux Pyrénées, sur une longueur de 240 kilomètres. Dans le seul département des Landes, les dunes occupent une superficie de 30,000 hectares. Pour mettre fin à leurs ravages, on les a rendues immobiles en les plantant de pins.

11. **Eaux incrustantes.** — Presque toutes les eaux des terrains calcaires tiennent en dissolution une certaine quantité de carbonate de chaux, qu'elles ont dissous en lavant le sol. Cette dissolution se fait à la faveur de l'acide carbonique. C'est ainsi que les eaux pluviales, par exemple, en traversant l'atmosphère, où l'acide carbonique se trouve toujours dans la proportion de 1 litre sur 2,000 litres d'air, s'imprègnent de ce gaz et sont désormais propres à dissoudre le carbonate de chaux des terrains calcaires où elles circulent. On reconnaît les eaux riches en carbonate au dépôt minéral qu'elles laissent sur le flanc des vases dans lesquels elles séjournent longtemps, à la croûte pierreuse qui finit par obstruer leurs tuyaux de conduite. En perdant son gaz carbonique par une longue exposition à l'air, l'eau perd aussi son pouvoir dissolvant et dépose le sel de chaux en incrustation. C'est par le même mécanisme que

les eaux dites *incrustantes* couvrent les objets qu'elles lavent d'un enduit calcaire, mis à profit dans certains cas. Telles sont les eaux de la célèbre fontaine de Saint-Allyre, à Clermont-Ferrand. Très-riches en carbonate à cause de la forte proportion de gaz carbonique qu'elles renferment, ces eaux sont divisées en gouttelettes en traversant des tas de branchages. La fine pluie qui en résulte tombe sur les objets que l'on veut revêtir d'une couche de pierre, nids d'oiseaux, par exemple, corbeilles de fruits et bouquets de feuillage. L'acide carbonique s'exhale, et le carbonate de chaux se dépose avec une délicate régularité sur ces divers objets, qu'il recouvre d'un enduit pierreux, proportionné en épaisseur à la durée de l'exposition dans cette rosée minéralisante. Le nid, la corbeille de fruits, le bouquet, deviennent pierre, ou, plus exactement, sont revêtus d'une couche de pierre. Ce n'est pas ici, en effet, une véritable pétrification, c'est-à-dire une substitution de la matière minérale à la matière de l'objet; c'est uniquement un fourreau calcaire qui recouvre l'objet exposé à l'action de l'eau. Si l'on casse le nid, la corbeille, le bouquet, minéralisés, on les retrouve sous l'enveloppe calcaire sans autres altérations que celles qui résultent du temps.

Dans certaines grottes, l'eau riche en calcaire arrive goutte à goutte et suinte à travers la voûte. L'acide carbonique se dissipe, et les gouttes d'eau, se succédant avec lenteur en des points déterminés, y laissent peu à peu un dépôt de carbonate, en forme de mamelon conique dont la pointe est en bas. Là où les gouttes atteignent le sol de la grotte, un autre dépôt conique se forme, la pointe en haut. Le premier, celui du plafond, prend le nom de *stalactite*; le second, celui du sol, le nom de *stalagmite*. Tôt ou tard, les deux dépôts, dont les pointes se rapprochent toujours, se rejoignent, se soudent et constituent une colonne irrégulière.

Enfin les eaux riches en calcaire, en minéralisant les mousses et les débris de feuillage qu'elles baignent, en cimentant entre elles des parcelles de toute nature, ou bien en déposant leur carbonate de chaux en couche continue, peuvent donner naissance à des bancs plus ou moins puissants d'une roche calcaire nommée *tuf*.

QUESTIONNAIRE.

1. Quel est l'objet de la géologie? — De quoi s'occupe la paléontologie? — Qu'appelle-t-on fossiles? — 2. En quoi consiste l'action de l'atmosphère sur le relief des terres? — Décrivez l'action de la gelée. — 3. Racontez l'éboulement dans la vallée de Goldau. — 4. Dites l'action des fleuves sur les continents. — Citez quelques fleuves remarquables sous ce rapport. — 5. Qu'appelle-t-on atterrissement? — En quoi consistent les deltas des fleuves? — 6. Qu'appelle-t-on neiges perpétuelles? — Quelle est l'origine des glaciers? — Comment se produisent les avalanches? — En quoi consiste un glacier? — Comment se termine-t-il? — 7. Que faut-il entendre par moraines latérales et par moraines frontales? — D'où proviennent les blocs de rocher des moraines? — Comment ces blocs avancent-ils? — 8. Comment un glacier polit-il et sillonne-t-il les rochers de la vallée qui l'encaisse? — A quels caractères peut se reconnaître un ancien glacier qui n'existe plus? — 9. Comment sont les glaciers des régions arctiques, en particulier du Groënland? — Comment les glaces flottantes peuvent-elles transporter au loin et laisser choir dans la mer des blocs plus ou moins considérables? — 10. Qu'appelle-t-on falaises et d'où proviennent-elles? — Comment la mer peut-elle gagner lentement sur les terres? — Dites l'origine et la progression des dunes. — Comment parvient-on à les rendre immobiles. — 11. Comment les eaux courantes peuvent-elles tenir en dissolution du carbonate de chaux? — Qu'appelle-t-on eaux incrustantes? — Que savez-vous sur la fontaine Saint-Allyre? — Comment se forment les stalactites et les stalagmites des cavernes? — Quelle est l'origine du tuf?

CHAPITRE II

ACTION DES FORCES VOLCANIQUES.

1. **Volcan.** — Un *volcan* est une montagne creusée au sommet d'une grande excavation, en forme d'entonnoir plus ou moins régulier et nommée *cratère*. Le fond du cratère communique avec l'intérieur du globe par des canaux tortueux ou cheminées, dont la profondeur ne peut être déterminée. La hauteur d'un volcan est fort variable. Quelques-uns ne s'élèvent que de quelques centaines de mètres au-dessus du niveau des mers ; d'autres atteignent la hauteur d'une lieue ou même la dépassent. L'étendue du cratère est très-variable aussi. Lors de l'éruption de 1822, le cratère du Vésuve avait une lieue environ de tour et 300 mètres de profondeur. Dans l'archipel des îles Sandwich se trouve un volcan dont le cratère a de cinq à six lieues de circonférence et 400 mètres de profondeur. Mais, en général, les dimensions d'une bouche volcanique sont de beaucoup moindres. Les volcans de l'Europe sont : le Vésuve (1,190 m), près de Naples ; l'Etna (3,315 m), en Sicile ; le Stromboli, dans le petit archipel de Lipari, au nord de la Sicile ; l'Hécla (1,690 m) et le Scapta-Jockül, en Islande.

2. **Eruption volcanique.** — Comme exemple des faits les plus remarquables que présente une éruption volcanique, choisissons de préférence le Vésuve, que sa proximité rend plus intéressant pour nous. — L'approche d'une éruption est en général annoncée par une colonne de fumée qui remplit l'orifice du cratère et s'élève verticalement, lorsque l'air est calme, jusqu'à trois fois la hauteur de la montagne.

A cette élévation, elle s'étale en une couche horizontale, interceptant les rayons du soleil. Quelques jours avant l'éruption, la gerbe de fumée s'épaissit et s'affaisse sur le volcan, qu'elle recouvre d'un gros nuage noir. Mais alors la terre commence à trembler autour du Vésuve; de sourdes détonations grondent sous le sol, et, de moment en moment plus fortes, dépassent bientôt en intensité les plus violents coups de tonnerre. Tout à coup, une gerbe de feu jaillit du cratère, jusqu'à 2,000 et 3,000 mètres d'élévation. Des milliers d'étincelles s'élancent jusqu'au sommet de la gerbe flamboyante, décrivent de grands arcs en laissant sur leur trajet des traînées éblouissantes, et retombent en pluie de feu sur les flancs du volcan. Ces étincelles sont des blocs incandescents, parfois de quelques mètres de dimension, et de force à écraser dans leur chute les plus solides édifices. Pendant des semaines, des mois entiers, ces blocs rougis sont lancés par le Vésuve. Cependant de la base de la montagne, sans doute même de quelques lieues plus bas, monte, par la cheminée volcanique, un flux de matières minérales fondues, une colonne de *laves*, qui s'épanchent dans le cratère et forment un éblouissant lac de feu. Le spectateur qui, de la plaine, suit avec anxiété la marche de l'éruption, est averti de l'arrivée des laves par les pénétrantes réverbérations qu'elles jettent sur les fumées planant au-dessus du Vésuve. Soudain le sol s'ébranle, se fend, s'étoile avec un bruit de tonnerre, et par les crevasses, plus rarement par dessus les bords du cratère, des ruisseaux de lave s'épanchent. Le courant de feu, formé d'une matière éblouissante et pâteuse, comme un métal en fusion, s'avance avec lenteur, mais irrésistible, implacable. Le front de la *coulée* ressemble à un rempart incendié qui marche. On peut fuir devant lui, mais tout ce qui est fixé au sol est perdu. Les châtaigniers séculaires flamboient un instant au contact des laves et s'affaissent carbonisés ; les murs les plus épais sont calcinés et s'écroulent ; les roches les plus dures se tordent, vitrifiées, fondues. L'émission de la lave a, tôt ou tard, un terme ; alors les vapeurs souterraines, délivrées de l'énorme pression de la masse fluide, se dégagent avec plus de violence que jamais, entraînant avec elles des tourbillons de cendres, c'est-à-dire de fine poussière minérale, qui plane en sinistres nuées et s'abat sur la plaine environnante, ou même est poussée par les vents jusqu'à des centaines de lieues de distance. Enfin la terrible montagne s'apaise, et tout rentre dans le repos pour un temps indéterminé.

3. **Masse des laves rejetées.** — La quantité de lave vomie par un volcan, en une seule éruption, atteint parfois des proportions énormes, comme en fait foi l'exemple suivant. Le 11 juin 1783, eut lieu, en Islande, une éruption mémorable du Scapta-Jockül. Les laves vomies se dirigèrent vers une rivière, large en plusieurs endroits de 60 mètres et encaissée entre des berges de 100 à 200 mètres de profondeur. La lutte du feu et de l'eau fut terrible, mais de courte durée ; la rivière, tarie jusqu'à la dernière goutte, fit place aux laves, qui en comblèrent le lit. Le flot ardent déborda alors dans les plaines voisines jusqu'à une grande distance, et alla tarir également et combler un grand lac. Une semaine après, un autre jet de lave s'élança du volcan et se répandit sur la première coulée, pour se précipiter, après plusieurs jours de marche, au fond d'un gouffre creusé par les eaux. Une fois le gouffre rempli jus-

qu'aux bords, le fleuve de lave reprit son cours pour ne l'arrêter qu'à dix-huit lieues de son point de départ. Sa largeur, dans les terrains en plaine, variait de quatre à cinq lieues ; son épaisseur ordinaire était de trente mètres ; mais, dans les défilés, elle allait jusqu'à cent quatre-vingt trois mètres. On évalue qu'une étendue de quatre-vingts lieues carrées fut couverte par la lave et convertie en lac de feu.

4. **Intérieur d'un cratère.** — En des moments de repos, l'intérieur de quelques cratères peut être visité sans danger. C'est un morne chaos de roches calcinées, de scories noires et caverneuses comme du mâchefer, des blocs de lave entassés en désordre. Çà et là, des bouffées de vapeurs suffocantes jaillissent des fissures, et par les fentes brille la rougeur sinistre de l'intérieur. Au fond de l'entonnoir, pareille au couvercle de quelque chaudière infernale, s'arrondit une voûte de lave figée, qui bouche l'entrée de la cheminée volcanique. « A nos pieds, raconte M. A. de Quatrefages, s'ouvrait le grand cratère de l'Etna. Ce n'est plus ici un entonnoir presque régulier, comme on le voit au sommet du Vésuve ; c'est une véritable vallée, coudée, profonde, inégale, avec ses redans et ses caps, formés par des talus abruptes, irréguliers, hérissés d'énormes scories, de blocs de lave entassés, roulés, tordus de mille manières par la puissance du volcan ou le hasard de leur chute. C'étaient partout des couleurs bleuâtres, verdâtres, blanchâtres, semées çà et là de larges taches noires ou de plaques d'un rouge crû, qui faisaient ressortir les teintes livides de l'ensemble. Des milliers de fumaroles laissaient échapper sans bruit de longues traînées de vapeurs blanches, qui rampaient lentement sur les flancs des cratères et portaient jusqu'à nous

leurs émanations suffocantes. Le sol que nous foulions aux pieds, entièrement composé de cendres et de scories, était humide, chaud, et semblait couvert de gelée blanche. Mais cette humidité, c'était de l'acide, qui eut bientôt corrodé nos chaussures; cette couche argentée où miroitaient quelques cristaux, c'était du soufre sublimé par le volcan et des sels formés par les réactions chimiques qui se passent sans cesse dans ce redoutable laboratoire. »

5. **Volcans éteints.** — Après une période plus ou moins longue d'activité, un volcan peut étouffer ses feux et cesser de fumer. On dit alors qu'il est *éteint*. La végétation s'empare de ses coulées de lave, le gazon couvre les pentes de son cratère; mais, sous ce manteau de verdure, le terrain garde les traces ineffaçables du feu; et, à certains caractères qui ne laissent aucun doute dans l'esprit, il est toujours possible de reconnaître une bouche volcanique, lors même que l'homme n'aurait jamais été témoin de ses éruptions.

Dans quelques provinces de la France, dans l'Auvergne surtout, le Vivarais et le Velay, se voient, isolés ou assemblés en groupes, de nombreux monticules coniques, tronqués au sommet et creusés d'une vaste excavation en forme d'entonnoir. On leur donne le nom de *puys*. Tantôt l'excavation a la forme d'une conque si régulière, qu'on la dirait creusée de main d'homme; tantôt le bord en est égueulé, c'est-à-dire interrompu par une large brèche. Parfois, un lac d'une admirable limpidité remplit la conque. Plus souvent encore, l'excavation est un pâturage où descendent les troupeaux. Or, ces conques si paisibles, si vertes, si fraîches aujourd'hui, sont des cratères d'anciens volcans; là où dorment les eaux d'un lac, a bouillonné autrefois un bain de laves en fusion;

là où ruminent des troupeaux, les feux souterrains ont tonné. Le monticule de forme conique, au-dessous de sa pelouse et de sa couche de terre végétale noire, n'est qu'un amas de scories, de cendres volcaniques et de roches vitrifiées. La conque qui le termine, c'est le cratère; la brèche qui souvent en altère la régularité, c'est la voie que les laves se sont frayée pour s'épancher au dehors, quand elles n'ont pas ouvert la terre plus bas, au pied du monticule. Quant à la coulée de laves, elle n'est pas moins reconnaissable. C'est une puissante traînée de roches, noires et rougeâtres, toute crevassée, d'aspect calciné, et qui serpente dans la plaine à partir du cône volcanique. Les gens du pays lui donnent le nom de *cheire.* Quelques-unes de ces coulées dépassent en étendue les plus grandes qu'ait fournies l'Etna.

6. **Éruption du Vésuve de l'an 79.** — L'époque où plus de cent cratères, déversant à la fois leurs torrents de feu, mettaient en conflagration le Vivarais et l'Auvergne, remonte si haut, que l'homme, le dernier né de la création, n'a pu être témoin de ces scènes d'horreur et de magnificence. Depuis combien de siècles alors, ces bouches volcaniques, se tiennent-elles inoffensives ? Nul ne saurait le dire, comme nul ne saurait dire également si la puissance qui les éveilla une première fois ne les réveillera pas un jour. Dans l'antiquité, le Vésuve était, lui aussi, une montagne paisible, un volcan éteint pareil à ceux de l'Auvergne. Il ne se terminait pas comme aujourd'hui par un cône fumeux de scories, mais par un plateau légèrement concave, reste d'un ancien cratère presque comblé, où végétaient de maigres gazons et des vignes sauvages. Des cultures d'une grande fertilité couvraient ses flancs; deux villes populeuses, Her-

culanum et Pompéi, florissaient à sa base, lorsque, en l'an 79 de notre ère, le vieux volcan, qui paraissait pour toujours éteint et dont les dernières éruptions remontaient à des temps antérieurs à l'histoire, se réveilla soudain et ensevelit les deux villes sous une nuée de cendres. Aujourd'hui le pic du mineur exhume, des entrailles du sol, les deux cités antiques telles que les surprit le volcan, il y a dix-huit siècles.

7. **Tremblements de terre.** — Aux éruptions volcaniques se rattachent les tremblements de terre, qui d'habitude les accompagnent. Nous avons tous entendu parler des commotions qui parfois agitent le sol; mais dans nos contrées privilégiées, nous sommes loin de nous faire une idée exacte de la violence qu'elles peuvent acquérir et de leurs épouvantables résultats. Des tremblements de terre ressentis en Europe, le plus terrible est celui qui ravagea Lisbonne le 1er novembre 1755. Rien n'annonçait un danger, quand éclata sous terre une grande rumeur pareille au roulement continu du tonnerre, puis le sol violemment secoué, tournoya, s'éleva, s'affaissa, et la grande cité ne fut en un instant qu'un monceau de ruines et de cadavres. En même temps, la mer, qui d'abord s'était retirée, revenait gonflant ses flots à quinze mètres au-dessus du niveau ordinaire et lançait dans la ville ses flots furieux. En six minutes, soixante mille personnes avaient péri. Tandis que cela se passait à Lisbonne et que les montagnes du Portugal chancelaient, les cimes brisées, la commotion atteignait l'Afrique. Maroc, Fez, Mequinez, étaient renversés. Presque au même instant, de violentes secousses étaient ressenties depuis l'équateur jusqu'au pôle nord. La Martinique, l'Afrique septentrionale, le Groënland, l'Europe entière jusqu'aux extrémités les

plus reculées de la Laponie, eurent à peu d'instants d'intervalles, leurs secousses plus ou moins désastreuses. En mer même, on n'était pas à l'abri de la commotion. Loin de toute terre, au milieu des eaux profondes, les vaisseaux furent rudement ébranlés, comme s'ils eussent touché un écueil. Le fond de la mer participait donc aussi à l'ébranlement général, puisque la trépidation était transmise, par l'intermédiaire des eaux, jusqu'aux navires flottant à la surface.

8. **Tremblement de terre des Calabres.** — En février 1783, commencèrent dans l'Italie méridionale d'interminables convulsions, qui ne finirent qu'au bout de quatre ans. La première année, on compta neuf cent quarante-neuf secousses ; l'année suivante, cent cinquante et une. La commotion s'étendit dans les deux Calabres jusqu'à Naples, et dans une grande partie de la Sicile. La surface du pays ondulait, se plissait en vagues mouvantes, comme le fait la surface d'une mer agitée ; et sur ce terrain sans équilibre, des nausées vous prenaient, pareilles à celles qu'on éprouve sur le pont d'un navire ballotté par les vents. Le mal de mer régnait à terre. A chaque ondulation, les nuages immobiles en réalité, semblaient brusquement se déplacer, ainsi qu'on l'observe en mer sur un vaisseau qui tangue violemment. Les arbres, dans une atmosphère en repos, s'inclinaient au passage de l'ondulation terrestre et balayaient le sol de leurs cimes.

En divers endroits, le sol était crevassé et figurait, sur une immense échelle, les fentes d'un carreau de vitre cassé. Des collines se partageaient en deux ; de grandes étendues de terrain glissaient sur les pentes, avec leurs champs cultivés, leurs habitations, leurs vignes, leurs oliviers, et allaient, à des distances considérables, recouvrir d'autres terrains. Ailleurs, l'appui manquait au sol, qui s'effondrait en larges gouffres; ailleurs encore s'ouvraient de profonds entonnoirs pleins de sable mouvant, où se creusaient de vastes cavités bientôt converties en lacs par l'arrivée des eaux souterraines; en certains points, le sol délayé par les eaux détournées de leur cours, ou amenées de l'intérieur par les crevasses, se convertit en énormes torrents de boue, qui couvrirent des plaines ou remplirent des vallées. Par intervalles, de brusques secousses ébranlaient le sol de bas en haut. La commotion était si violente, que les pavés des rues étaient arrachés de leurs cavités et sautaient en l'air. La maçonnerie des puits sortait tout d'une pièce de dessous terre, comme une petite tour chassée hors du sol.

5. **Accroissement du relief de la terre ferme.** — A la suite de pareilles perturbations, le relief du sol peut s'accroître. C'est ainsi que les commotions souterraines de 1822, 1835 et 1837 ont très-sensiblement soulevé le rivage du Chili depuis Valdivia jusqu'à Valparaiso, c'est-à-dire sur une longueur de plus de deux cents lieues. Des rochers, jusque-là couverts en tout temps par les eaux, se sont élevés de deux à trois mètres au-dessus du niveau de l'Océan. On estime que la seule commotion de 1822 ébranla le sol du Chili sur une surface de treize milles lieues carrées et en exhaussa le relief d'un mètre en moyenne, de sorte que la masse ainsi ajoutée au continent américain, ou plutôt que la masse soulevée au-dessus du niveau des eaux, équivaut à cent mille fois la grande pyramide d'Égypte, le plus colossal monument que l'homme ait jamais édifié. Quelle est donc la

puissance de cette force souterraine qui soulève en quelques secondes de pareilles masses, lorsque les bras de tout un peuple ont mis de longues années à bâtir une pyramide !

10. **Constance du niveau des mers.** — Une nappe d'eau, si étendue qu'on la suppose, ne peut s'exhausser ou s'affaisser d'une manière permanente en aucun de ses points ; car, dès que cesse l'action qui l'avait dérangé de son équilibre, le liquide, en vertu de son poids et de sa mobilité, revient de lui-même à son niveau primitif. Le niveau ne s'élève ou ne s'abaisse en réalité, dans un bassin invariable lui-même, qu'autant que la masse d'eau vient à augmenter ou à diminuer ; mais alors le changement de niveau n'est pas un fait local : il a lieu, au contraire, dans toute l'étendue du bassin, proportionnellement à la quantité d'eau ajoutée ou soustraite. Si la masse d'eau reste la même et que le niveau cependant éprouve des modifications, cela ne peut alors provenir que du bassin, dont la capacité se déforme, dont les parois, le fond, s'affaissant en certains points, s'exhaussant en d'autres, font descendre ou monter en apparence la surface du niveau.

Or, on connaît des milliers de localités où, depuis les temps historiques les plus reculés, le niveau des mers n'a subi aucun changement. Tel écueil, tel rocher, effleurés par le flot aux époques les plus anciennes où les archives de la géographie puissent remonter, sont effleurés au même niveau par le flot d'aujourd'hui. Ces jalons naturels du nivellement des mers nous disent donc qu'après quarante siècles au moins, la masse des eaux n'a pas changé ; c'est là un fait que l'épreuve des âges a mis à l'abri du moindre doute.

Si la configuration de la terre ferme, si le relief du sol servant de lit aux océans, n'ont pas eux-mêmes été altérés, on devrait alors retrouver partout la nappe des eaux marines au niveau des plus anciennes observations. Loin de là, les exemples surabondent de changements considérables dans les lignes de démarcation entre la terre ferme et les eaux. Ici la mer s'est retirée, laissant à sec de vastes plaines, bientôt conquises par la végétation terrestre ; là, de grandes étendues de pays ont été submergées avec leurs constructions, leurs forêts, leurs cultures. Les apparences nous disent donc que la mer se déplace, qu'elle s'élève ou s'abaisse, submergeant certaines contrées ou laissant à sec de nouveaux rivages. Mais ce sont là des apparences trompeuses. La raison, au contraire, nous dit que le niveau des eaux ne peut varier, et que le sol, à tort regardé comme inébranlable, manque de stabilité et produit lui-même les accidents attribués à l'oscillation des mers. Ce n'est pas le liquide qui modifie son niveau ; ce sont les divers bassins communiquant entre eux qui le changent en se déformant. Aux exemples déjà fournis par les atterrissements des eaux courantes et par les brusques commotions du sol, telles que celle du Chili, joignons l'exemple de ce qui se passe encore de nos jours dans la presqu'île scandinave.

11. **Soulèvement lent de la Suède.** — En 1731, l'Académie d'Upsal fit graver des entailles sur des rochers au niveau de la mer. Au bout de quelques années, ces entailles se trouvèrent de plusieurs centimètres au-dessus des eaux. Aujourd'hui plus d'un mètre les sépare de la nappe tranquille de la Baltique. Ce soulèvement graduel de la Suède doit avoir commencé à une époque très-reculée, car dans l'in-

térieur des terres on retrouve, jusqu'à une quarantaine de lieues du rivage actuel, les caractères les plus frappants d'un sol sous-marin émergé. Ce sont des amas de coquillages identiques à ceux qui vivent actuellement dans la Baltique. On en trouve jusqu'à l'altitude de 70 mètres au-dessus du niveau de la mer. Si de tout temps, l'émersion graduelle des terres scandinaves a conservé la valeur qu'elle a de nos jours, un mètre par siècle, ces coquillages nous apprennent que, depuis au moins soixante-dix siècles, se poursuit dans la grande presqu'île un mouvement du sol dont le dénoûment peut se faire attendre encore de longs milliers d'années.

Dans le midi de la Suède, les choses se passent tout autrement : la mer gagne peu à peu sur la terre ferme, c'est-à-dire que celle-ci s'affaisse. Linné, en 1749, avait mesuré la distance d'un certain rocher à la mer ; aujourd'hui, ce point de repère se trouve d'une trentaine de mètres plus rapproché du rivage qu'il ne l'était d'abord. Une tourbière formée de plantes terrestres est actuellement sous les eaux de la Baltique ; dans toutes les villes maritimes de la Scanie, il y a des rues au-dessous du niveau des plus basses marées. Le mouvement lent de la Suède rappelle celui d'une planche qui, appuyée en son milieu, monte à l'une de ses extrémités et descend à l'autre.

Il faut donc reléguer au nombre des idées fausses la fixité proverbiale du roc et l'inconstance de l'élément liquide. Depuis la première aurore du monde, les mers roulent leurs flots suivant un éternel niveau, et la terre, dite ferme, chaque jour se soulève ou s'effondre quelque part.

QUESTIONNAIRE.

1. Qu'est-ce qu'un volcan ? — Quels sont les principaux volcans de l'Europe ? — 2. Décrivez les faits principaux que présente une éruption du Vésuve. — Quels sont les effets d'un courant de laves ? — En quoi consistent les cendres volcaniques ? — 3. Donnez un exemple de la masse des laves rejetées en une seule éruption par un volcan. — 4. Comment est l'intérieur d'un cratère aux moments de repos ? — 5. Qu'appelle-t-on volcans éteints ? — Où s'en trouve-t-il en France ? — A quoi les reconnaît-on ? — Quel nom leur donne-t-on ? — Qu'appelle-t-on cheire ? — Ces volcans ont-ils eu des coulées de laves considérables ? — Qu'était le Vésuve dans l'antiquité ? — 6. Que savez-vous sur l'éruption de l'an 79 ? — 7. Qu'est-ce qu'un tremblement de terre ? — Racontez le tremblement de terre de Lisbonne. — 8. Dites les faits les plus saillants présentés par le tremblement de terre des Calabres. — 9. Citez un exemple de l'accroissement du relief du sol à la suite de tremblements de terre. — Quelle est la masse soulevée au-dessus du niveau des eaux par les commotions du Chili en 1822 ? — 10. La mer peut-elle changer réellement de niveau ? — D'où provient alors qu'en certains points la mer gagne sur le rivage, et qu'en d'autres elle se retire ? — 11. Dites comment s'est constaté le mouvement lent de la Suède. — Depuis combien de siècles au moins ce mouvement se continue-t-il ? — A quoi peut se comparer le mouvement d'ensemble de la péninsule ? — Le sol est-il réellement fixe ?

CHAPITRE III

CHALEUR CENTRALE.

1. **Température des caves et des puits.** — Les variations de température dues à l'inégale distribution de la chaleur solaire, suivant l'état de l'atmosphère et suivant la saison, ne se font ressentir qu'à la surface du sol. A une médiocre profondeur, le

thermomètre accuse une même température, en hiver comme en été. Une cave un peu profonde, un puits, suffisent pour démontrer ce fait remarquable. Le thermomètre qui, depuis plus d'un siècle, est placé dans les caves de l'Observatoire de Paris, s'est toujours maintenu stationnaire à 10°,8. On évalue à une vingtaine de mètres la profondeur où la périodicité des saisons ne se fait plus sentir, où les chaleurs de l'été et les froids de l'hiver ne produisent plus d'effet. Quant à la température constante trouvée à cette profondeur, elle est égale à la température moyenne de la localité.

2. **Température des mines.** — En descendant plus profondément dans le sein de la terre, on reconnaît qu'à partir de la couche à température moyenne, la chaleur augmente avec plus au moins de rapidité. La loi est générale ; elle se vérifie à toutes les latitudes et sous tous les climats. Ce qui varie, c'est l'épaisseur de la couche à traverser pour trouver un degré thermométrique en plus. La nature du sol, différente suivant les lieux, est cause de ces variations. Citons quelques exemples dans l'innombrable série des observations de ce genre.

Un thermomètre placé à 421 mètres de profondeur dans la mine de Dolcoath (Cornouailles) et fréquemment observé pendant dix-huit mois consécutifs, s'est maintenu stationnaire à 24°,2, la température des couches supérieures étant de 10°. Si l'on retranche cette dernière température de la première et que l'on compare le reste à la profondeur, on trouve l'accroissement d'un degré thermométrique pour 30 mètres de profondeur en plus. — Dans un puits houiller creusé à Newcastle, la température, à 483 mètres de profondeur, s'est trouvée dépasser de 14°

celle des couches superficielles. Ici l'augmentation en chaleur est de 1° pour 34 mètres. D'autre part, l'accroissement moyen déduit des observations faites dans les mines de houille du Northumberland est de 1° pour 24 mètres. L'excavation la plus profonde que les mineurs aient jamais pratiquée se trouve à Kuttemberg, en Bohême. Elle est aujourd'hui inaccessible. A l'extrémité des galeries les plus reculées, atteignant 1,151 mètres de profondeur, le thermomètre indiquait une température perpétuelle d'une quarantaine de degrés. Dans le puits de recherche de Monte-Massi, en Toscane, la température est plus élevée encore, bien que la profondeur soit moindre. Avant l'éboulement du puits, le thermomètre descendu à 370 mètres de profondeur marquait 42°, la plus haute température que l'on ait encore observée dans le sein de la terre.

De ces exemples, qu'on pourrait multiplier indéfiniment sans trouver une exception, résulte un fait capital. Le sein de la terre, même à une profondeur médiocre, est une véritable étuve où règne perpétuellement une température élevée, alors même qu'au dehors sévissent toutes les rigueurs de l'hiver.

3. **Température des puits artésiens.** — Un puits artésien est un trou cylindrique qu'à l'aide d'une sonde, composée de fortes barres de fer ajustées bout à bout et terminée par une tarière, on pratique à travers les diverses couches du sol jusqu'à la rencontre de quelque nappe d'eau souterraine, alimentée par les eaux fluviales ou les infiltrations des fleuves et des lacs voisins. L'eau qui remonte des couches profondes du sol à la suite d'un pareil forage, arrive à la surface avec la température des coucher qu'elle quitte, et peut ainsi nous renseigner sur la distribu-

tion de la chaleur dans les entrailles de la terre. Le puits artésien de Grenelle, à Paris, descend à 547 mètres de profondeur, et l'eau qui en jaillit a constamment 28°. L'eau des puits ordinaires n'a que 10°, température moyenne de la localité. C'est donc un accroissement de 18° pour 547 mètres, ou de 1° pour 30 mètres. Le puits artésien de Passy, creusé à près d'une lieue de celui de Grenelle et à 586 mètres de profondeur, fournit également de l'eau à 28°. Les eaux du puits artésien de New-Salswerck, en Westphalie, s'élèvent d'une profondeur de 622 mètres; leur température est de 31°,25. Celles du puits de Mondorf, sur la frontière de la France et du Luxembourg, proviennent de plus bas encore, de 700 mètres; leur température est de 35°. C'est toujours à peu près une augmentation de 1° thermométrique pour une trentaine de mètres de profondeur. Dans d'autres localités, la température des eaux souterraines s'élève plus rapidement. Ainsi, à 385 mètres de profondeur, les eaux du puits artésien de Neuffen, dans le Wurtemberg, ont une température de 39°. Ici l'accroissement en température est de 1° pour 10 mètres environ de profondeur. Le témoignage des puits artésiens est donc unanime comme celui des mines : la chaleur s'accroît avec la profondeur, et, quelques anomalies dues à des influences locales mises à part, pour une trentaine de degrés que la sonde traverse, le thermomètre accuse un degré de plus.

4. Sources thermales.— On connaît une foule de sources naturelles qui, au sortir du sol, possèdent une température élevée, atteignant parfois le point d'ébullition. On les nomme *sources thermales* ou sources chaudes. Elles démontrent qu'à la profondeur d'où elles viennent règne une température capable de les rendre tièdes et même de les faire bouillir. Les sources thermales les plus remarquables de la France sont celles de *Chaudes-Aigues* et de *Vic*, dans le Cantal. Leur température atteint presque le point d'ébullition.

5. **Chaleur centrale de la terre.** — En admettant, comme l'ensemble des observations autorise à le faire, que la température souterraine augmente avec la profondeur, à raison de 1° pour 30 mètres, on arrive aux conclusions suivantes : A 3 kilomètres audessous du sol, la chaleur doit atteindre 100°, température de l'eau bouillante; à 21 kilomètres, 700°, ou la température du fer rouge ; à la profondeur de 12 lieues, elle doit être de 1600° point de fusion du fer ; enfin, à la profondeur d'une vingtaine de lieues, la chaleur doit maintenir en fusion toutes les matières minérales à nous connues. Si la loi reste la même jusqu'au centre de la terre, éloigné de 1,600 lieues de la surface, il devrait régner en ce point une température de 210,000 degrés, plus que centuple de la chaleur la plus violente que nous sachions nous-mêmes produire. Mais rien n'autorise à croire que la température augmente toujours. Quand la chaleur est suffisante pour produire la fusion, il doit s'effectuer un équilibre général ; et à partir de la profondeur où règne une température de 2,000 à 3,000°, à laquelle rien ne résiste, il s'établit sans doute une chaleur uniforme dans les parties plus profondes. Peu importe après tout notre incertitude à ce sujet ; ce qu'il nous faut remarquer, c'est qu'à la profondeur d'une douzaine de lieues la chaleur suffit et au delà pour tenir en fusion la grande majorité des matières minérales. Cela étant, on doit se figurer la terre comme com-

posée d'un globe de matières liquéfiées par le feu et d'une faible enveloppe, d'une écorce solide reposant sur cet océan central de minéraux en fusion. Sur une sphère géographique de 133 millimètres de rayon, l'écorce solide de la terre serait représentée par une feuille de carton épaisse de 1 millimètre.

6. **Expérience de Plateau.** — Des considérations d'un autre ordre, que nous allons développer, conduisent aux mêmes conséquences. Une masse liquide, jouissant dans toutes ses parties d'une complète mobilité et soumise uniquement à l'attraction mutuelle de ses molécules, prend d'elle-même la forme sphérique, la seule qui par sa symétrie, sa régularité, son identité dans tous les sens, puisse également résister de toutes parts et maintenir en repos, par un antagonisme parfait, les attractions en jeu dans la masse fluide. C'est ainsi qu'une goutte d'eau, qu'une goutte de mercure, sont des globules ronds. Mais l'attraction terrestre, la pesanteur, à laquelle rien de matériel n'est soustrait, empêche les liquides de prendre, en masse un peu considérable, la configuration sphérique, parce qu'elle les écrase sous leur propre poids. Pour neutraliser les effets de la pesanteur, on a recours à l'artifice suivant.

Versée dans de l'eau, l'huile vient surnager; dans de l'alcool, elle gagne le fond. Elle est plus légère que l'eau, plus lourde que l'alcool. Mais dans un mélange convenable d'alcool et d'eau, l'huile reste suspendue au milieu du liquide et de plus se conglobe en une sphère de la grosseur d'une orange. Mollement suspendue au sein du liquide qui, de partout, lui prête son appui, la bulle d'huile est comme soustraite à l'action de la pesanteur et prend, en conséquence, la forme sphérique. Ainsi, par le seul jeu de ses attractions moléculaires, une masse fluide, sur laquelle rien d'extérieur n'agit, se configure en sphère et persiste dans cette forme tant qu'elle est au repos; mais animée d'un mouvement de rotation sur elle-même, elle se déforme d'après certaines lois que nous allons examiner.

Supposons le globe d'huile, suspendu dans de l'eau alcoolisée, traversé en son milieu par une longue aiguille verticale ou axe, qu'un mécanisme d'horlogerie fait tourner rapidement sur elle-même sans secousse. Par l'effet du frottement, l'axe entraîne peu à peu la sphère huileuse et lui communique son mou-

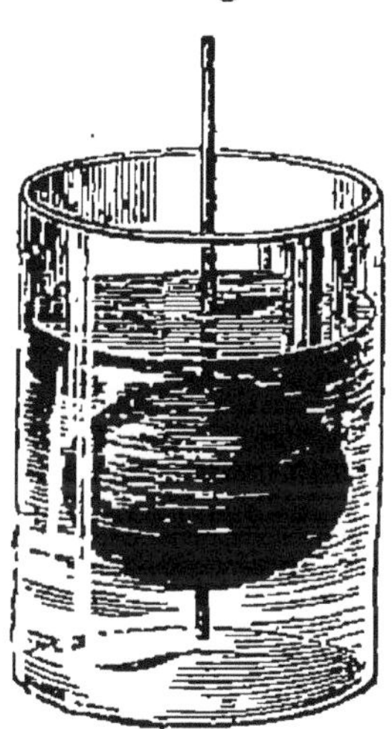

Fig. 209.

vement révolutif. Or, dès que la sphère liquide tourne, on la voit s'aplatir aux points où l'axe la traverse, c'est-à-dire à ses deux pôles de révolution, et se renfler tout au tour de sa région moyenne, c'est-à-dire de son équateur (fig 209). D'ailleurs, l'aplatissement polaire et le renflement équatorial sont d'autant plus prononcés que la rotation est plus accélérée.

Les mêmes déformations se manifestent dans les

corps flexibles soumis au mouvement rotatoire. Des cercles d'acier (fig. 210), fixés inférieurement à un axe et pouvant glisser supérieurement le long du même axe, tournent rapidement au moyen d'un jeu de pou-

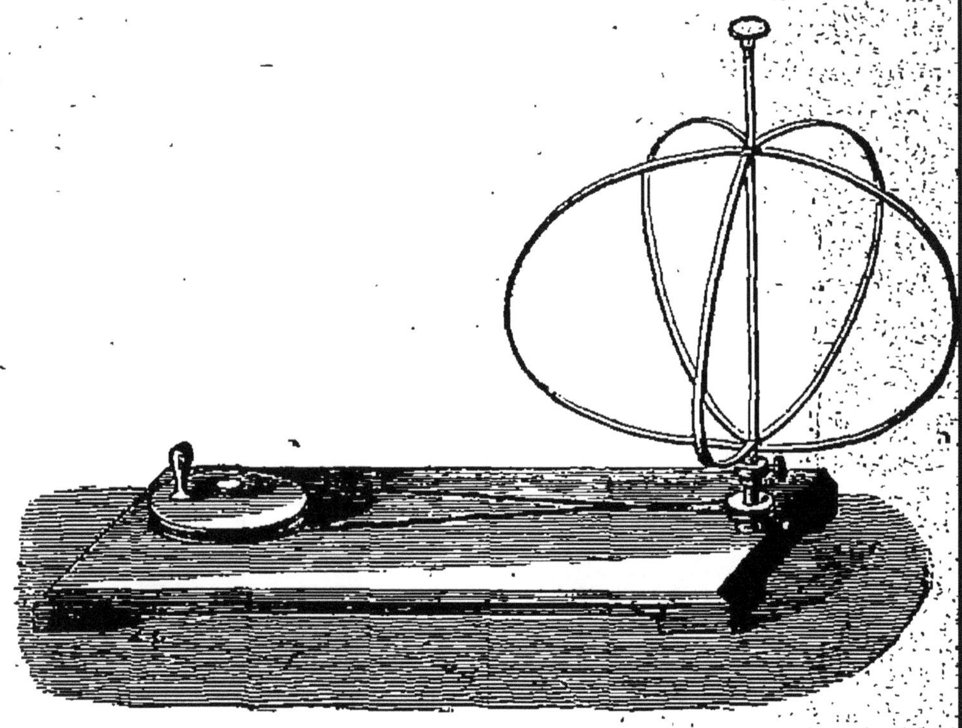

Fig. 210.

lies. A mesure que la rotation s'accélère, ils s'aplatissent aux pôles de révolution et se renflent dans le sens perpendiculaire à l'axe.

7. **Anneau équatorial.** — Revenons au globe d'huile tournant sur lui-même. Suivant son équateur se forme d'abord un bourrelet saillant, un renflement. Si la rotation s'accélère encore, ce bourrelet se détache tout d'une pièce et forme un anneau indépendant au centre duquel se trouve, sans le toucher, la sphère huileuse amoindrie. L'anneau d'ailleurs continue à tourner dans le plan de l'équateur;

il accompagne exactement la sphère centrale dans son mouvement, comme si les deux corps n'en faisaient qu'un, et il l'accompagnerait toujours si la résistance du liquide où ces choses se passent, ne lui enlevait peu à peu sa vitesse que l'axe, sans rapport maintenant avec lui, ne peut plus lui restituer comme il continue de le faire pour la sphère qu'il traverse. Tous ces faits, aplatissement polaire, renflement équatorial, anneau détaché de ce renflement, reconnaissent une même cause, la *force centrifuge*, qui résulte du mouvement rotatoire. Cette force est d'autant plus grande, que la rotation est plus rapide et l'éloignement de l'axe plus considérable.

8. **Applications au système du monde.** — La terre est ronde. C'est là un premier trait de ressemblance avec le globe d'huile de l'expérience de Plateau. Elle tourne sur elle-même, et elle est aplatie à chaque pôle d'une quantité égale à $\frac{1}{311}$ de son rayon, c'est-à-dire de cinq lieues. Second trait d'analogie avec la sphère liquide tournant autour d'un axe. Elle est renflée à l'équateur d'une quantité équivalente à l'affaissement polaire. Troisième trait de ressemblance. La terre aurait-elle donc débuté par l'état fluide ; sa forme sphérique, ses déformations équatoriales et polaires reconnaîtraient-elles pour cause la mécanique d'une goutte d'eau ? Ou bien, à tous les âges, a-t-elle présenté l'état et la forme qu'elle a aujourd'hui ?

Si l'aplatissement polaire résulte réellement d'une loi mécanique, les autres planètes doivent être aussi déformées aux pôles, puisqu'elles tournent toutes sur elles-mêmes, et cette déformation doit être d'autant plus grande que leur rotation est plus rapide. Sur Saturne et Jupiter, globes colosses dont la rotation diurne s'opère en une dizaine d'heures, la vitesse des points de l'équateur est de 150 à 200 lieues par minute. Sur la terre, elle n'est que de 7 lieues. Avec pareille vitesse, la force centrifuge doit y être très-grande, et si jamais ces planètes se sont trouvées dans un état de fluidité, ou pour le moins de plasticité convenable, les déformations équatoriales et polaires ont dû s'accentuer démesurément. Et en effet, à l'aide des lunettes télescopiques, les disques de Saturne et de Jupiter se montrent tellement aplatis dans le sens de l'axe de rotation, que l'observateur le plus superficiel en est tout de suite frappé. Ces disques ne sont pas arrondis, ils sont ovalaires ; la force centrifuge les a en quelque sorte écrasés. L'affaissement polaire est de 1/16 du rayon pour Jupiter, de 1/10 pour Saturne ; il est plus grand encore pour Uranus et s'élève à 1/9. Quant à la déformation des autres planètes, Mars, Vénus, Mercure, et enfin de notre satellite, la Lune, elle est très-faible comme celle de la Terre, à cause du peu de rapidité de rotation de ces astres ; et la distance la rend presque insensible pour nous. En présence de ce fait général, le soupçon fait place à la certitude : la Terre et les autres planètes ont passé par un état de fluidité qui, par les actions réunies de l'attraction moléculaire inhérente à toute matière et de la force centrifuge résultant de leur rotation, a modelé leur forme.

9. **Anneau de Saturne.** — La particularité la plus étrange de notre système solaire est, sans contredit, le satellite annulaire de Saturne. Un immense anneau, mince et plat, entoure cette planète dans le sens de son équateur, sans aucune adhérence avec elle. Cet anneau est opaque, car il projette son ombre sur le disque de la planète ; on le soupçonne de na-

ture fluide, car on y voit parfois des traces de subdivisions accidentelles. Enfin il tourne autour de la planète centrale, et la durée de sa révolution est la même

Fig. 211. — Saturne et son anneau.

que celle de la planète, comme si les deux corps ne faisaient qu'un. La science du mouvement démontre même que cette parité de vitesse rotatoire est indispensable à la conservation de l'édifice annulaire, qui s'écroulerait sans cela sous les efforts de la pesanteur et accablerait la planète de ses gigantesques ruines. En admettant les fluidité originelle de la planète, l'anneau perd sa bizarrerie étrange pour rentrer dans les lois élémentaires de l'équilibre des liquides. Saturne, en tournant sur son axe, s'est écrasé aux pôles et renflé à l'équateur en un bourrelet circulaire qui, détaché par la force centrifuge, a été abandonné dans l'espace en arrière de la planète sous forme d'un anneau conservant le mouvement révolutif de l'astre générateur; de même que s'aplatit et que s'entoure d'un anneau détaché de sa masse la sphère liquide de l'expérience de Plateau.

10. **Fluidité originelle de la Terre.** — La forme ronde de la Terre, l'affaissement polaire et le renflement équatorial, trouvent leur explication dans l'équilibre d'une masse liquide tournant autour d'un axe. D'autre part, l'étude de la température de la terre, croissant avec la profondeur, ainsi que viennent de nous l'apprendre les mines, les sources thermales, les puits artésiens, établit que notre planète est formée d'un globe de matière liquéfiée par le feu et d'une mince écorce solide reposant sur cet océan central de minéraux en fusion. De là à admettre la fluidité totale primitive de la Terre, il n'y a qu'un pas. L'écorce aujourd'hui solidifiée n'est devenue telle que par le refroidissement. Ces roches compactes qui forment les assises du sol, ces granits charpente des continents, ont coulé, dans les anciens âges, aussi fluides que la fonte à l'issue de la fournaise. Avant de se dresser dans la région des nuages, la matière des montagnes a fait partie d'un océan de minéraux liquéfiés.

QUESTIONNAIRE.

1. Que présente de particulier la température d'une cave un peu profonde, d'un puits? — A quelle profondeur à peu près ne se fait plus ressentir la vicissitude des saisons? — 2. Qu'observe-t-on dans les mines profondes au sujet de la température? — Citez quelques exemples. — En quoi consiste un puits artésien? — 3. Citez des exemples de la température de l'eau des puits artésiens. — De combien, en moyenne, faut-il descendre pour trouver un degré thermométrique en plus? — 4. Qu'appelle-t-on sources thermales? — Citez-en quelques-unes. — 5. A quelles con-

séquences amènent les précédentes observations? — A quelle profondeur, dans le sol, doivent se trouver la température de l'eau bouilante, celle du fer rouge, celle de la fusion de toutes les matières connues? — Est-il probable que la température va toujours croissant jusqu'au centre de la terre? — Comment doit être considéré le globe terrestre? — Quelle épaisseur environ peut posséder l'écorce solide du globe? — 6. Quelle forme prend d'elle-même une masse liquide? — Racontez l'expérience de Plateau. — Qu'advient-il si la sphère liquide tourne autour d'un axe? — Comment se vérifie la même loi avec des cercles flexibles d'acier? — 7. Dans l'expérience de Plateau, en quoi consiste l'anneau équatorial? — 8. Que présentent de remarquable la Terre et les autres planètes aux pôles ainsi qu'à l'équateur? — Quelles sont les planètes dont les déformations sont les plus grandes? — Quelle conséquence se déduit de ces faits? — 9. Qu'est-ce que l'anneau de Saturne? — Comment peut-on en expliquer la formation? — 10. Quelles preuves a-t-on de la fluidité originelle de la Terre?

CHAPITRE IV

ROCHES ÉRUPTIVES ET ROCHES SÉDIMENTAIRES.

1. **Formation du relief du sol.** — Sur le globe de matériaux fondus par le feu, une écorce solide se forma par l'effet du refroidissement, qui se propage, avec une extrême lenteur, de la surface vers le centre. A peine cette écorce terrestre fut-elle ébauchée, que s'éveilla la réaction de la masse fluide centrale, contre l'enveloppe solidifiée. De cette réaction sont nées les rides de la Terre, les reliefs des continents et les dépressions occupées par les mers, les chaînes de montagnes et les vallées qui les séparent. La même réaction rend compte des tremblements de terre, des éruptions volcaniques, de la formation des

roches et des minéraux. Or, ce mécanisme, qui graduellement a façonné la Terre telle qu'elle est aujourd'hui, nous en retrouvons l'image exacte dans une pomme qui se ride.

Récemment cueillie, une pomme est toute lisse, tout unie à la surface ; la peau, exactement appliquée sur la chair gonflée de sucs, ne présente aucun pli ; plus tard, les liquides dont la chair est imprégnée s'évaporent en partie, et la pomme, en perdant de sa substance, diminue de volume. La peau, de son côté, n'éprouve pas de contraction concordante avec celle de la chair, par la raison que la matière aride dont elle se compose ne cède à peu près rien à l'évaporation. Si la pellicule épidermique conserve son étendue superficielle, tandis que la chair du fruit se contracte, il est visible qu'à un certain moment l'enveloppe sera trop grande pour la chose enveloppée, et que, pour suivre dans son retrait la chair à laquelle elle adhère, la peau devra se plisser, se rider. Ainsi de tout temps a fait l'écorce de la Terre : elle s'est ridée comme la peau d'un fruit qui vieillit, mais pour d'autres causes.

2. **Effets de l'inégale contraction.** — La contraction amenée par la perte de chaleur est plus considérable pour les corps liquides que pour les corps solides. La masse liquide centrale du globe, en déperdant peu à peu sa chaleur dans l'espace, se contracte donc plus que ne le fait son écorce solide ; et si minime que soit la différence entre les progrès des deux contractions, l'appui de la matière en fusion doit manquer tôt ou tard à la voûte solidifiée. Alors de deux choses l'une : ou bien la voûte assez flexible s'affaisse jusqu'au niveau actuel du noyau fluide et se plisse en larges ondulations ; ou bien, si la flexi-

bilité lui manque, elle se déchire sous son propre poids non équilibré, elle se disloque en fragments qui regagnent l'appui fluide. Trop étendus pour la nouvelle surface occupée, ces fragments s'ajustent mal, empiètent un peu l'un sur l'autre, dressent ici leurs arêtes de rupture au-dessus du niveau moyen, les plongent plus loin au-dessous de ce même niveau, et produisent par les irrégularités, légères d'ailleurs, de leurs rapports respectifs, tous les accidents possibles de la surface du globe : chaînes de montagnes, croupes des collines, plateaux élevés, plaines, vallées, dépressions occupées par les mers. En reportant l'esprit aux masses colossales des principales chaînes de montagnes, on hésite d'abord à n'y voir que de légères rides, de faibles irrégularités produites par la contraction de l'écorce terrestre ; mais en les comparant à la masse du globe, tout le prestige s'évanouit, car la moindre ride sur l'épiderme d'une pomme es plus par rapport à ce fruit que la Cordillère des Andes et la chaîne de l'Himalaya relativement à la Terre.

3. **Influence de l'épaisseur de l'écorce terrestre.** — Du degré d'épaisseur et de solidité que présente l'écorce solidifiée, dépendent la fréquence et la valeur des dislocations du sol. Mince et flexible, l'écorce terrestre doit, au moindre retrait de la masse fluide, se rider en plis onduleux de médiocre hauteur ; plus épaisse et plus rigide, elle doit résister plus longtemps aux déformations ; mais aussi, quand arrive le défaut d'équilibre, au lieu de se plisser, elle doit se fragmenter violemment et dresser suivant les lignes de rupture les flancs escarpés de ses couches brisées. Les rugosités de la Terre sont donc d'autant plus accentuées qu'elles sont plus récentes ; et, en

effet, l'observation apprend qu'aux premiers âges de notre globe correspondent les croupes arrondies de quelques collines de peu d'élévation ; tandis qu'aux âges plus rapprochés de nous, se sont dressées les chaînes énormes des Andes et de l'Himalaya. Nous verrons bientôt comment on peut reconnaître avec certitude qu'une chaîne de montagne est plus vieille qu'une autre, bien que les événements grandioses qui ont donné ses reliefs à la Terre soient antérieurs, et de beaucoup, à l'existence de l'homme.

4. **Lenteur des oscillations.** — Les fractures de l'écorce terrestre ne sont pas des accidents subits que rien ne prépare. Longtemps, autant que le permet sa flexibilité, l'enveloppe solide accompagne la matière fluide dans son mouvement de contraction ; le sol, avec une lenteur que les siècles accumulés peuvent seuls rendre sensible, s'incline, fléchit, oscille, s'élevant en ce point du globe, s'abaissant en d'autres, ainsi que nous l'avons reconnu au sujet de la presqu'île scandinave. Enfin la rupture a lieu suivant les lignes de moindre résistance. Alors les mers et les continents font un nouveau partage de leurs domaines respectifs ; d'après la valeur de leurs niveaux modifiés, l'ancien lit des mers peut devenir terre ferme, et l'ancienne terre ferme peut devenir lit des mers. Enfin, l'ordre se rétablit, et une nouvelle période de calme commence, pour se terminer tôt ou tard par un accident pareil. Bien souvent déjà, la Terre a éprouvé des dislocations pareilles qui, modifiant sa surface, déplacent les continents et les mers ; car les traces du séjour de Océan se retrouvent partout.

Apparition des matériaux de l'intérieur à la surface. — Lorsque dans l'épaisseur de l'écorce terrestre un déchirement a lieu, la matière fluide centrale, refoulée par la pression des couches solides qui surnagent, est injectée de bas en haut dans les fissures produites et remonte plus ou moins haut, parfois même jusqu'à la surface, où elle s'épanche en puissantes coulées, ou bien s'amoncelle en buttes, en bourrelets, au-dessus de la crevasse qui lui a servi de cheminée d'ascension. Ainsi ont surgi les matériaux souterrains qui forment aujourd'hui l'épine de diverses chaînes de montagnes et se dressent en dentelures abruptes de granit. Cette injection des matières centrales à travers les couches de toute nature de l'écorce terrestre a eu lieu en telle abondance à tous les âges de la Terre, qu'aujourd'hui la moitié du sol que nous foulons aux pieds se compose de roches venues de l'intérieur à l'état de fusion. L'autre moitié a pour origine, comme nous allons le voir, les dépôts effectués par les eaux. Les chaînes de montagnes sont donc des bourrelets formés, suivant les lignes de fracture de l'écorce terrestre, soit par l'injection de bas en haut des matières souterraines en fusion, soit par le plissement et le redressement des couches déjà consolidées. C'est suivant ces lignes de fracture que les tremblements de terre se font ressentir avec plus de violence, parce que la résistance de l'enveloppe solide du globe y est moindre que partout ailleurs ; c'est suivant ces lignes que se montrent les sources thermales parce que la chaleur souterraine s'y propage aisément par les crevasses ; enfin, c'est sur ces lignes que s'échelonnent les volcans en rangées irrégulières, comme autant de cheminées qui, dressées sur une même fente, mettent l'intérieur de la terre en communication permanente avec l'extérieur.

6. **La mer primitive.** — A l'origine, lorsque la terre était un globe de feu, l'existence des eaux à la surface était impossible. Les matériaux de la mer future flottaient donc dans l'atmosphère en immense entassement de vapeurs. Une époque vint où le refroidissement fut assez avancé pour permettre la condensation de ces vapeurs et la précipitation des eaux. La surface entière de la terre se trouva alors couverte par la mer, mer étrange dont les eaux brûlantes et épaissies par des limons de toute nature, formaient sans doute comme une purée minérale. Au contact des eaux précipitées de l'atmosphère avec une haute température, l'écorce calcinée de la terre fut profondément corrodée ; les principes de ses roches primitives se désunirent et furent dissous ou balayés. En même temps des fluctuations violentes brisaient, pulvérisaient ce qui ne pouvait se dissoudre. De là résultèrent des masses énormes de sables, de graviers, d'argiles, de boues, de limons, qui firent de l'Océan un réceptacle de vase brûlante. Enfin quand la diminution de température eut affaibli le pouvoir dissolvant des eaux, cette vase se déposa graduellement et forma, sur les couches primitives de granit, les premières assises dues à l'action des eaux. Vers cette époque, la terre ferme commença à émerger du sein de l'océan universel. L'écorce terrestre, se ridant, se fracturant toujours davantage, souleva les premières terres au-dessus des eaux. Ces premières terres mises à sec étaient loin d'avoir l'étendue que les continents possèdent aujourd'hui ; elles consistaient en quelques récifs, en de rares archipels, sommets des rugosités les plus saillantes alors. La majeure partie du sol actuel devait, longtemps encore, rester sous les eaux, pour en sortir peu à peu,

à toute époque, même de nos jours, comme l'établissent les quelques exemples que nous avons cités.

7. **Dépôts des mers.** — Devenues limpides et peuplées d'animaux de toutes sortes après le dépôt de leurs boues primitives, les mers n'ont jamais cessé d'entasser au fond de leur lit les matières minérales arrachées au sol émergé par l'action des vagues ou apportées de l'intérieur des terres par les eaux courantes. Aux époques les plus reculées, comme de nos jours, l'Océan n'a pas discontinué de ronger ses rivages et d'en étaler les débris dans son lit ; il n'a pas discontinué de recevoir de l'ensemble des cours d'eau un immense tribut de sable, de boues, de limons, qui, déposés dans ses profondeurs en même temps que les coquillages morts, se sont durcis en puissantes assises de pierre. Plus tard, les forces souterraines ont soulevé çà et là hors des eaux l'antique lit des mers et l'ont converti en terre ferme ; aussi la charpente des continents est-elle aujourd'hui, jusque sur la cime des plus hautes montagnes, souvent pétrie de coquillages marins. L'écorce de la terre se compose ainsi de deux ordres de roches correspondant à la double action de l'eau et du feu.

8. **Roches éruptives et roches sédimentaires.** — On donne aux premières le nom de roches *éruptives* pour rappeler qu'elles ont fait éruption, à l'état fluide, du sein du globe à la surface ; ou bien encore le nom de roches *plutoniennes*, dénomination tirée de Pluton, divinité mythologique des lieux inférieurs ou des enfers. Les secondes s'appellent roches *sédimentaires*, d'un mot qui signifie se déposer, parce qu'elles se sont formées avec les dépôts de matières minérales au sein des eaux. On les nomme aussi

roches *neptuniennes*, du nom de Neptune, divinité des mers.

9. **Granit, silicates.** — Toute substance que le feu a rendue fluide se prend en cristaux par un refroidissement ménagé, c'est-à-dire que sa masse se compose alors d'une infinité de parcelles à formes régulières, à facettes planes et miroitantes. D'après cela, les roches *éruptives* doivent souvent, sinon toujours, présenter l'aspect cristallin ; et en effet, fréquemment elles se composent d'un amas confus de petits cristaux. La plus remarquable et la plus commune de ces roches éruptives cristallines est le *granit*, dont le nom fait allusion à la structure granulaire qui le caractérise. Le granit est formé par l'agglomération de grains cristallins de trois natures différentes : les uns sont du *quartz* ou de la *silice*, les autres du *feldspath*, les autres enfin du *mica*. La matière d'aspect vitreux qui fait feu sous le briquet et compose les cailloux blancs n'est autre chose que du quartz, de la silice. La pierre à fusil en est également ; l'agathe, si richement colorée, le cristal de roche, plus limpide que le verre, en sont aussi. La silice se combine avec une foule d'oxydes métalliques et engendre des composés fort divers qu'on désigne par la dénomination commune de *silicates*. Le feldspath est un silicate ; dans sa composition, il entre de la silice et de la chaux. C'est une matière en général blanche, opaque et d'aspect un peu satiné. Dans le granit, il se fait remarquer par ses gros cristaux en forme de carré long. Le mica est encore un silicate. Il forme de petites écailles brillantes, tantôt pareilles à des paillettes d'or ou d'argent, tantôt noires, vertes ou rougeâtres. La prétendue poussière d'or qui sert pour dessécher l'écriture n'est autre chose que du

mica. Parmi les autres roches cristallines citons le *gneiss*, de même composition que le granit, mais disposé par feuillets entremêlés ; la *syénite*, différant du granit par l'absence de grains de quartz.

10. **Principales roches sédimentaires.** — La structure cristalline, si fréquente dans les roches éruptives, est au contraire très-rare dans les roches sédimentaires, et c'est tout naturel, puisque ces dernières proviennent de limons informes amassés au fond des mers et durcis par les siècles. La plus fréquente des roches sédimentaires est le *calcaire* ou carbonate de chaux, comprenant plusieurs variétés, dont les principales sont : la pierre à chaux, la craie, la pierre à bâtir, le marbre. Toutes ces matières ont la même composition et renferment en combinaison de la chaux et du gaz carbonique. Elles ont pour caractère de mousser, de faire effervescence quand on les arrose avec un acide, par suite du dégagement du gaz carbonique. Les roches éruptives ne présentent jamais ce caractère. Les autres roches sédimentaires sont les *argiles*, si faciles à reconnaître par leur propriété de se laisser pétrir avec de l'eau et de former une pâte tenace ; les *marnes*, qui sont des mélanges d'argile et de calcaire pulvérulent ; le sables et les cailloux roulés, qui ne sont que des fragments de volumes divers arrachés aux terrains de toute nature et roulés par les eaux ; enfin les *grès*, qui résultent de sables agglutinés.

11. **Roches stratifiées et roches non stratifiées.** — Les matériaux qui ont produit les roches neptuniennes se sont déposés au fond des mers en couches horizontales régulières, en lits d'une épaisseur plus ou moins grande, ou, comme on dit encore, en *strates*. La succession de ces dépôts, tantôt calcai-

res, tantôt argileux ou sablonneux, a donc produit une suite d'assises superposées, les plus vieilles au fond, les plus récentes en haut. Horizontales tant que rien n'est venu les déranger de leur position originelle, les couches sédimentaires, à la suite des dislocations de l'écorce terrestre, ont dû se redresser, s'incliner,

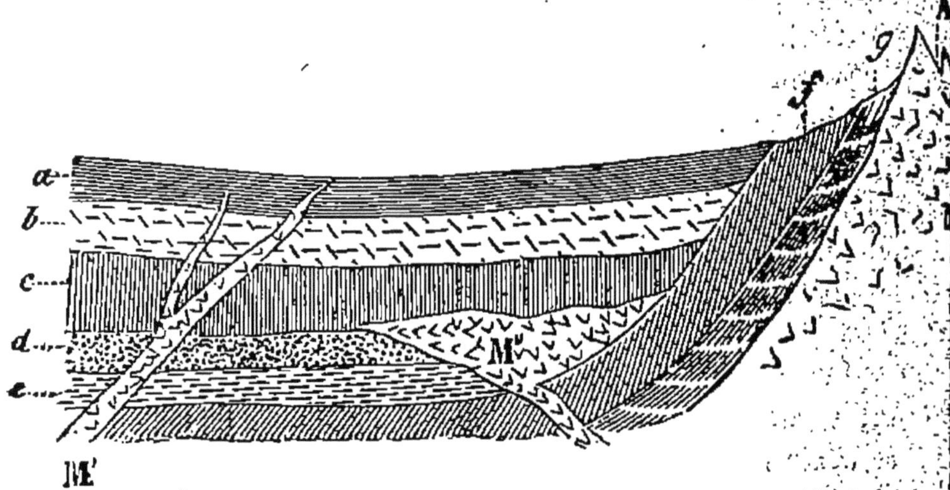

Fig. 212 — Disposition générale des roches. A, M, M', M", roches éruptives ; *a*, *b*, *c*, *d*, *e*, *f*, *g*, roches sédimentaires.

mais en conservant toujours leur caractère fondamental, leur division en assises parallèles. Aussi, l'un des traits les plus saillants de la partie de l'écorce terrestre due à l'action des eaux, c'est d'être *stratifiée*, c'est-à-dire disposée en assises plus ou moins régulières.

Les roches éruptives ne présentent rien de pareil. Injectées de bas en haut à travers les couches sédimentaires qu'elles ont bouleversées sur leur passage, elles se dressent en pics, en aiguilles, en murs dentelés ; ou bien elles s'arrondissent en dômes, en buttes coniques, en mamelons ; ou bien encore elles constituent des amas informes ; mais, dans aucun cas, elles ne sont étagées par assises régulières. En un mot, elles ne sont pas stratifiées.

12. **Présence ou absence de fossiles.** — Enfin les roches neptuniennes contiennent, très-souvent et en abondance, les débris pétrifiés des êtres organisés, animaux ou plantes, qui ont vécu au sein des eaux où le dépôt de ces roches s'est formé, ou qui, vivant sur la terre ferme, ont eu leurs restes charriés dans les mers par les eaux courantes. C'est ce qu'on nomme des *fossiles*. Les plus abondants sont des coquillages, qui, par leur nature pierreuse, ont mieux résisté à la destruction. Leur nombre est si considérable, que parfois la roche en est presque entièrement formée. De pareils débris ne se trouvent jamais et ne peuvent évidemment se trouver dans les roches éruptives, venues à l'état de fusion du foyer souterrain.

13. **Résumé des caractères des deux ordres de roches.** — Les roches éruptives ou plutoniennes ont surgi, en fusion, de l'intérieur du globe à la surface, en traversant l'écorce minérale déjà formée. En général, elles possèdent une structure cristalline et sont disposées toujours en amas irréguliers. Elles ne renferment jamais de fossiles. Elles se composent de divers silicates et par conséquent ne font pas effervescence avec les acides.

Les roches sédimentaires ou neptuniennes se sont formées à la surface de la terre avec les matériaux divers déposés par les eaux. Sauf de rares exceptions, elles n'ont pas de structure cristalline; mais elles sont disposées en assises régulières ou strates. Très-souvent, elles renferment des fossiles. Pour la majeure partie, elles se composent de calcaire, reconnaissable à l'effervescence qu'il produit au contact des acides.

RÉSUMÉ.

1. Par quel mécanisme se sont produits les reliefs du sol? — Expliquez ce qui se passe dans un fruit dont la peau se ride. — 2. La contraction par l'effet du refroidissement est-elle de même valeur pour l'écorce du globe et le noyau fluide? — Que résulte-t-il de cette inégale contraction? — Comment les grandes chaînes de montagnes ne sont-elles pour la terre que de simples rides? — 3. Expliquez comment les inégalités les plus considérable de la surface terrestre sont celles de formation plus récente. — 4. Ces inégalités, ces rides, sont-elles toujours des productions soudaines? — A-t-on de nos jours un exemple de la lenteur des oscillations terrestres? — 5. A la suite d'une fracture de l'écorce du globe que devient la matière fluide de l'intérieur? — 6 La mer a-t-elle toujours existé à la surface du globe? — Que devait être la mer primitive? — Quels dépôts a-t-elle formés? — La terre ferme a-t-elle toujours été ce qu'elle est aujourd'hui? — Comment a-t-elle graduellement surgi hors des mers? — Que devaient être les premières terres émergées? — 7. Comment l'écorce terrestre se compose-t-elle de deux ordres de roches? — 8. Qu'appelle-t-on roches éruptives et d'où proviennent-elles? — Qu'appelle-t-on roches sédimentaires et quelle est leur origine? — 9. Citez les principales roches éruptives. — Dites la composition du granit. — 10. Citez les principales roches sédimentaires. — Quelle est la plus répandue? — Que désigne-t-on par roches cristallines? — 11. En quoi consiste la stratification? — Pourquoi les roches neptuniennes sont-elles les seules stratifiées? — 12. En quoi consistent les fossiles? — Quelles sont les roches qui en possèdent? — 13. Résumez les caractères distinctifs des roches éruptives et des roches sédimentaires.

CHAPITRE V

TERRAINS PRIMAIRES.

1. Age relatif des chaînes de montagnes. — Au fond des mers se sont amassés, de tout temps, des débris minéraux de nature variée, qui, agglutinés, durcis par les siècles, se sont convertis en couches horizontales de roc. Ces couches, dont l'épaisseur est généralement fort considérable, diffèrent entre elles par leur nature minérale, tantôt calcaire, tantôt argileuse, tantôt sablonneuse; elles diffèrent aussi par les espèces de coquillages pétrifiés qu'on y rencontre et autres restes d'êtres organisés, parce que les populations marines, de même du reste que les populations animales ou végétales de la terre ferme, ont, à diverses reprises, éprouvé de profonds changements dans la suite des âges. Imaginons, pour ne pas trop compliquer l'exposition, trois seulement de ces couches neptuniennes reposant sous les eaux dans la position qui leur est naturelle, dans la position horizontale qu'elles ont prise en se formant. La plus vieille de ces couches est évidemment la plus inférieure ; la plus récente est celle qui occupe le dessus. Quant à la couche intermédiaire 2, elle s'est déposée après la couche 1 et avant la couche 3 (fig. 213, A).

Supposons maintenant que le lit de la mer se plisse, se soulève en un point, surgisse hors des eaux et forme une chaîne de montagnes. Les trois strates s'infléchiront comme le représente la figure D, et entreront également dans la charpente montagneuse. Si, en un autre point, le soulèvement du fond de la mer avait lieu plus tôt, après le dépôt des couches 1 et 2, mais avant celui de la couche 3, il est clair que, dans ses assises, la montagne ne comprendrait que les deux couches 2 et 1, les seules alors formées. C'est ce que représente la figure C. Enfin, la couche 1 ferait seule partie de la montagne, si le soulèvement s'était effectué plus tôt encore et avant que la couche 2 se fût déposée. La figure B met sous les yeux une

protubérance formée dans ces conditions. Il e
de pleine évidence que, de trois chaînes de m
gnes qui, dans leur charpente, présenteraient la c
tution indiquée par les figures ci-dessous, la plus

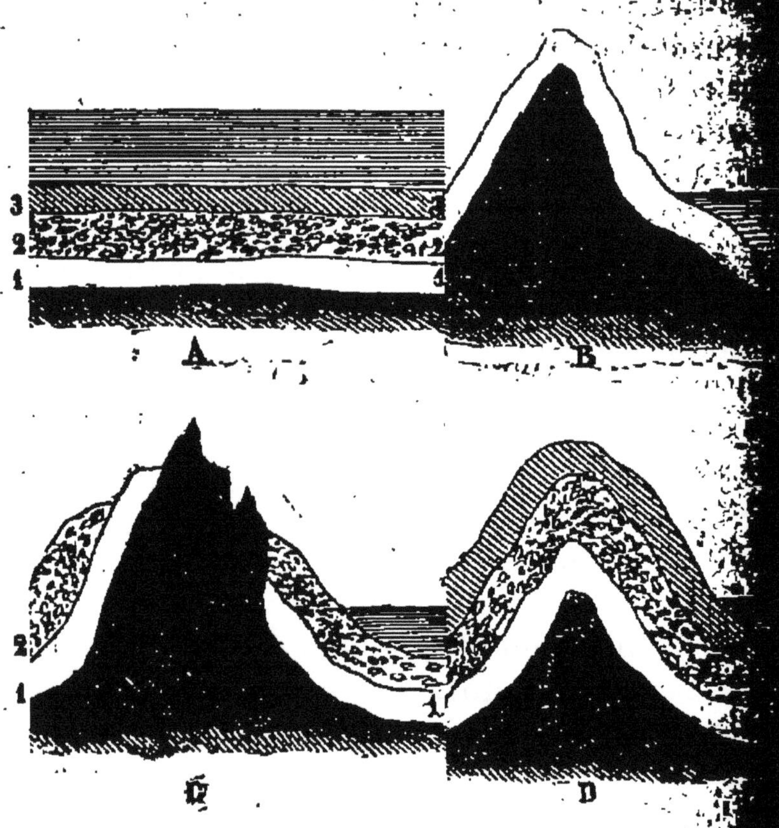

Fig. 213.

serait celle à laquelle se rapporte la figure
qu'il lui manquerait deux assises de roches séd
taires, assises qu'elle n'a pu recevoir en éme
des eaux avant leur formation. Viendrait a
montagne C, qui renferme une assise neptu
de plus; la plus récente enfin serait la mon

où les trois nappes de roches sédimentaires se montrent à la fois.

D'une manière générale, la géologie reconnaît qu'une chaîne de montagnes en a précédé une autre dans son apparition, en constatant qu'il manque à la première une ou plusieurs des couches sédimentaires que possède la seconde. Aussi le Jura est plus vieux que les Pyrénées, car il ne possède pas toutes les strates dont les mers ont formé les Pyrénées; celles-ci sont plus vieilles que les Alpes, car on n'y retrouve pas toutes les assises neptuniennes dont les Alpes sont bâties.

2. **Concordance ou discordance de stratification.** — Des couches sédimentaires sont en *stratification concordante*, lorsqu'elles sont parallèles entre elles,

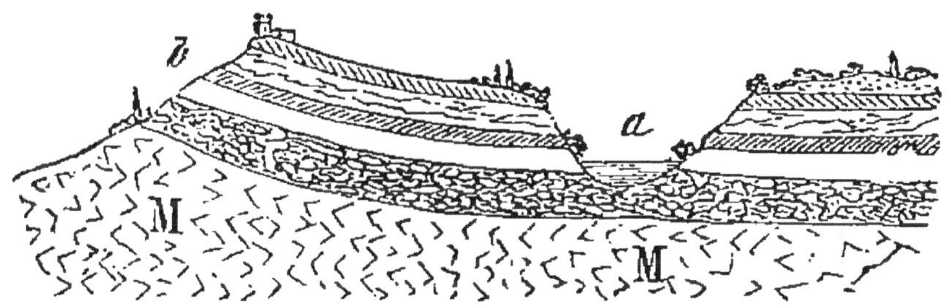

Fig. 214. — M,M, roche plutonienne; *b*, roches sédimentaires en stratification concordante; *a*, vallée produite par l'érosion des eaux courantes.

n'importe leur forme rectiligne ou sinueuse, et leur direction horizontale ou inclinée. Telles sont les assises de la figure 214, assises dont on peut suivre la succession, soit sur le flanc *b* du monticule, soit dans les escarpements de la vallée *a*, creusée par l'action des eaux courantes. Ce parallélisme indique une période de tranquillité pendant laquelle les couches sédimentaires se sont déposées au fond des mers sans trouble dans leur mode naturel de superposition. Plus tard, lorsque la dernière a été formée, est survenue une oscillation du sol qui les a fait émerger toutes à la fois en leur conservant le parallélisme, mais en leur donnant le plus souvent une direction plus ou moins inclinée, commune à toutes.

La stratification est *discordante*, lorsqu'il n'y a pas parallélisme entre les couches. Considérons, par exemple, la figure 215. Les strates A, B, C, D, E, F sont

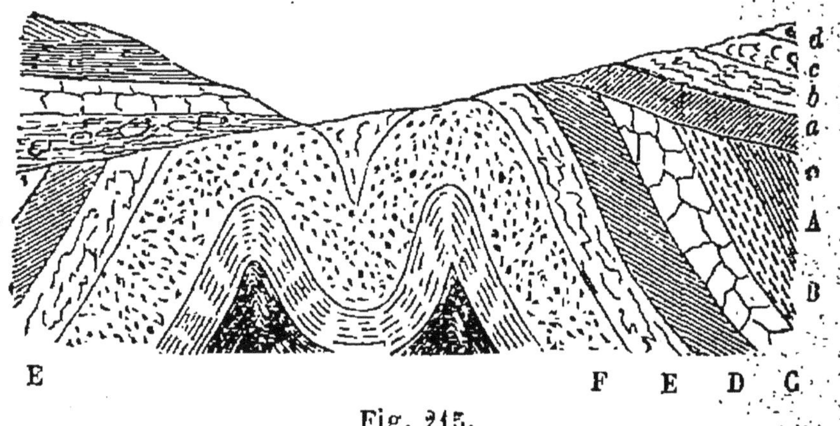

Fig. 215.

entre elles concordantes ou parallèles ; celles de la partie centrale sont sinueuses par suite de plis du terrain ; celles de droite et de gauche sont tronquées supérieurement, soit par le fait d'une rupture qui a rejeté, partie à droite et partie à gauche, les assises du sol brisé, soit encore par le fait des eaux courantes qui en ont corrodé et entraîné le sommet. Sur ces couches tronquées sont superposées les strates *a, b, c, d*. Celles-ci sont en stratification discordante avec les premières, en d'autres termes, ne leur sont pas parallèles. Ce défaut de parallélisme amène à la conclusion suivante. Les couches A, B, C, D, etc., étaient déjà dérangées de leur position originelle, la position horizontale, et avaient éprouvé un soulèvement lorsque se sont déposées les couches *a, b, c, d;* car s'il n'y avait pas eu de trouble précédant la seconde série de dépôts, le parallélisme se serait conservé entre les deux séries. Il s'est donc fait un soulèvement, une modification dans le relief du sol, après le dépôt de la couche A et avant le dépôt de la couche *a*.

Fig. 216.

Considérons encore la figure 216. Une ride de l'écorce terrestre fait soulever les strates 1, 2, 3, 4, formées au fond des mers pendant une longue période de tranquillité. Il en résulte un bourrelet, une chaîne de montagnes, au pied de laquelle la mer continue à déposer des sédiments qui deviennent les strates horizontales B et A, en stratification discordante avec les premières. Imaginons qu'une nouvelle oscillation du sol exhausse davantage la partie déjà émergée. La base agrandie de la montagne montrera alors sur ses flancs les couches A et B, dérangées de leur position horizontale, plus ou moins inclinées, et discordantes avec les couches du premier soulèvement. Le défaut de parallélisme entre les assises de la base et celles du sommet nous indiquera donc deux perturbations consécutives, deux soulèvements ayant concouru à la formation du relief final.

3. **Époques géologiques.** — C'est au moyen de l'étude des couches sédimentaires, de leur nature, de

leur nombre, de leur ordre de succession, de leur stratification concordante ou discordante, enfin, de leurs fossiles, que la géologie parvient à reconnaître les antiques répartitions entre la mer et la terre ferme, et les principaux changements que l'écorce terrestre a subis pour amener peu à peu les continents à la configuration qu'ils ont aujourd'hui. Les périodes de repos pendant lesquelles se sont formées telles et telles assises sédimentaires constituent autant d'*époques géologiques*. Vu l'épaisseur souvent énorme des couches correspondantes, elles doivent avoir été d'une durée où les siècles se comptent par milliers. Ces périodes sont séparées l'une de l'autre par des *révolutions géologiques*, c'est-à-dire par des accidents de niveau, brusques ou lents, qui, en changeant plus ou moins le relief de l'écorce terrestre, ont changé, par là même, la configuration de la terre ferme et la distribution des eaux marines. Nous terminerons ces études par l'examen rapide des principales époques géologiques.

Terrains primaires.

1. **Terrains de transition.** — Les assises sédimentaires se divisent d'abord en quatre grandes séries, que l'on désigne, en remontant des plus anciennes aux plus récentes, par les noms de *terrains primaires*, *terrains secondaires*, *terrains tertiaires* et *terrains quarternaires*. Chacune de ces séries se subdivise à son tour en un nombre plus ou moins grand d'étages correspondant à autant d'époques géologiques. Ainsi dans les terrains primaires se reconnaissent quatre étages, savoir : le terrain *cambrien*, le terrain *silurien*, le terrain *devonien* et le terrain

houiller ou *carbonifère*. Les trois premiers portent en commun le nom de *terrains de transition*, parce qu'ils forment la transition, le passage, entre les terrains d'origine ignée et ceux d'origine aqueuse. Composés des premières assises que les mers déposèrent lorsque la température suffisamment diminuée permit enfin la présence des eaux à la surface du globe, ces terrains ont éprouvé de profondes modifications par suite de leur voisinage, de leur contact avec les matériaux incandescents de l'intérieur. Des roches cristallines se sont fréquemment intercalées dans leurs fissures, amenant avec elles les minerais de plomb, de cuivre, d'argent et autres métaux ; leurs couches argileuses se sont durcies en lits feuilletés de schistes et d'ardoises ; enfin leurs bancs de calcaire sont parfois devenus du marbre par l'effet d'une métamorphose qu'expliquera l'expérience suivante.

2. **Expérience de Hall. — Roches métamorphiques.** — Soumis sans entraves à l'action de la chaleur, le calcaire se décompose ; le gaz carbonique se dégage, et il reste de la chaux. La fabrication de la chaux est précisément basée sur ce principe. Mais si le calcaire est renfermé dans un vase métallique, par exemple, dans un canon de fusil hermétiquement clos, le gaz carbonique n'a plus d'issue pour s'exhaler, et la décomposition n'a pas lieu. Alors, la matière fond sans altération ; et, après un refroidissement lent, qui rend la cristallisation possible, le calcaire primitif, la pierre à bâtir vulgaire, la craie sans consistance, se trouvent transformés en une masse cristalline et compacte de marbre blanc. Cette curieuse expérience, qui permet de changer la craie pulvérulente en marbre au moyen de la chaleur, est due au physicien sir James Hall.

Or, au contact du granit et autres roches dites éruptives, les calcaires compactes ou terreux se trouvent précisément transformés en marbres, parfois éclatants de blancheur, parfois veinés des teintes les plus vives. De même, les sables se sont vitrifiés en bancs continus de quartz ou agglutinés en grès compactes; les argiles se sont durcies en feuillets de schiste ; la houille a subi une puissante distillation, comme dans nos usines à gaz, et, perdant son bitume, est convertie en une matière âpre et caverneuse. Les roches ainsi modifiées par le voisinage ou le contact direct des matériaux incandescents prennent le nom de *roches métamorphiques*. Elles démontrent que les masses éruptives, notamment les granits qui forment aujourd'hui la charpente des principales chaînes de montagnes, ont surgi du sein de la terre, à travers les couches sédimentaires, avec la haute température que réclame l'expérience de Hall, puisqu'elles pouvaient, par leur voisinage, mettre en fusion les calcaires enfouis à des profondeurs où le dégagement de leur gaz carbonique n'était plus possible.

3. **Terrain cambrien** — Ce terrain prend son nom de l'ancienne Cambrie, aujourd'hui pays de Galles (Angleterre), où il est très-répandu. En France, il se montre dans la Bretagne, départements du Finistère et du Morbihan. Lorsque le terrain cambrien se déposait dans les mers, le sol qui devait être un jour la France n'avait qu'un petit nombre de points émergés, consistant en quelques îlots et écueils de roches éruptives où l'animal et la plante n'étaient pas encore possibles. La mer occupait tout le reste, mer peu propre à la vie à cause de l'abondance des matériaux dissous ou tenus en suspension dans ses eaux troubles. De maigres algues, quelques rares madrépores, un

petit nombre de mollusques de l'ordre des Brachiopodes, tels étaient ses seuls habitants, comme le constate le peu de fossiles qui se retrouvent dans les terrains cambriens. Des schistes grossiers, des argiles durcies, des bancs de matières quartzeuses composent cette couche géologique.

4. **Terrain silurien.** — L'antiquité nommait *Silures* les habitants du pays de Galles. De ce nom, la géologie a fait l'expression de terrain silurien pour désigner l'étage géologique dont le type le plus remarquable se trouve dans cette partie de l'Angleterre. Le terrain silurien se montre en France sur

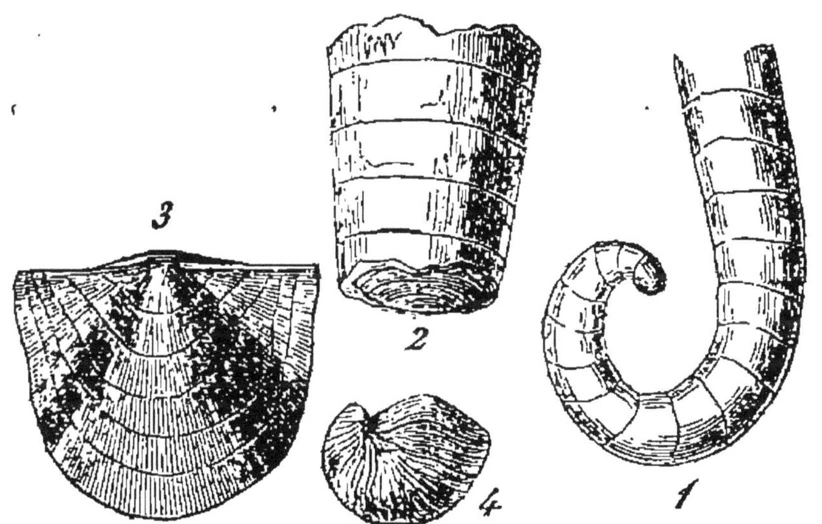

Fig. 217. — Fossiles du terrain silurien. — 1, Lituite. — 2, Orthocère. — 3, Productus. — 4, Térébratule.

la presque totalité de la Bretagne, dans les départements de la Manche et de l'Orne, dans l'Anjou, les Ardennes, les Vosges, le Var, l'Aube et au pied des Pyrénées. Il consiste principalement en ardoises aux environs d'Angers et dans les Ardennes ; en calcaires convertis en marbres colorés dans les Pyrénées et la

Montagne Noire, près de Carcassonne; en schistes, riches de minerais de plomb argentifère, en Bretagne, de minerais de cuivre et surtout d'étain, dans la presqu'île de Cornouailles en Angleterre.

A l'époque de la mer silurienne, c'est-à-dire lorsque se formaient sous les eaux marines les terrains siluriens, le sol émergé, pour la France, comprenait une île vers le golfe actuel de Saint-Malo, sur une partie de la Bretagne et de la Normandie; un grand plateau granitique formant de nos jours l'Auvergne et le Limousin; le massif des Ardennes, et un autre massif dans le Var, qui est devenu les montagnes des Maures. Étaient également hors des eaux une partie des Iles-Britanniques et la presqu'île scandinave.

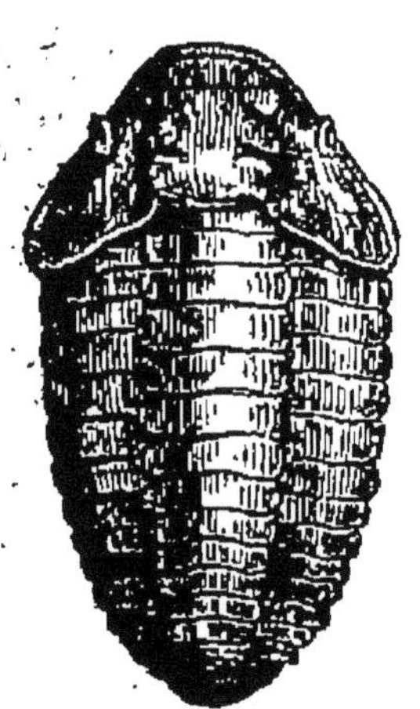

Fig. 218. — Trilobite.

Les animaux le mieux organisés de cette époque sont des crustacés marins nommés *trilobites*, répandus à profusion en toutes les parties du monde dans les formations siluriennes, et si nombreux, que la roche en est parfois pétrie. Les ardoises d'Angers notamment en possèdent de beaux exemplaires. Ces animaux, dont aucune espèce ne vit aujourd'hui et même ne se retrouve à l'état fossile en dehors des terrains siluriens ou devoniens, sont formés en avant d'une sorte de grand bouclier demi-circulaire, dont les côtés portent de gros yeux à facettes, où se comptent, ajustées l'une contre l'autre, près de 400 lentilles optiques. A ce bouclier fait suite l'abdomen composé de segments imbriqués comme le sont ceux de la queue de l'écrevisse, mais divisé par deux sillons longitudinaux en trois parties ou lobes qui ont valu à l'animal le nom de trilobite. Une courte queue triangulaire termine le tout. La face inférieure n'a d'autres membres qu'une série de molles lamelles servant à la fois d'organes respiratoires et d'organes locomoteurs, ainsi que cela se voit encore dans divers crustacés de nos jours. Enfin quelques trilobites avaient la faculté de se rouler en boule comme le font nos cloportes.

5. **Terrain devonien.** — Ce terrain n'occupe en France qu'un petit nombre de points, mais il est

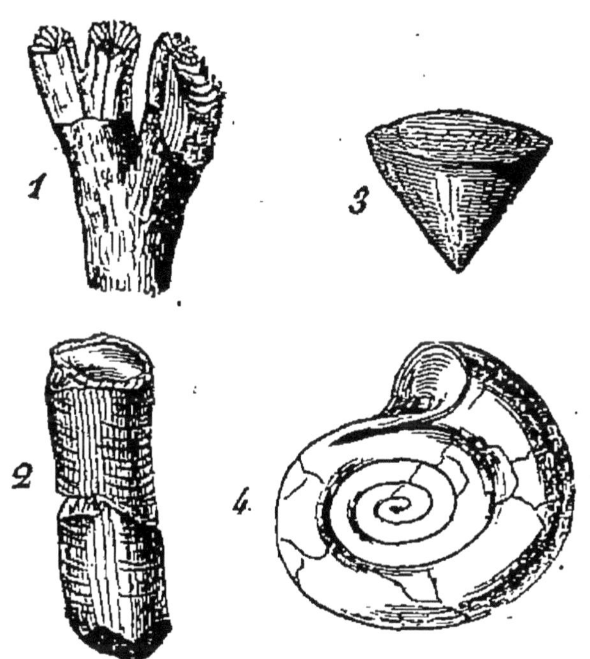

Fig. 219. — Fossiles du terrain dévonien. — 1 et 2, Polypiers. — 3, Calcéole. — 4, Clyménie.

très-répandu en Angleterre, dans le pays de Galles, la presqu'île de Cornouailles et surtout le Devonshire ou comté de Devon, qui a fourni son nom pour l'expression géologique. Dans ses grès feuilletés se trouvent des couches d'*anthracite*, charbon fossile analogue à la houille, mais plus compacte, plus brillant, de combustion difficultueuse, ne brûlant qu'entassé en grands amas et développant alors beaucoup de chaleur. Comme la houille, l'anthracite est formée de débris de végétaux terrestres parmi lesquels dominent les fougères et les équisétacées. La terre ferme était donc alors couverte d'une végétation qui devait acquérir toute sa puissance à l'époque suivante. Les gîtes les plus considérables d'anthracite occupent, en France, les bords de la Loire, entre Nantes et Angers, et se prolongent dans l'Ille-et-Vilaine, la Mayenne, la Sarthe.

6. **Terrain houiller.** — Quand furent émergés les terrains de transition, le sol se couvrit d'une végétation luxuriante comme on n'en trouverait aujourd'hui de semblable que dans les régions les plus chaudes du monde. Dans une atmosphère chaude, humide et riche de gaz carbonique, s'élevèrent de sombres forêts que n'égaya jamais le chant des oiseaux, où ne retentit jamais le pas du quadrupède, car la terre ferme alors n'avait pas d'habitants vertébrés. Seule la mer nourrissait dans ses flots une population d'animaux étranges, à demi-poissons, à demi-reptiles, dont les flancs, en guise d'écailles, étaient cuirassés de plaques d'émail. Ces poissons, les rois de l'époque, se nomment *sauroïdes*. Aux lieux mêmes occupés maintenant par des forêts de chênes et de hêtres, venaient des arbres étranges, des fougères arborescentes balançant, à l'extrémité d'une tige élancée et sans ramifications, un gracieux bouquet de feuilles énormes ; des équisétacées gigantesques, sortes de prêles à tige cannelée, atteignant 10 mètres de hauteur. Les débris de cette végétation,

accumulés pendant une série de siècles dont il serait impossible d'évaluer le nombre, puis ensevelis dans les entrailles de la terre par les révolutions qui ont façonné les continents, sont devenus les couches de *houille* ou *charbon de terre* exploitées aujourd'hui par le pic des mineurs.

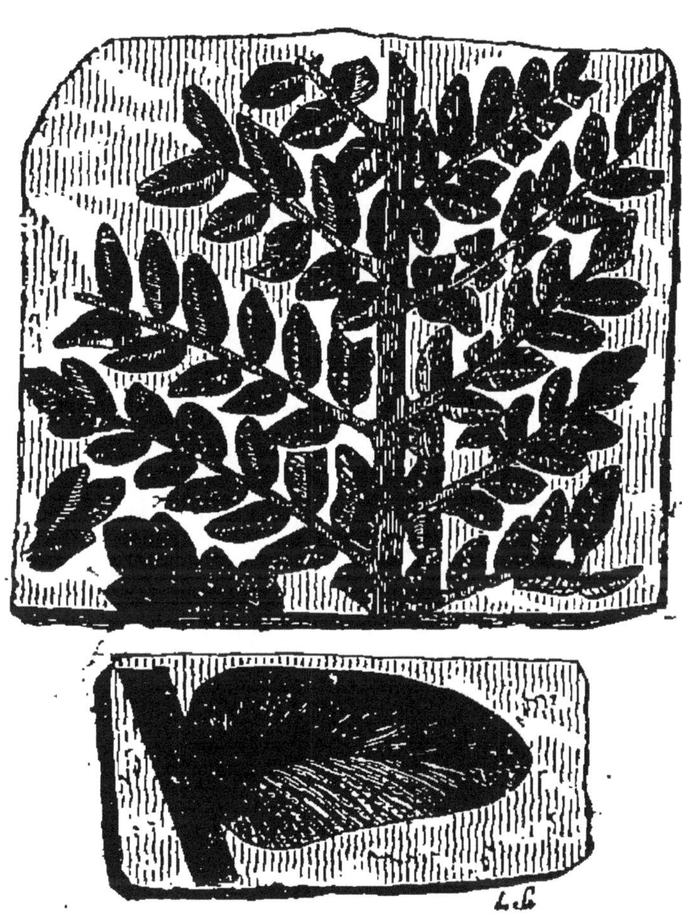

Fig. 220. — Fragments de fougère de la houille

En général, la houille est une masse informe qui ne laisse pas soupçonner son origine végétale; mais il n'est pas rare d'y trouver des tiges plus ou moins entières et parfaitement reconnaissables malgré leur conversion en charbon. Certains lits de houille sont formés d'un entassement de feuilles carbonisées, serrées l'une contre l'autre en bloc compacte et conservant encore tous les détails de leur délicate structure. Ces restes, merveilleuses archives qui nous racontent l'histoire des anciens âges de la terre, sont tellement conservés, qu'on peut, avec leur secours,

Fig. 221. — Fragment de fougère de la houille.

tracer l'histoire des végétaux de ces lointaines époques avec la même certitude qu'on écrirait l'histoire des végétaux vivants. Des études faites sur ce curieux sujet, il résulte qu'en aucune partie du monde actuel, ne se trouvent des végétaux exactement pareils à ceux qui peuplèrent autrefois la terre, et sont maintenant ensevelis dans les assises des houillères. Les végétaux qui ont contribué le plus à la formation de la houille sont d'énormes fougères, dont la tige élancée se termine par un bouquet de très-grandes feuilles découpées avec une rare élégance. On les nomme *fougères arborescentes*, à cause de leur grande taille comparable à celle de quelques-uns de nos arbres. Nulle part en Europe les fougères arborescentes n'existent plus ; les régions équatoriales, principalement les îles des mers les plus chaudes, en ont seules quelques espèces, qui ne sont pourtant pas celles de l'époque houillère. Puisque leurs congénères actuels ne prospèrent que sous le climat humide et chaud des îles équatoriales, les fougères de la houille démontrent donc qu'à leur époque nos pays et même les régions les plus septentrionales possédaient une température élevée, comparable à celle des climats inter-tropicaux d'aujourd'hui. L'influence de la chaleur centrale, plus prononcée que de nos temps, à cause d'une épaisseur moindre de l'enveloppe solide du globe, produisait sans doute cette élévation et cette uniformité de température. Les mêmes fougères arborescentes nous montrent que le sol où elles croissaient ne pouvait être que des îles de peu d'étendue, des archipels, comme le sont les terres où leurs représentants vivent aujourd'hui. Enfin l'atmosphère était irrespirable, car elle contenait en dissolution, à l'état de gaz carbonique, l'énorme masse de charbon devenu depuis la houille. Les espèces animales terrestres d'organisation un peu élevée étaient par conséquent impossibles ; et, en effet, les seuls fossiles connus se réduisent à un scorpion, une libellule. Mais si cette abondance de gaz carbonique était contraire à l'animalité, elle était éminemment favorable à la végétation, qui prit alors une puissance sans exemple à aucune autre époque. Les fougères en arbre soutiraient à l'air son charbon dissous, l'emmagasinaient dans leurs feuilles et leurs tiges, puis, tombant de vétusté, faisaient place à d'autres qui poursuivaient sans relâche, dans leurs forêts silencieuses, la grande œuvre de la salubrité aérienne. Ainsi s'est amassée la houille, ainsi l'air est devenu respirable pour l'animal.

7. **Gisements houillers.** — Les amas de houille sont séparés les uns des autres, quelquefois distants, quelquefois rapprochés par groupes. Ils correspondent apparemment soit à des lacs, des marais où s'amassait et pourrissait la végétation, soit à des embouchures où les cours d'eau de l'époque amoncelaient dans la mer les débris charriés. On les nomme *bassins houillers*. Le nombre de ces bassins aujourd'hui connus en France est de 62. Pour nous rendre compte de leur répartition, représentons-nous la carte géographique à l'époque des mers houillères. Les terres émergées sont la Bretagne, le massif des Ardennes, le massif du Var et le plateau de l'Auvergne. Ces îles, ces langues de terre au milieu d'une mer qui n'existe plus, sont aujourd'hui réunies par les terrains que les eaux ont depuis laissés à sec. Quand vivaient les fougères en arbre, la mer battait de ses flots leurs falaises escarpées.

La plus grande de ces îles est devenue le plateau central de la France, comprenant l'Auvergne, le Velay le Forez et le Limousin d'aujourd'hui. Deux golfes pénétraient dans son intérieur. L'un, s'ouvrant au nord, est devenu la fertile plaine de la

Limagne; l'autre, plus large et s'ouvrant au midi, a formé la région stérile des Causses. Deux promontoires la prolongeaient : l'un au nord, constituant aujourd'hui une partie de la Bourgogne; l'autre au sud, correspondant à la montagne Noire. C'est sur ce renflement que prospéraient surtout les antiques forêts de la houille. Suivons les contours du plateau et nous

Fig. 222. — Fossiles du terrain houiller. — 1, Walchia. — 2, Lepidodendron. — 3, Calamite — 4 et 5, Fougères.

trouverons presque partout des amas de charbon, provenant des végétaux que les cours d'eau de l'époque charriaient pendant leurs crues et entassaient à leurs embouchures dans la mer voisine.

Au nord, ce sont les houillères de Saône-et-Loire, dont la plus importante est celle du Creuzot; les houillères de la Nièvre, exploitées à Decize; les houillères de l'Allier, exploitées à Noyant et à Fins. A l'est sont les dépôts houillers de Roanne, Montbrison, Saint-Étienne, Rive-de-Gier, dans les départements de la Loire et du Rhône. Plus bas se trouvent ceux de l'Ardèche, ceux d'Alais, dans le Gard. Au sud s'étendent les houillères de l'Hérault et de l'Aude; à l'ouest, celles du Tarn, de l'Aveyron, du Lot, de la Dordogne. Enfin, sur le plateau lui-même, d'antiques lacs comblés de houille forment les bassins du Puy-de-Dôme et du Cantal.

Les autres terres alors à découvert ont pareillement leurs amas de charbon. Du massif des Ardennes dépend le bassin houiller du Nord, dont l'exploitation principale est à Valenciennes. Ce bassin se rattache aux riches dépôts de la Belgique. Les terres de la Bretagne ont donné les houillères du Finistère, de la Manche, de la Vendée; enfin le petit massif méridional a fourni les houillères du Var.

QUESTIONNAIRE.

1. Comment peut se reconnaître l'âge relatif des chaînes de montagnes? — 2. Qu'appelle-t-on stratification concordante et stratification discordante? — A quelles conclusions amène la stratification discordante? — 3. Que faut-il entendre par époques géologiques? — 1. Comment se divise l'ensemble des terrains? — Quels sont les terrains primaires? — Quels sont les terrains de transition? — Quels caractères généraux présentent les terrains de transition? — 2. Citez l'expérience de Hall. — Que faut-il entendre par roches métamorphiques? — Que prouvent ces roches? — 3. D'où vient l'expression de terrain cambrien? — Où trouve-t-on ce terrain en France? — De quelles roches est-il formé? — Quels fossiles présente-il? — 4. D'où vient la dénomination de terrain silurien? — Où ce terrain se montre-t-il en France? — Quelles étaient les terres émergées à l'époque de la mer silurienne? — Quels étaient les animaux les plus remarquables de cette mer? — 5. D'où vient le nom de terrain devonien? — Où se trouve ce terrain? — Qu'est-ce que l'anthracite? — 6. A l'époque des mers houil-

lères, quels étaient les habitants les plus remarquables de la mer ? — La terre ferme était-elle peuplée d'animaux ? — Quelle était la végétation terrestre ? — Comment s'est formée la houille ? — De quels végétaux dominants est-elle composée ? — Où vivent aujourd'hui les fougères arborescentes ? — Que prouve l'extrême abondance des fougères arborescentes dans la houille ? — 7. A l'époque des mers houillères, quelles étaient les parties de la France émergées ? — Comment sont répartis les bassins houillers ?

CHAPITRE VI

TERRAINS SECONDAIRES.

1. **Terrain pénéen.** — Postérieurement aux dépôts houillers apparaît le terrain *pénéen*, dont le nom signifie pauvre en minerais métalliques. Il est très-peu répandu en France et n'est représenté qu'autour des Vosges par les *grès vosgiens*. Dans cette formation, se montrent pour la première fois des reptiles de l'ordre des sauriens et voisins des genres iguane et monitor aujourd'hui vivants.

2. **Terrain de trias.** — Son nom lui vient des trois puissantes assises qui le composent. L'inférieure est formée de grès dits *grès bigarrés*, à cause de leur variété de coloration ; l'intermédiaire consiste en bancs de calcaire très-riche en coquilles fossiles et nommé, pour ce motif, *calcaire conchylien* ; la supérieure comprend les *marnes irisées*, qui doivent leur dénomination à leur variété de couleurs Ces trois assises forment toute la partie occidentale des Vosges. L'étage moyen ou calcaire conchylien se montre en outre dans le département du Var. Enfin les marnes irisées abondent en Lorraine et dans les contrées

voisines ; elles contiennent des dépôts de sel gemme, d'où proviennent les sources salées du Jura.

A l'époque des mers triasiques apparaissent les premiers oiseaux. Sur les dalles du grès bigarré se sont conservées des traces où l'on reconnaît, sans hésitation, des empreintes de pas, laissées sur la vase

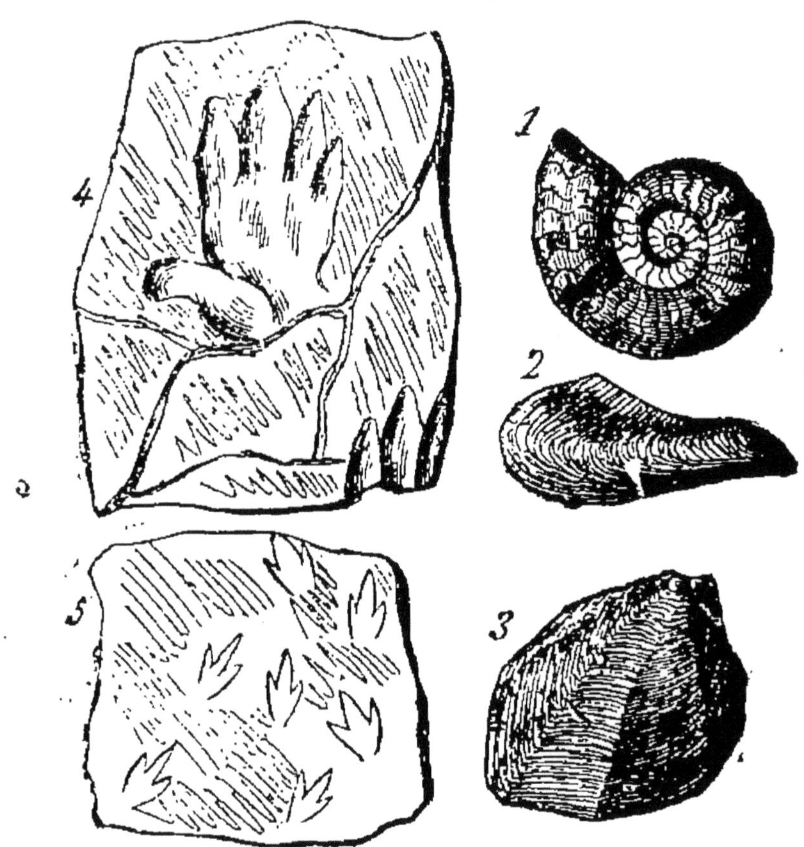

Fig. 223. — Fossiles du trias. — 1, Ammonite. — 2, Avicule. — 3, Trigonie. — 4, Empreintes de Chirotérium. — 5, Empreintes de pattes d'oiseau.

encore molle du rivage par quelque oiseau de l'ordre apparemment des échassiers. Les mêmes grès présentent d'autres empreintes que l'on rapporte à un énorme batracien, le *Chirotherium* (animal à mains), ainsi nommé pour rappeler le seul document que l'on ait sur son existence, c'est-à-dire les traces de ses pattes laissées sur les boues de l'époque et rappelant l'empreinte d'une monstrueuse main.

Parmi les productions marines si nombreuses du calcaire conchylien, nous remarquerons les *encrinites*, dont quelques espèces existaient déjà à l'époque de la houille. Les encrinites appartiennent à la classe des animaux rayonnés et ont quelque analogie avec les étoiles de mer. Elles ont pour charpente solide une multitude d'osselets, au nombre de vingt-six mille environ dans l'espèce dite *encrinite lis* ou *encrinite moniliforme*. Revêtus d'une couche animale gélatineuse et empilés bout à bout, ces osselets sont disposés d'abord en une élégante et flexible colonnette, fixée par sa base élargie à quelque roche sous-marine ; puis se groupent au sommet en un certain nombre de ramifications ou bras, tantôt rassemblés à la manière des pétales d'un lis en bouton, tantôt épanouis en rosace. Ces pièces osseuses, communément appelées *entroques*, se trouvent le plus souvent séparées les unes des autres par suite de la destruction de leur édifice primitif ; elles présentent alors, sur chaque face, le dessin élégant d'une sorte de fleur à cinq pétales étalés. Certaines roches, certains marbres, en sont littéralement pétris. Aujourd'hui les mers n'ont que de très-rares représentants de cette classe d'animaux qui peuplaient en abondance les mers des anciens âges.

Fig. 224. Encrinite moniliforme.

Les végétaux des terres émergées à l'époque des mers triasiques consistaient en fougères arborescentes, différentes de celles de la houille, en quelques conifères d'un genre maintenant disparu, et surtout en cycadées, fréquentes dans les marnes irisées. Les cycadées ont encore de nos jours des représentants. Ce sont des végétaux à tronc court et gros, couronné par un bouquet de grandes feuilles découpées, qui rappellent un peu celles des palmiers. Les régions tropicales, l'extrême sud de l'Afrique et la Nouvelle-Hollande sont leur patrie.

3. **Terrain jurassique.** — Ce terrain, abondamment répandu en France, en Europe, dans le monde entier, emprunte son nom à la chaîne du Jura, l'une

Fig. 225. — Fossiles du terrain jurassique. Lias. — 1, Ammonite. — 2, Plicatule. — 3, Spirifère.

de ses formations. A l'époque des mers qui le déposèrent, la terre ferme, en France, comprenait le plateau central de l'Auvergne, accru sur ses bords de quelques lambeaux triasiques ; l'îlot du Var, entre Nice et Toulon ; un autre îlot qui devait être la Corse ; une grande terre qui, séparée du plateau central par un détroit situé vers Poitiers, occupait la Bretagne et se continuait par l'Angleterre, dont les îlots primitifs sont maintenant réunis en un sol continu ; enfin une grande île, emplacement des Vosges et des Ardennes, prolongée dans la Belgique et l'Allemagne centrale.

Le terrain jurassique, d'une puissance très-considérable, se subdivise en système du *lias*, formant les

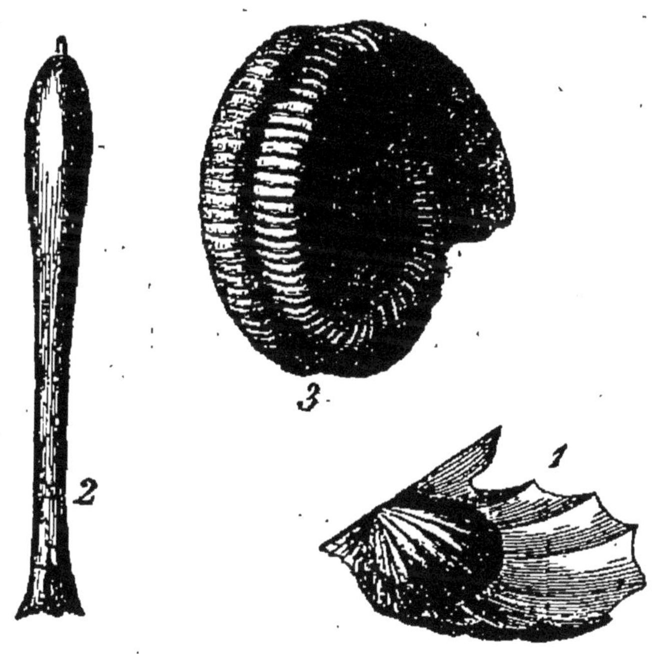

Fig. 226. — Fossiles du terrain jurassique. Lias. — 1, Avicule. — 2, Bélemnite. — 3, Ammonite.

couches inférieures, et en système *oolitique*, comprenant les assises supérieures. Le lias est riche en fossiles dont les plus intéressants sont les *ammonites*, les *bélem-*

nites, les *ichthyosaures*, les *plésiosaures* et les *ptérodactyles.*

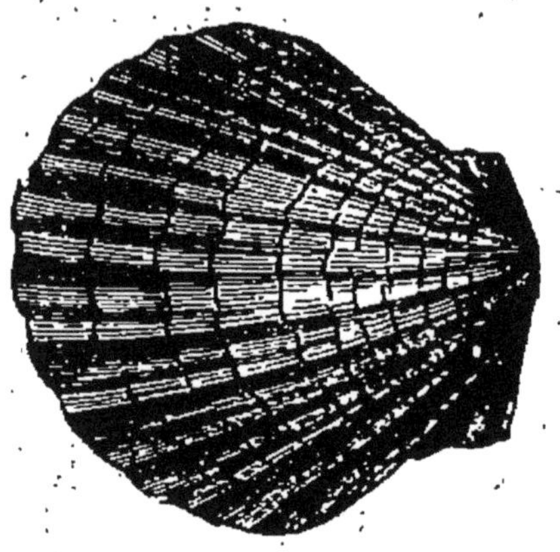

Fig. 227. — Peigne lyonnais Terrain jurassique). Lias.

Fig. 228. — Gryphée arquée (Terrain jurassique). Lias.

4. Ammonites et Bélemnites. — Les *ammonites* sont des mollusques de l'ordre des céphalopodes. Enroulée en spirale plane, leur coquille rappelle un peu la corne du bélier par sa forme et sa surface fréquemment noueuse. L'intérieur est divisé en un grand nombre de compartiments ou chambres que séparent des cloisons dont les bords, extrêmement sinueux, se traduisent au dehors par d'élégants dessins ayant quelque ressemblance avec les découpures d'une feuille de fougère. Ces chambres étaient vides et communiquaient entre elles par un canal ou siphon, qui s'enroule sur le dos de la coquille, d'un bout à l'autre de la spire. La dernière seule, celle de l'entrée, était occupée par l'animal, organisé comme le sont les céphalopodes de nos jours. A mesure que l'habitant grossissait, une nouvelle chambre, plus ample, était formée en avant pour le contenir à l'aise, et la cellule précédente était abandonnée. La suite des chambres successivement délaissées comme trop étroites, formait ainsi un enroulement de cavités vides, dont le rôle était de servir de flotteur pour soutenir l'animal sur les eaux. Les ammonites sont extrêmement nombreuses en espèces et très-répandues. Les unes n'ont guère que le diamètre d'une pièce de cinquante centimes, d'autres atteignent l'ampleur d'une petite roue de voiture. On en trouve déjà dans le terrain de trias, mais leur nombre et leur variété vont en augmentant dans le terrain jurassique et surtout dans le terrain suivant, le terrain crétacé. Dans les mers actuelles, on ne connaît aucune espèce d'ammonite. Après avoir formé la majeure partie de la population des océans jurassiques et crétacés, ce genre a donc complétement disparu.

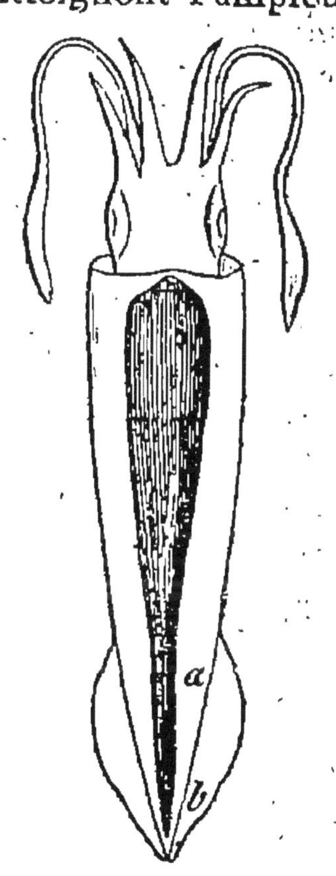

Fig. 229. — Le Calmar à bélemnite.— *ab*, extrémité postérieure de l'osselet, ou bélemnite.

Un autre genre éteint est celui des *bélemnites*, dont la première apparition a lieu dans les assises du lias. Certains de nos céphalopodes ont, à l'intérieur de la partie du corps qu'on appelle le sac, un osselet corné ou calcaire, servant de soutien à leur molle organisation. Le calmar, par exemple, a une lame cornée en forme de plume; la seiche a un ample osselet ovale, formé d'un calcaire poreux et très-léger. Remarquons encore que ces deux mollusques, comme du reste les autres céphalopodes, possèdent une poche contenant un liquide noir, qui leur sert à troubler l'eau pour se rendre invisibles s'il faut attaquer une proie ou fuir un ennemi. Les bélemnites se rapprochaient de nos calmars. Leur osselet consistait en une large lame cornée terminée postérieurement par une forte pointe calcaire de la grosseur environ et de la longueur du doigt. Cette pointe est habituellement la seule partie qui se retrouve, le reste de l'animal, bien moins résistant, ayant disparu sans laisser de traces. Si elle n'est pas accidentellement tronquée, son extrémité antérieure, la plus grosse, présente une cavité conique que partagent en chambres des cloisons empilées. Dans les marnes du lias de l'Angleterre fréquemment s'est rencontrée l'empreinte de l'animal entier ; fréquemment aussi s'est retrouvée la poche à encre, dont la matière noire durcie a pu être employée au lavis d'un dessin comme on le fait d'un bâton d'encre de Chine.

5. **Ichthyosaure et Plésiosaure.** — L'époque jurassique est surtout remarquable par ses reptiles de l'ordre des sauriens, reptiles à formes étranges, sans analogues de nos temps. L'un d'eux est l'*ichthyosaure*, dont le nom, signifiant poisson-lézard, fait allusion aux vertèbres de l'animal creusées en cavité conique à chaque extrémité comme le sont les vertèbres des poissons. Doués d'une queue vigoureuse et de larges pattes natatoires, les ichthyosaures étaient de puissants nageurs et vivaient dans la mer. On en connaît sept ou huit espèces ; la plus grande mesure une dizaine de mètres en longueur. La tête, qui fait presque le tiers du corps, s'avance en un museau pointu, armé de dents coniques, dont le nombre s'é-

lève jusqu'à cent quatre-vingts. Ce formidable appareil dentaire et la longueur des mâchoires devaient faire des ichthyosaures des animaux voraces, terreur des mers de l'époque. Les yeux ont un volume énorme, comme on en trouverait pas de comparable dans aucune des espèces actuelles ; leur grosseur excède celle de la tête d'un homme. Ce volume devait leur

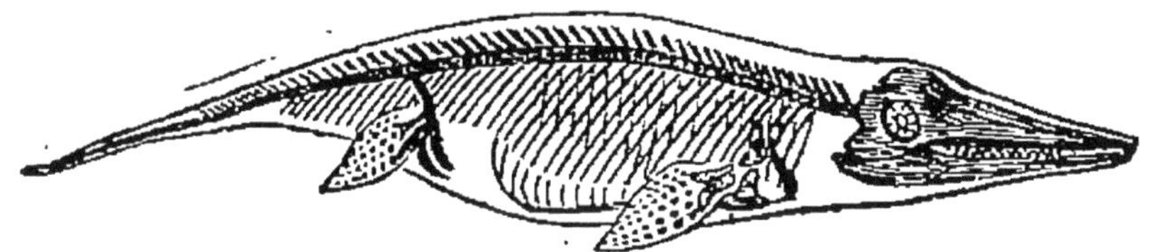

Fig. 230. — Ichthyosaure.

donner une extraordinaire puissance de vision, capable de scruter l'obscurité des nuits et les ténèbres des profondeurs océaniques. Leur sclérotique est en outre cerclée d'un anneau d'osselets qui, en se contractant ou se relâchant, augmentait ou diminuait la courbure du globe oculaire et permettrait ainsi à l'animal de voir de près comme de loin à volonté, pour découvrir sa proie aux plus grandes distances comme aux plus petites. Le cou est très-court, de manière que la tête se trouve tout d'une venue avec le corps. Celui-ci porte quatre membres dont les extrémités, composées d'une multitude de petits os aplatis assemblés les uns à côté des autres, forment de larges palettes, de robustes nageoires comparables à celles de la baleine et des autres cétacés.

Avec des dimensions moindres, sa longueur ne dépassant guère trois à quatre mètres, le *plésiosaure* est plus monstrueux encore de forme. Sur un tronc pourvu de quatre pattes aplaties en rames et terminé par une courte queue, s'élève, semblable au corps des serpents, un cou d'une longueur démesurée, étroit et flexible en tous sens. Une petite tête le termine, armée de dents ainsi que la gueule d'un lézard.

Fig. 231. — Plésiosaure.

Le plésiosaure, n'étant pas organisé, comme son contemporain l'ichthyosaure, pour lutter contre les vagues de la haute mer, habitait sans doute les eaux peu profondes, dans les anses abritées. On se le figure tantôt nageant à la surface, recourbant en arrière son cou onduleux à la façon du cygne et le dardant tout à coup sur une proie facile, les poissons qui s'approchaient de lui; tantôt caché sous l'eau, au milieu des végétaux marins, et tenant, à l'aide de son long cou, les narines à la surface pour les besoins de la respiration aérienne.

6. Ptérodactyle. Mégalosaure. — L'une des créatures les plus bizarres des anciens âges est le *ptérodactyle*, genre de lézard organisé pour le vol. Les membres antérieurs ont un doigt extrêmement long, qui servait de support à une membrane alaire, analogue à celle de nos chauves-souris. Cette conformation est rappelée par le mot *ptérodactyle*, signifiant aile-doigt. La tête porte un long bec d'oiseau, mais ce bec est armé de dents de reptile. Les yeux sont d'un volume considérable et permettaient probablement à l'animal de voir pendant la nuit. Les quatre doigts antérieurs qui ne s'allongent pas pour entrer dans la charpente de l'aile, ont de longues griffes semblables à l'ongle crochu du pouce des chauves-souris. C'étaient là autant de crampons dont le ptérodactyle se servait pour ramper, grimper, se

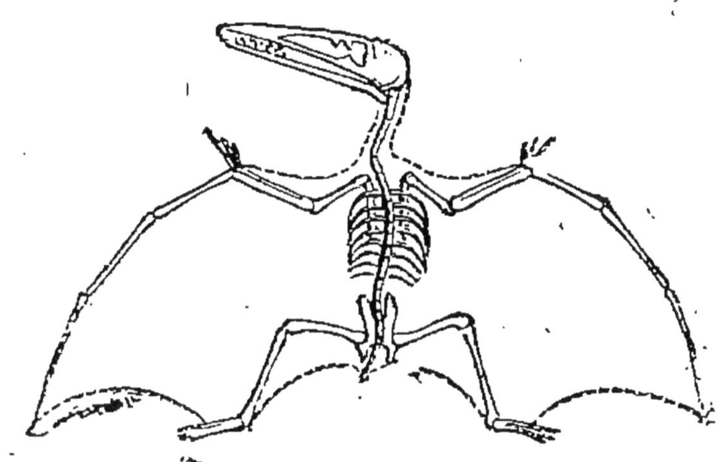

Fig. 232. — Ptérodactyle.

suspendre, soit aux arbres, soit aux rochers. Les membres postérieurs sont longs et annoncent, par leur structure, que l'animal était apte, les ailes fermées, à se tenir debout, à progresser sur deux pattes, à percher comme le font les oiseaux. Il y en avait de la taille d'une grive ; les plus gros atteignaient les dimensions d'un cormoran. On présume que leur nourriture consistait en insectes ; on trouve, en effet, des empreintes de libellules et des élytres de scarabées dans la même roche qui recèle les restes de ces êtres bizarres.

Dans les mêmes couches du lias se rencontre un lézard assez analogue de forme avec ceux de nos jours, en particulier avec les crocodiles, mais d'une longueur qui dépasse 22 mètres. Ce gigantesque reptile, grand comme une baleine, porte à juste titre le nom de *mégalosaure*, le grand lézard.

7. Système oolitique. — Les assises supérieures du terrain jurassique prennent le nom de système *oolitique* (du mot grec *ôon*, œuf), parce qu'elles consistent fréquemment en calcaires composés de globules arrondis, à couches concentriques, semblables à des œufs d'écrevisse et de homard. A ces calcaires sont associés des sables, des marnes, des argiles, en bancs d'une puissance très-considérable. D'après la nature des roches et surtout d'après les fossiles, on distingue dans ce système quatre étages, qui sont, en suivant l'ordre de superposition : l'étage de la *grande*

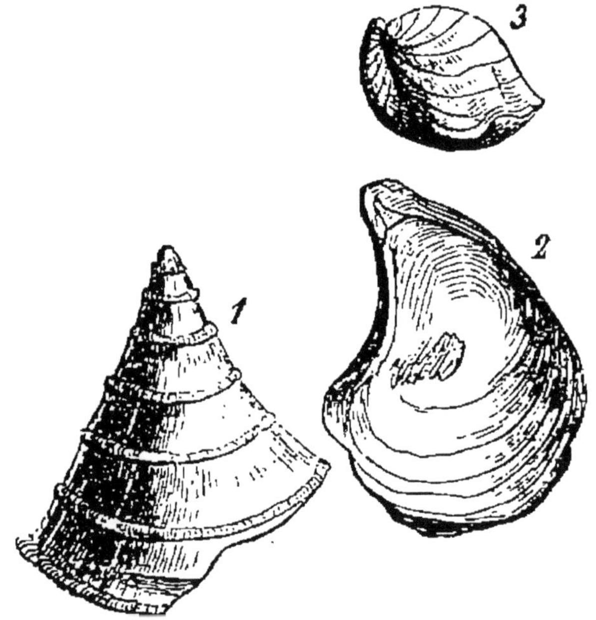

Fig. 233. — Fossiles du terrain jurassique, grande oolite. — 1, Pleurotomaire. — 2, Huître. — 3, Térébratule.

oolite, consistant en puissantes assises de calcaire oolitique; l'étage *oxfordien*, formé surtout de marnes et d'argiles noirâtres; l'étage *coralien*, où abondent des débris de coraux ou madrépores ; l'étage *portlandien*, qui nous fournit la pierre lithographique. Dans la grande oolite se montrent pour la première fois des mammifères. Ces premiers nés de la classe qui occupe le rang le plus élevé dans la série animale, sont de petite taille, moindre que celle de nos lapins, et appartiennent à l'ordre le plus imparfait, à l'ordre des marsupiaux, ou animaux doués, sous le ventre, d'une poche dans laquelle se complète le développement des jeunes, nés pour ainsi dire avant terme, en un état d'imperfection extrême. Les marsupiaux

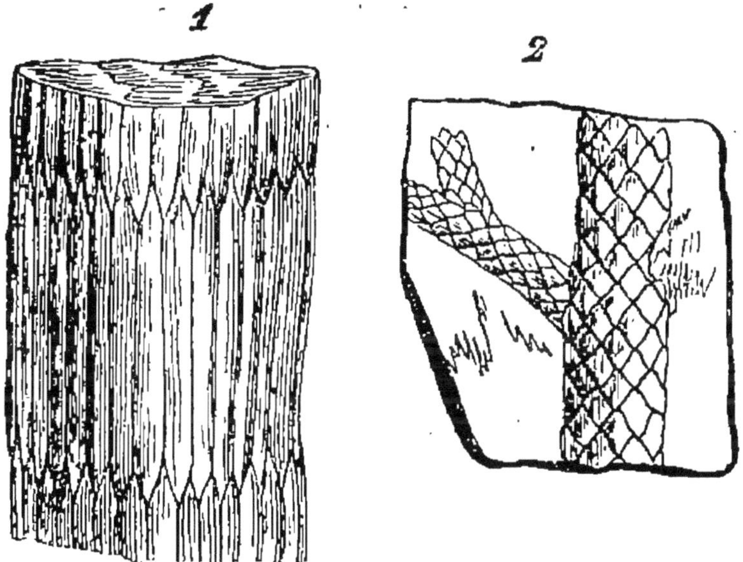

Fig. 234. — Végétaux de la grande oolite. — 1, Prêle. — 2, Conifère.

n'ont pas laissé de représentants dans nos pays, ni dans aucune région de l'ancien continent ; mais ils abondent aujourd'hui dans les terres antipodes, en Australie. La végétation contemporaine de ces premiers mammifères à bourse sous-ventrale consistait surtout en conifères, en cycadées, en fougères, en prêles de grande dimension.

8. **Terrain crétacé.** — L'émersion d'une partie des dépôts jurassiques donne à la terre ferme une conformation nouvelle et limite les bassins où la mer de l'époque crétacée va déposer ses énormes assises.

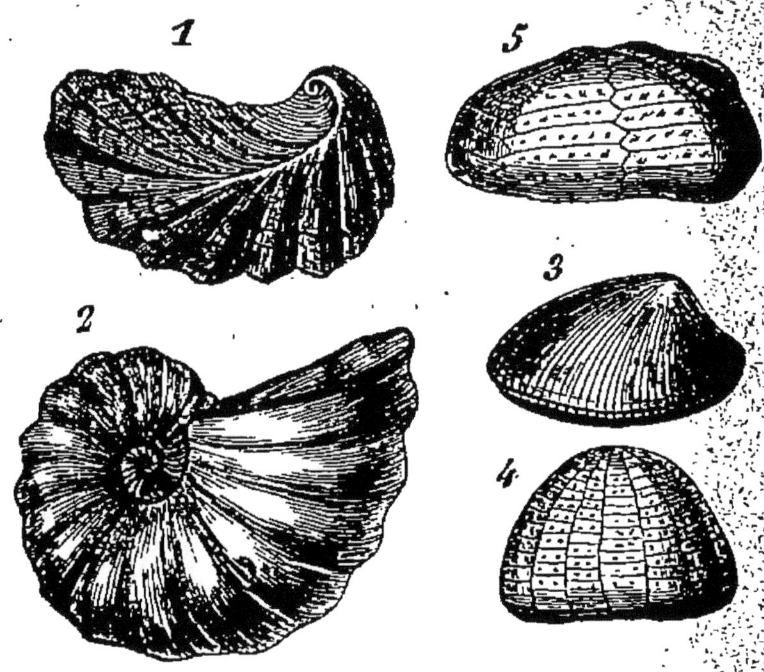

Fig. 235. — Fossiles du terrain crétacé. — 1, Exogyre. — 2, Ammonite. — 3, Nucule. — 4, Ananchite. — 5, Spatangue.

Le plateau central est relié maintenant en une terre continue d'une part avec l'île de la Bretagne et de l'Angleterre, d'autre part avec l'île des Vosges et des Ardennes, qui se prolonge au cœur de l'Allemagne. Cette terre est échancrée au nord par un vaste golfe, qui occupe en particulier l'emplacement de Paris et s'avance jusqu'à Poitiers ; au sud, elle est baignée par une mer couvrant les plaines où seront plus tard Bordeaux et Toulouse ; à l'est, elle est limitée par un large détroit qui occupe à peu près la vallée du Rhône et s'allonge de Marseille à la Suisse. Par delà ce détroit, est une grande île, qui marque l'emplacement futur des Alpes. Enfin de petits îlôts occupent les environs de Marseille et de Toulon. L'île de Corse, déjà émergée aux époques précédentes, n'est pas modifiée. Dans les mers ainsi circonscrites, pendant une longue période de tranquillité, se déposent les terrains crétacés de nos régions, subdivisés en plusieurs étages dont les principaux sont l'étage *néocomien* et l'étage du *grès vert*.

L'étage néocomien emprunte son nom à la ville de Neuchâtel (*Neocomium*), en Suisse, aux environs de laquelle il est particulièrement développé. Il se montre, en énormes assises de calcaire compacte, notamment dans la Bourgogne, la Franche-Comté, le Dausphiné et la Provence, enfin sur l'emplacement du long bras de mer qui s'étendait de Marseille à la Suisse. L'étage du grès vert consiste en bancs de grède couleur très-variable, mais où abondent fréquemment de petits grains verdâtres. Les assises supérieures contiennent de la craie plus ou moins pure, parfois très-blanche, à laquelle fait allusion le terme de terrain crétacé (*creta*, craie).

Des bélemnites et des ammonites, de très-grande taille souvent, ainsi que d'autres céphalopodes analogues sont les principaux fossiles du terrain crétacé; nulle part ailleurs ces animaux ne se montrent ni aussi nombreux ni aussi développés. Si l'époque houillère est le règne des fougères arborescentes et des poissons sauroïdes, l'époque jurassique, le règne des reptiles monstrueux, l'époque crétacée est ellemême le règne des céphalopodes à coquille cloisonnée. Mais cet état florissant fut suivi de l'extinction totale, car au-dessus des dépôts crétacés les ammonites et les bélemnites ne se retrouvent plus. Dans les mêmes mers vivaient des cétacés dont quelques espèces avaient déjà peuplé les golfes jurassiques, tels que des lamentins et pes dauphins; alors aussi parurent pour la première fois les féroces squales, aux larges dents triangulaires, représentés dans les mers actuelles par les requins, de taille bien moindre que

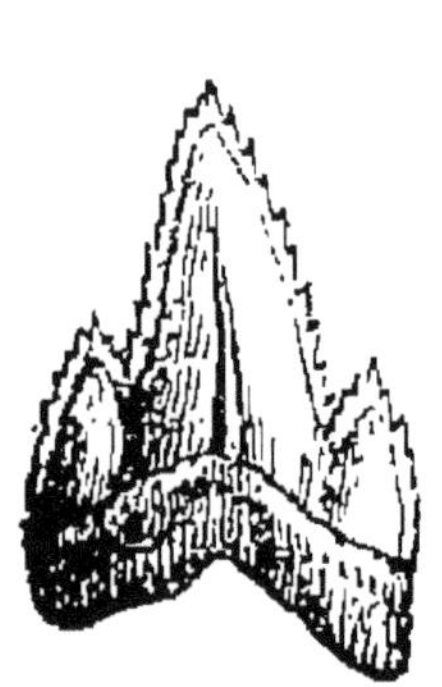

Fig. 236. — Dent de Squale (Terrain crétacé).

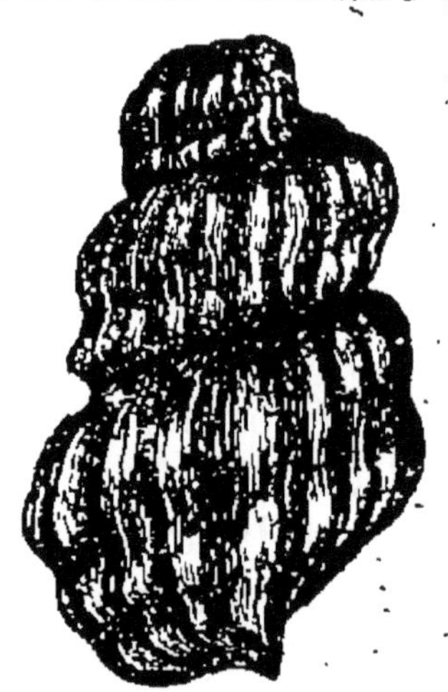

Fig. 237. — Turrilite (Terrain crétacé).

leurs antiques précurseurs. Les assises supérieures de la craie nous ont conservé le *mosasaure* ou animal de Maëstricht, énorme saurien, dont la tête, seule partie de l'animal qui nous soit connue, mesure un mètre et demi de longueur. Les mammifères terrestres paraissent ne pas exister, malgré l'apparition de petits marsupiaux dès l'époque jurassique ; du moins on n'en trouve aucun débris dans les dépôts crétacés. Quant à la végétation terrestre, elle se composait avant tout de cycadées et de conifères, dont les restes sont devenus des couches de *lignite*, combustible fossile assez répandu dans les terrains crétacés, mais de bien moindre valeur que la houille.

9. **Dépôts wealdiens. Iguanodon.** — A l'épo-

que crétacée, les terres étaient assez étendues pour avoir de grands cours d'eau, à l'embouchure desquels s'entassaient les débris végétaux ou animaux charriés pendant les crues, ainsi que les sables et les limons. Ainsi se formèrent çà et là, sur le littoral, de petits dépôts d'eau douce, reconnaissables à leurs fossiles,

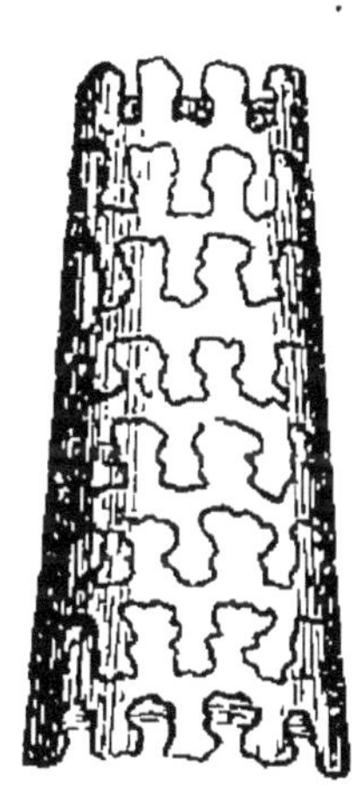

Fig. 238. — Baculite (Terrain crétacé).

Fig. 239. — Hippurite (Terrain crétacé.)

Fig. 240. — Bélemnite (Terrain crétacé.)

qui ne proviennent plus des populations marines, mais appartiennent à des espèces lacustres ou terrestres. Le plus célèbre de ces dépôts se montre en Angleterre, où il porte le nom de *weald*, expression que l'on retrouve dans le terme de wealdien. Les calcaires y sont pétris de paludines, coquilles caractéristiques des eaux stagnantes; les feuillets d'argile y abondent en cyclades et anodontes, coquillages à deux valves également répandus dans les eaux douces tranquilles. Des poissons analogues à ceux de nos étangs, des tortues lacustres y ont laissé leurs squelettes et leurs carapaces. Dans les couches de vase durcie en roc se montrent, encore debout, aux lieux mêmes où ils vécurent, des troncs d'équisétacées, de conifères et surtout de cycadées, devenus fûts de silice. Les animaux supérieurs y sont représentés par des débris d'oiseaux de l'ordre des échassiers et par un reptile plus gigantesque encore que le mégalosaure. Ce reptile est l'*iguanodon*, qui devait mesurer plus de vingt mètres de longueur. L'os de sa cuisse surpasse en grosseur celui des éléphants les plus grands. Ses dents, façonnées en pinces, en cisailles, propres à trancher, à arracher, dénotent que l'animal était herbivore et broutait le coriace feuillage des cycadées. Parmi les animaux modernes, le seul dont la dentition rappelle celle du reptile des wealds est l'iguane, qui vit aussi de matières végétales et habite les régions les plus chaudes de la terre, entre les deux tropiques. Cette similitude des dents a fait donner au reptile wealdien le nom d'*iguanodon* (dents d'iguane). De ce que les iguanes actuels ne peuvent vivre que dans les climats les plus chauds, on est en droit de conclure qu'à l'époque où leur analogue, le monstrueux iguanodon, habitait les deltas fangeux qui sont devenus les wealds, la température de l'Angleterre et de l'Europe en général était au moins celle des régions intertropicales modernes. Cette conséquence découle, du reste, d'une infinité d'autres faits, comme nous l'avons déjà fait entrevoir au sujet des fougères en arbre.

QUESTIONNAIRE.

1. Par quoi est représenté le terrain pénéen en France? — Quels animaux apparaissent à l'époque pénéenne? — 2. D'où vient le nom de terrain de trias? — Quels étages composent le trias? — Où trouve-t-on ce terrain en France? — Que savez-vous sur le chirotherium? — Dites quelques mots des encrinites. — Quels sont les végétaux de cette époque? — Comment sont les cycadées? — 3. Dites la configuration de la France à l'époque des mers jurassiques. — Comment se divise le terrain jurassique? — Quels sont les fossiles les plus importants du lias? — 4. Décrivez la structure des ammonites. — Que savez-vous sur les bélemnites? — 5. Qu'était-ce que l'ichthyosaure? — Que présente de remarquable la structure de ses yeux? — Que sait-on sur le plésiosaure? — 6. Parlez du ptérodactyle. — Quel animal était le mégalosaure? — 7. En quoi consiste le système oolitique? — De quels étages est-il composé? — Dans quel étage apparaissent les premiers mammifères? — Quels sont ces mammifères? — 8. Décrivez la configuration des terres dans nos régions à l'époque de la mer crétacée. — Qelles sont les principaux étages du terrain crétacé? — Quules sont les espèces dominantes à cette époque? — Quels animaux remarquables peuplaient la mer crétacée? — Que savez-vous sur le mosasaure? — D'où proviennent les lignites? — 9. En quoi consistent les dépôts wealdiens de l'Angleterre? — Quels sont les animaux et les végétaux des wealds? — Que sait-on sur l'iguanodon?

CHAPITRE VII

TERRAINS TERTIAIRES ET TERRAIN QUATERNAIRE.

1. **Terrain éocène.** — Les formations géologiques tertiaires se subdivisent en terrain *éocène*, terrain *miocène* et terrain *pliocène*. — Après la longue période des dépôts crétacés, l'Europe est profondément modifiée dans sa constitution géographique. Les mers,

qui dominaient jusqu'ici, se retirent; de nouvelles terres émergent et un vaste continent apparaît. La France en particulier est mise à sec, sauf deux grands golfes dont l'un occupe le nord et l'autre le sud-ouest. Le premier s'étend sur l'Artois, la Picardie, l'Ile-de-France, la Normandie, la Belgique et les côtes opposées de l'Angleterre; Paris est à peu près sa limite méridionale. Le second échancre le continent entre Bordeaux et Dax et se dirige vers Toulouse. Dans ces deux golfes se sont déposés les terrains éocènes de formation marine; mais en même temps, sur la terre ferme, d'autres dépôts se formaient au fond des lacs d'eau douce.

Cette période est l'aurore d'un nouvel ordre de choses. Les céphalopodes à coquille cloisonnée, ammonites, bélemnites et autres genres analogues, si fréquents dans les mers précédentes, disparaissent, anéantis pour toujours. Disparaissent aussi les énormes sauriens, dont l'iguanodon des wealds était un des derniers représentants, et la Création remplace ces monstruosités des âges primitifs par des êtres plus parfaits. Alors la terre se peuple de mammifères, non de faibles marsupiaux comme ceux que nous ont déjà montrés les couches jurassiques, mais de vrais mammifères, aussi élevés d'organisation que ceux de notre époque. Les forêts ont des carnivores du genre chien; les bords des lacs sont habités par des pachydermes voisins de nos tapirs. Des tortues, des crocodiles animent les eaux douces. Les coquillages des mers ont, en partie, la forme de ceux des mers actuelles. La végétation est pareillement en progrès. Les fougères en arbres, les prêles gigantesques, les cycadées n'existent plus. A ces végétaux, d'organisation inférieure, succèdent enfin des végétaux phanérogames, des dicotylédonés qui ne sont pas encore nos arbres, mais déjà les annoncent ; des monocotylédonés, parmi lesquels dominent les palmiers, confinés maintenant dans les régions des tropiques. Le terme *éocène*, signifiant

Fig. 241. — Cérithe (terrain éocène).

aurore des choses communes, fait allusion à ce commencement, à cette aurore de communauté de caractères entre les êtres d'alors et les êtres d'aujourd'hui. Le terrain éocène se nomme aussi terrain *parisien*, parce qu'il forme le bassin de Paris.

2. Palæotherium. — Les mammifères reconnus dans les couches éocènes, notamment dans les carrières à plâtre des environs de Paris, sont au nombre d'une cinquantaine d'espèces, pour la plupart de l'ordre des pachydermes. Les plus remarquables sont les *palæotherium*, dont le nom signifie antique animal. Ils tenaient à la fois du rhinocéros par la dentition, du cheval par la conformation générale, du tapir par le nez prolongé en courte trompe. On en connaît une douzaine d'espèces, dont quelques-unes atteignaient la taille du rhinocéros ou au moins du cheval, et dont les autres variaient des dimensions du mouton à celles de l'agneau. Tous étaient herbivores et fréquentaient les bords des lacs et des rivières, comme le font aujourd'hui les tapirs des îles de la Sonde et de l'Amérique du Sud.

Le mot *anoplotherium* signifie animal sans armes.

Il sert à désigner un genre de pachydermes qui, dépourvus d'armes défensives, ne pouvaient échapper que par la fuite ou la nage aux carnassiers de l'époque. La plus grande espèce a presque la taille d'un âne et se fait remarquer par sa grosse et vigoureuse queue, de la longueur du corps. Il est probable que, pour nager, l'animal en faisait usage comme d'un

Fig. 242. — Palæotherium et Anoplotherium (terrain éocène).

propulseur et d'un gouvernail. Une autre espèce avait les allures légères, les formes sveltes et gracieuses de la gazelle ; une troisième ne dépassait guère notre lièvre en grosseur. Toutes avaient le pied fourchu et terminé par deux grands doigts, à la manière des ruminants ; leurs dents, à chaque mâchoire, étaient rangées en série continue, sans intervalle vide, caractère frappant que reproduit seule aujourd'hui la dentition de l'homme.

Jusqu'ici les oiseaux n'avaient été représentés que par de rares échassiers. A l'époque éocène, ils deviennent nombreux en espèces. On en cite d'analogues à nos hiboux, à nos bécasses, à nos cailles, à nos courlis, à nos pélicans.

3. Terrain miocène. — L'époque miocène débute par de grandes modifications dans la forme du continent de l'époque qui précède. Un soulèvement fait disparaître en partie le grand golfe du nord de la France et met à sec la Belgique, la Picardie, l'Ile-de-France, les côtes de l'Angleterre. Les emplacements de Londres et de Paris se trouvent alors émergés, mais encore entourés de bras de mer où s'amassent les dépôts miocènes. Le golfe du sud-ou est s'amoindrit sur sa rive septentrionale, mais persiste dans le reste de son étendue. Ailleurs se font des affaissements considérables qu'envahissent les eaux marines. C'est ainsi qu'un golfe profond occupe le Languedoc, la Provence, le Dauphiné et remonte jusqu'en Suisse, qu'il recouvre en totalité. En même temps de vastes lacs soit isolés, soit en rapport avec la mer, s'étendent sur divers points de la terre ferme et donnent des dépôts lacustres contemporains des dépôts marins. Cette période se nomme époque *miocène*, signifiant minorité des choses communes, parce que les êtres de cette époque et plus spécialement les coquillages, ne ressemblent qu'en faible minorité à ceux des temps actuels. On la nomme aussi époque de la *molasse*, à cause de ses grès et de ses calcaires grossiers qui portent le nom vulgaire de *molasse*, faisant allusion à leur peu de consistance. Dans la Touraine, les assises de molasse sont remplacées par des amas de coquillages brisés, amas que l'on désigne par le nom de *falun*.

4. Fossiles remarquables.—Parmi les mammifères de l'époque miocène sont des *mastodontes*, semblables à l'éléphant, armés comme lui de formidables défenses, mais dont les molaires, au lieu d'être à surface plane, avaient leur couronne hérissée de gros tubercules en mamelon, caractère auquel fait allusion le mot de mastodonte, signifiant dents mamelonnées; des rhinocéros; des hippopotames peu différents de ceux que nourrissent aujourd'hui les lacs de l'intérieur de l'Afrique; des tapirs, des genres voisins du cheval et du cochon; un ours à puissantes canines comprimées en lame de poignard; des chats de la taille de nos lions, féroces chasseurs guettant pour proie le mastodonte; divers rongeurs tels que castors et écureuils; enfin de rares singes, type alors le plus élevé de la série animale.

Fig. 243. — Tête osseuse de Dinotherium.

En tête des pachydermes de l'époque était, pour le volume, le *dinotherium*, le plus grand des mammifères que les continents aient jamais eus. Il ne mesurait pas moins de six mètres en longueur. Sa mâchoire inférieure se courbait en arc et portait à l'extrémité deux robustes défenses dirigées en bas. Le caractère insolite et l'énorme volume du corps ont valu à l'animal le nom de *dinotherium*, signifiant bête étrange, prodigieuse. On présume que le dinotherium vivait dans les lacs et les fleuves, où l'appui des eaux soutenaient sa monstrueuse masse, fardeau incommode sur la terre ferme. Ses défenses implantées sur la rive lui servaient d'ancre, tantôt pour se fixer en un point et sommeiller immobile au milieu du tourbillon des eaux, tantôt pour se traîner hors du courant et gagner le rivage, comme le font aujourd'hui les morses. Elles étaient encore pour lui une sorte de pioche avec laquelle, tout en flottant, il fouillait et bêchait le lit des eaux pour extraire sa nourriture, herbages et racines charnues. S'il fallait repousser une attaque, l'outil de fouille devenait un formidable appareil de défense.

La végétation est mixte; elle associe les arbres des régions tropicales avec ceux des régions tempérées. Les conifères dominent, mélangés à des dicotylédonés semblables à ceux de nos jours, tels que noyers, ormes, érables, bouleaux. Mais en même temps que ces forêts, peu différentes des nôtres, prospèrent de nombreux palmiers et d'autres végétaux dont les analogues ne se trouvent plus maintenant que dans les pays chauds.

5. Terrain pliocène. — Avec les assises de la molasse surgissent hors des mers les Alpes occidentales, et le relief du sol change encore une fois. Le golfe bordelais disparaît ainsi que le golfe pénétrant de la Provence jusqu'au fond de la Suisse. Dans ses traits d'ensemble le littoral devient, pour la France, à peu près ce qu'il est aujourd'hui ; mais de grands lacs d'eau douce s'étendent dans les terres. L'un se prolonge de Dijon à Valence ; un second occupe le sud de l'Alsace ; un troisième couvre une partie de la Provence entre Digne, Sisteron, Forcalquier et Manosque. Hors de la France, la mer couvre encore certaines parties des terres futures. En Italie particulièrement, elle baigne le pied des Apennins depuis Turin jusqu'à l'extrémité méridionale de la péninsule, et forme des dépôts qui doivent, en émergeant, compléter la presqu'île. Leur situation au pied des Apennins a valu à ces dépôts marins le nom de terrain *sub-apennin*. Ils doivent émerger en un sol de peu de relief, ondulé de faibles plis, parmi lesquels se trouveront les sept collines emplacement de la future Rome. On les nomme aussi terrain *pliocène*, signifiant pluralité des choses communes, parce que les êtres de cette époque sont pour la plupart analogues, identiques même, à ceux d'aujourd'hui. Ainsi parmi les coquillages des mers où se déposaient les boues des collines de Rome, la moitié environ se retrouve vivant encore dans la Méditerranée actuelle.

6. Principaux fossiles. — A l'époque pliocène ont disparu pour toujours les espèces du genre palæotherium. Les pachydermes sont représentés par des rhinocéros, des hippopotames, des solipèdes voisins du cheval, et surtout des éléphants, qui remplacent le mastodonte, race éteinte. Alors apparaissent en abondance des ruminants, tels que bœufs, cerfs, antilopes ; des rongeurs de genres très-variés. A la proportion croissante des herbivores terrestres correspondent des animaux carnassiers plus nombreux, mieux armés : ours, hyènes, grands chats, chiens vigoureux voisins de notre loup. On trouve aujourd'hui leurs restes dans les cavernes qu'ils habitaient, pêle-mêle avec les ossements de la proie dévorée.

Les mers avaient leurs baleines, leurs dauphins, leurs phoques, leurs morses, leurs lamentins; les forêts se composaient de conifères et d'autres dicotylédonés.

Terrain quaternaire.

1. Époque glaciaire. — Le soulèvement des Alpes principales, qui étendent leurs puissantes ramifications au centre de l'Europe, met fin à la période pliocène. Alors le sol européen prend son relief définitif, la France se sépare de l'Angleterre par un bras de mer, le partage s'établit entre les eaux de l'Océan et celles de la Méditerranée, enfin la configuration géographique devient ce qu'elle est aujourd'hui. En même temps, pour des causes encore mal définies, soupçonnées plutôt que démontrées, notre hémisphère subit un grand abaissement de température qui met fin aux espèces caractéristiques des climats chauds, éléphants, rhinocéros, hippopotames, panthères. Les neiges et les glaces s'amoncellent sur tout le nord de l'Europe, jusqu'au milieu de la Russie, de l'Allemagne, de l'Angleterre, de la France, qui deviennent comme la continuation de la zone arctique. Dans nos régions, les glaciers, maintenant confinés au fond des vallées les plus élevées des Alpes, prennent une extension considérable et descendent jusque dans les plaines, comme l'attestent les moraines qu'ils ont laissées et les roches qu'ils ont polies, sillonnées, en progressant. Cette période de froid se nomme *époque glaciaire*. L'homme en a été témoin, car, dans les alluvions et les grottes de cet âge, on trouve les débris de ses ossements et les restes de sa naissante industrie, tessons de poterie grossière, haches façonnées avec un caillou tranchant, os apointés pour servir de dard.

2. Principaux animaux. — L'un des contemporains de l'homme à cette froide période était le *renne*, qui prospérait jusque dans l'extrême midi de la France. C'était le gibier habituel du chasseur armé de sa hachette de pierre. Depuis qu'au climat rigoureux de ces temps antiques a succédé un climat plus doux, le renne, fuyant devant une température trop élévée pour lui, s'est refugié à l'extrême nord, où il est devenu l'animal domestique du Lapon. Avec le renne vivait ici l'*élan*, sorte de grand cerf de la taille du cheval, cantonné aujourd'hui dans les marécages boisés de la Russie, de la Suède et surtout du nord de l'Amérique. Les forêts avaient l'*aurochs* ou *urus*, bœuf sauvage dont la race a maintenant presque en entier disparu du monde. Ce bœuf, presque de la taille de l'éléphant, avait des cornes énormes, une crinière de laine crépue sur la tête et le cou, une barbe sous la gorge, la voix grognante, le regard farouche. Sa force indomptable, sa furie en faisaient un terrible gibier. Les quelques aurochs qui survivent encore à la destruction de leur race paissent dans les bois marécageux de la Lithuanie, en Pologne. D'autres espèces sont de nos jours totalement éteintes. Citons avant tout le monstrueux *ours des cavernes*, de la taille d'un taureau, et le *mammouth*, énorme éléphant haut de cinq à six mètres, portant sur le dos une longue crinière de poils noirs et sur tout le corps une épaisse toison rousse, qui le défendait des injures du froid. Le mammouth a laissé des milliers de ses cadavres dans les boues gelées de la Sibérie, avec la peau, la toison et les chairs parfois assez conservées pour que les chiens aient pu s'en repaître.

Ses énormes défenses sont un objet important de commerce et fournissent l'ivoire fossile, employé aux mêmes usages que l'ivoire des éléphants modernes. Les petits archipels au nord de la Sibérie ont, en certains points, pour sol, un roc uniquement composé d'ossements de mammouth et d'autres espèces, cimentés entre eux par de la glace et des limons congelés.

3. Blocs erratiques.— Ce sont des quartiers de roche, souvent d'un volume de plusieurs centaines de mètres cubes, qu'on trouve disséminés çà et là, bien loin de leur lieu d'origine, et fréquemment à des hauteurs où les forces en jeu de nos temps ne pourraient les transporter. Sur les pentes et jusque sur les sommets du Jura, on en voit qui proviennent des Alpes centrales, comme l'atteste leur composition, et qui, pour arriver aux points où ils reposent aujourd'hui, ont dû franchir la grande vallée de la Suisse. Des blocs aussi volumineux, les uns arrachés aux monts Scandinaves, les autres à l'Oural, aux montagnes de la Finlande, se retrouvent, rangés en longues files, dans presque toute l'Europe septentrionale, notamment en Westphalie, en Prusse, en Pologne, en Russie, en Suède, jusqu'en Laponie. Telle de ces masses, pour parvenir de son lieu d'origine à son point d'arrivée, a dû franchir des centaines de lieues. Aucun courant d'eau ne serait capable de pareils effets. D'ailleurs ces blocs sont anguleux, à arêtes vives, sans trace d'usure par l'action des eaux; en outre, ils sont placés dans les positions d'équilibre les plus bizarres. Les glaces seules ont pu amener de semblables résultats. Portés sur le dos des glaciers qui comblaient les vallées les plus profondes, ou charriés par des glaces flottantes descendues du pôle nord, ces blocs ont pu franchir de grandes distances et se déposer intacts au point où le char qui les portait venait échouer et se fondre.

4. Alluvions quaternaires. — Quand la température se releva pour devenir ce qu'elle est aujourd'hui, la fusion des glaces et des neiges produisit d'immenses torrents d'une violence extraordinaire, qui ravinèrent profondément le sol, bouleversèrent les assises superficielles, creusèrent les vallées où coulent les fleuves actuels et déposèrent de vastes nappes de cailloux roulés, dont les restes se retrouvent encore sur les plateaux de médiocre élévation. C'est ainsi que toute la vallée du Rhône, depuis Lyon jusqu'à la mer, a ses terrasses occupées par un lit de galets que n'a pu rouler, à la hauteur où ils se trouvent, le fleuve actuel, mais proviennent d'un torrent glaciaire, roulant les débris des Alpes avec ses glaçons et ses boues. Ces dépôts se continuent avec ceux de la Crau, immense plaine de cailloux, venus également des Alpes et amenés par un torrent qui creusa le sillon où coule maintenant la Durance. De semblables couches de galets, de tout volume, de toute nature, sont disséminées par toute l'Europe, fréquemment à des altitudes que ne pourraient atteindre les cours d'eau actuels. On les nomme *alluvions quaternaires*. Après la débacle glaciaire commence l'époque moderne, avec le climat, la géographie, la faune et la flore de nos temps.

QUESTIONNAIRE.

1. Comment divise-t-on les terrains tertiaires? — Quelle est la configuration de la France à l'époque éocène ? — Que signifie le mot éocène? — A quelle époque les mammifères apparaissent-ils en nombre ? — Quels sont les mammifères dominants de l'époque éocène? — 2. Que savez-vous sur le

palæotherium et l'anoplotherium? — 3. Dites la configuration de la France à l'époque miocène. — Que signifie le mot miocène? — Que désignent les expressions de molasse et de faluns? — 4. Que savez-vous sur le mastodonte et sur le dinotherium? — Quels sont les autres mammifères de l'époque miocène? — Quelle est la végétation? — 5. Comment est la France à l'époque pliocène? — Pourquoi le terrain pliocène se nomme-t-il aussi terrain sub-apennin? — A quoi fait allusion le mot de pliocène? — 6. Quelle était la faune à cette époque?

1. Qu'appelle-t-on époque glaciaire? — Quelles preuves a-t-on de l'extension des anciens glaciers? — L'homme existait-il à cette période de froid? — 2. Quels étaient les animaux de l'époque glaciaire? — Pourquoi le renne et l'élan, qui habitaient autrefois nos régions, ne peuvent-ils vivre maintenant que dans l'extrême nord? — Qu'est devenu l'aurochs? — Que savez-vous sur l'ours des cavernes et sur le mammouth? — Qu'est-ce que l'ivoire fossile? — 3. En quoi consistent les blocs dits erratiques? — Où en trouve-t-on? — Comment ont-ils été transportés? — 4. Que dut-il se passer à la débacle des glaces? — Comment se sont creusées les vallées où coulent les fleuves actuels? — D'où proviennent les couches de galets qu'on voit en divers points sur les terrasses des vallées? — En quoi consistent les alluvions quaternaires?

FIN.

TABLE

PHYSIOLOGIE.

ZOOLOGIE.

BOTANIQUE.

GÉOLOGIE.

8,665-79 — CORBEIL. Typ. et stér. CRÉTÉ.

www.ingramcontent.com/pod-product-compliance
Ingram Content Group UK Ltd.
Pitfield, Milton Keynes, MK11 3LW, UK
UKHW020301230726
13925UKWH00001B/161